中等职业学校计算机技术专业教学用书

网络布线与小型局域网搭建

（第4版）

段 标 郝超群 黄国军 主 编

赵运策 陈 华 副主编

电子工業出版社

Publishing House of Electronics Industry

北京·BEIJING

内 容 简 介

本书是计算机网络及相关专业的专业课教材，旨在帮助学生在学习计算机网络基本理论和基础知识的前提下，掌握基本的网络工程技术与施工技术。

本书包含 7 个项目，详细地介绍了网络布线与小型局域网搭建及招标投标方面的知识，主要内容有系统集成、系统集成的布线材料、综合布线系统的设计、综合布线系统的施工、交换机与路由器的配置、局域网的组建、系统集成项目的测试与验收等。本书主要围绕弱电系统集成技术与施工技术展开介绍，每个项目都提供了"项目小结"和"思考与练习"栏目，供学生巩固和拓展。

本书既可以作为中等职业学校计算机相关专业的计算机网络课程的教材，又可以作为计算机网络知识的培训教程，还可以供计算机网络爱好者和工程技术人员学习参考。

图书在版编目（CIP）数据

网络布线与小型局域网搭建 / 段标，郝超群，黄国军主编．—4 版．—北京：电子工业出版社，2024.1

ISBN 978-7-121-47055-4

Ⅰ．①网…　Ⅱ．①段…　②郝…　③黄…　Ⅲ.①计算机网络—布线—中等专业学校—教材　②局域网—中等专业学校—教材　Ⅳ.①TP393.03　②TP393.1

中国国家版本馆 CIP 数据核字（2024）第 007500 号

责任编辑：关雅莉　　　特约编辑：徐　震

印　　刷：三河市龙林印务有限公司

装　　订：三河市龙林印务有限公司

出版发行：电子工业出版社
　　　　　北京市海淀区万寿路 173 信箱　邮编　100036

开　　本：880×1230　1/16　印张：19　字数：437.8 千字

版　　次：2016 年 4 月第 1 版
　　　　　2024 年 1 月第 4 版

印　　次：2025 年 1 月第 5 次印刷

定　　价：45.10 元

P 前 言
PREFACE

　　《中等职业学校专业教学标准（试行）信息技术类（第一辑）》于 2014 年出版发行，对中等职业学校计算机网络技术专业的建设具有指导意义。在中等职业学校计算机网络技术专业中，许多课程是独立设置的，学生有相当多的知识是零散的。系统集成是计算机网络技术专业学生的核心专业技能，学生不仅需要了解招标投标知识、材料知识、布线知识、网络配置知识及项目工程验收知识，还要具备一定的网络配置与管理、工程施工能力。网络布线与小型局域网搭建作为计算机网络技术专业的一门核心课程，是学生学习专业知识与专业技能的重要课程之一，也是各中等职业学校计算机网络专业学生的必修课程之一。

　　本书将弱电系统集成涉及的知识通过 7 个项目（每个项目有若干个工作任务）进行组织，在内容的选择上注重对实用性知识的选取，因此具有很强的可操作性。这 7 个项目的主要内容有系统集成、系统集成的布线材料、综合布线系统的设计、综合布线系统的施工、交换机与路由器的配置、局域网的组建、系统集成项目的测试与验收等。

　　项目 1 介绍了系统集成的基本知识及招标投标的相关知识，使学生认识系统集成，了解招标投标的基本程序及文档知识。

　　项目 2 介绍了系统集成的布线材料的相关知识，使学生对集成项目中的常用线材与管材有比较清晰的认识，加深对网络布线概念的理解。

　　项目 3 介绍了与综合布线系统设计相关的知识，用 8 个工作任务对网络布线的 7 个子系统的设计进行了详细的说明，通过介绍各子系统的设计，帮助学生正确地设计综合布线系统。

　　项目 4 介绍了综合布线系统施工技术的相关知识，通过各种操作技能的练习，使学生基本掌握综合布线系统施工的技术要领与操作方法。

　　项目 5 介绍了交换机与路由器配置的相关知识，为局域网的组建打下基础。

　　项目 6 介绍了局域网组建的相关知识，通过对等网络的组建、可管理的局域网的组建及配置无线网络接入等知识的介绍，使学生基本掌握中小型公司网络组建所需要的知识与技能。

　　项目 7 介绍了系统集成项目的测试与验收的相关知识，通过学习这些知识，使学生对系统集成有一个全面的认识，能够理解学习相关学科的重要性。

　　本书 7 个项目除将工作任务进行了分解外，还安排了"小试牛刀""一比高下""开动脑筋"和"课外阅读"等教学环节，同时在每个项目最后安排了"项目小结"和"思考与练习"栏目，但是相当一部分知识对学校的办学条件有一定的要求，教师在组织教学的过程中，可以根据学校的实际情况有选择地进行教学。

　　本书由段标、郝超群、黄国军担任主编，由赵运策、陈华担任副主编，另外参与编写的还有唐运韬、顾云两位老师。其中，段标编写了项目 1，郝超群编写了项目 2，赵运策编写了项目 3，黄国军编写了项目 4，唐运韬编写了项目 5，陈华编写了项目 6，顾云编写了项目 7。本书在编写过程中，得到了南京市玄武中等专业学校、南京六合中等专业学校、云南省玉溪技师学院与中国电信南京分公司、H3C 南京办事处等公司的大力支持。编者借鉴了很多国内外计算机网络相关教材成功的经验，同时也参考了相关书籍，在此对帮助本书编写的教师及文献的作者表示衷心的感谢！

　　本书所用案例均为模拟，真实情况请以实际发布的官方文件为准。限于编者的水平，书中不妥之处在所难免，恳请各位专家、教师和学生提出宝贵意见，以便我们修订时进行修正，联系邮箱 duanbiao67@163.com。

编　者

目录
CONTENTS

项目 1　系统集成

项目描述

某信息工程技术学校新校区由某市教育局、某信息工程大学合作投资建设。该学校新校区占地10公顷，建筑面积为12.8万平方米，可容纳在校生3 000人左右就读，其中住校生规模达1 500人左右。某信息工程技术学校新校区规划设计鸟瞰图如图1-1所示，现在该学校要规划设计弱电系统建设方案。

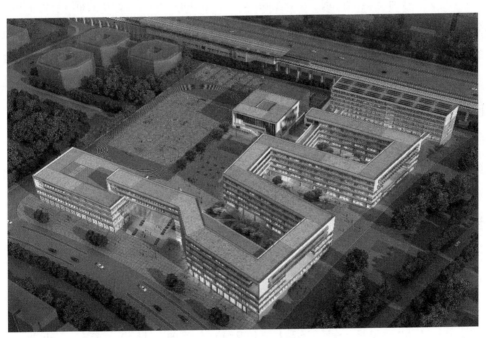

图 1-1　某信息工程技术学校新校区规划设计鸟瞰图

项目分析

某信息工程技术学校作为一所新建的高等职业技术学校，学校弱电系统包含的项目比较多，主要包括有线网络系统、无线网络系统、校园广播系统（数字和模拟各一套）、校园监控系统、电话系统、信息发布系统、校园消费系统（一卡通）、门禁管理系统、智能物联系统等。这些弱电系统都涉及综合布线，全部是隐藏工程，因此布线工作需要与土建工程对接，预留好布线管道，避免后期再重新开墙凿洞、开沟挖渠。从该学校的鸟瞰图可以看出，整个建筑基本连为一体，因此只要做好整体的规划设计，待建筑建成后，就可以减少后期很多的重复工作。

 项目分解

工作任务1　认识系统集成

工作任务2　系统集成的招标

工作任务3　系统集成的投标

工作任务1　认识系统集成

1. 系统集成的概述

在日常工作与学习中经常听到"系统集成"这个词，如某公司是做系统集成的公司，准确地说，这里的系统集成应该称为"弱电系统集成"。弱电系统是建筑智能化系统的代称，主要包括建筑设备监控系统（或称楼宇自动化系统）、火灾自动报警及消防联动系统、安全防范系统、通信网络系统、信息网络系统、综合布线系统，以及在上述子系统基础上集中统一的中央监控平台或中央控制室。这些系统都离不开综合布线系统，而这些系统通常又是以网络系统为基础进行建设的，简单地说就是"系统集成"。

系统集成通常由终端、布线和控制中心组成，涉及硬件与软件两个方面的内容，所以系统集成实际上包含了3个集成：网络集成、主机集成和软件集成。系统集成是一项复杂的系统工程，通常简称为计算机系统集成，它是指根据用户应用的需要，将硬件设备、网络基础设施、网络设备、网络系统软件、网络基础服务系统和应用软件等组织成能够满足设计目标、具有良好性能及价格比的计算机网络系统的过程。系统集成具有以下特点。

（1）具有明确的网络应用需求、网络业务和网络功能。

（2）工程设计人员不仅要全面了解计算机网络的原理、技术、系统、协议、安全和系统布线的基本知识、发展现状和发展趋势，还要掌握网络设备的配置、服务器的安装与配置、虚拟技术的应用、安全防御技术及综合布线技术等。

（3）总体设计人员要熟练掌握网络规划与设计的步骤、要点、流程、案例、技术设备选型等环节。

（4）工程主管人员要了解系统集成的组织实施过程，能够把控系统集成的评审、监理、验收等环节。

（5）工程竣工后，网络管理人员能够使用网管工具对网络实施有效的管理和维护，使建成的计算机网络能够产生应有的效益。

（6）简单地说，系统集成就是组建计算机网络的工作，凡是与组建计算机网络有关的事情都可以归纳在系统集成中。

系统集成绝不是对各种硬件和软件的堆积，它是一种在系统整合、系统再生产过程中为满足客户需求的增值服务业务，是一种价值再创造的过程。一个优秀的系统集成商不仅涉及各个局部的技术服务，还注重整体系统的、全方位的无缝整合与规划。

2．系统集成的主要设备

（1）交换机。

交换机是网络中较为重要的集线设备，是系统集成和方案设计的核心。交换机工作在 OSI 模型的第二层，即数据链路层。交换机可以根据数据链路层的信息做出帧转发决策，同时构造自己的转发表，也可以访问 MAC 地址，并将帧转发至该地址。如图 1-2 所示为模块化核心交换机，如图 1-3 所示为固定端口的接入层交换机。

图 1-2　模块化核心交换机

图 1-3　固定端口的接入层交换机

（2）路由器。

路由器是一种连接多个网络或网段的设备，它能将不同网络或网段之间的数据信息进行"翻译"，使它们能够相互"读懂"对方的数据，从而构成一个更大的网络。路由器与交换机不同，它不是应用于同一网络或网段之间的设备，而是应用于不同网络或网段之间的设备，属于网际设备。路由器之所以能在不同网络之间起到"翻译"的作用，是因为它不再是一个纯硬件设备，而是一个包含了很多路由协议的软件设备，如 RIP 协议、OSPF 协议、EIGRP协议、IPv6 协议等，这些路由协议就是用来实现不同网络或网段之间相互"理解"的。如图 1-4 所示为华为 R2620 路由器。

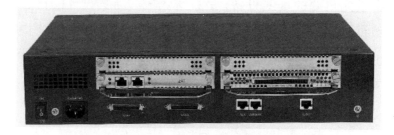

图 1-4　华为 R2620 路由器

（3）防火墙。

防火墙（Firewall）原指修建于房屋之间可以防止火灾发生时火势蔓延到其他房屋的墙壁。网络上的防火墙是指隔离在本地网络与外界网络之间的一道防御系统，通过分析进出网络的通信流量来防止非授权访问，从而保护本地网络的安全。防火墙能够根据用户制定的安全策略控制（允许、拒绝、监测、记录）进出网络的信息流。防火墙本身具有较强的抗攻击能力，是提供信息安全服务，实现网络和信息安全的基础设施。

在物理上，防火墙既可以是一组硬件和软件设备，也可以是软件实现的防火墙；在逻辑上，防火墙既是一个隔离器，也是一个分析器，它分析进出于两个网络之间的数据，保证内部网络的安全。

防火墙负责管理内外网络之间的通信，当没有防火墙时，内部网络就完全暴露在外部网络上，给入侵者提供了方便；当存在防火墙时，作为安装在内外网络之间的一道"栅栏"，使得内部网络和外部网络的用户必须通过这道"栅栏"才能实现通信，以此来防止非法用户进入内部网络，同时也防止内部不安全的服务走出网络。如图 1-5 所示为硬件防火墙。

图 1-5　硬件防火墙

3．计算机网络拓扑结构与网络拓扑图

计算机网络拓扑结构是指网络中各个节点相互连接的方法与形式，通俗地说就是指网络上的计算机、线缆、集线设备及其他网络设备集合在一起的方法与形式，所以也有人将网络拓扑结构称为网络设计模型或网络图解。

网络拓扑结构反映了网络连接关系的本质，不仅可以反映出网络节点在结构中的位置，还排除了一些没有反映网络本质特性的细节，如网络连接所使用的线缆类型和网络主机使用的操作系统等。

在对网络结构进行设计时，必须依靠网络拓扑图来反映主机在网络中所处的位置和连接关系，从而指导硬件设备的实施和网络布线工程。从某种意义上说，网络拓扑图就是网络建设的蓝图。如图 1-6 所示为双核心的校园网络拓扑图。

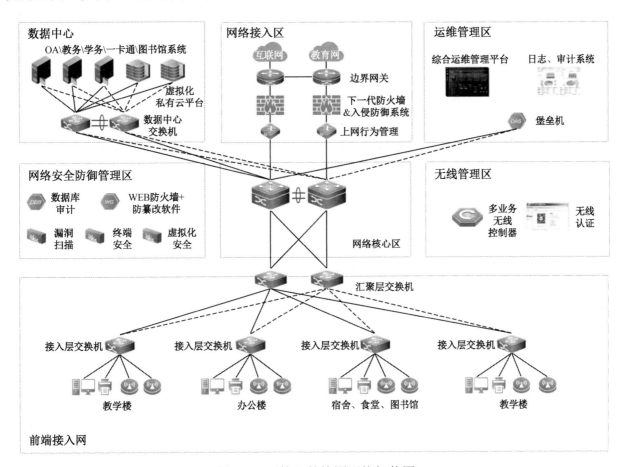

图 1-6　双核心的校园网络拓扑图

小试牛刀

1．参观系统集成

在学校实训部的协助下，选择有代表性的、完成的或正在建设中的系统集成作为参观对象，在参观过程中教师或工程施工单位的人员对整个工程的情况进行介绍，使学生对系统集

成有一个直观的印象。

由于一个班级的学生人数较多，在参观前可以将学生分成若干个小组，每个小组由 5～6 名学生组成，以方便参观时的管理，并要求每个小组成员按照表 1-1 做好参观记录。参观结束后，每个小组完成一篇参观小结，谈一谈对系统集成的认识。

表 1-1 ×××系统集成参观记录表

参观人				时间	
工程概况					
工程名称		工程造价		建设时间	
覆盖范围		信息点		主干速率	
桌面速率		VLAN 数量		运行情况	
主要网络设备					
设备名称	品牌型号		数量	主要作用	
交换机					
路由器					
无线 AP					
光缆					

2．阅读网络拓扑图

教师为每位学生准备了如图 1-7 所示的网络拓扑图，请学生分小组阅读此网络拓扑图，并根据要求在图中进行正确的标注。

3．绘制网络拓扑图

请根据系统集成的参观情况，使用相关软件绘制所参观的网络拓扑图，网络拓扑图的主要图标见表 1-2，绘制软件建议使用 Visio Professional 2019。

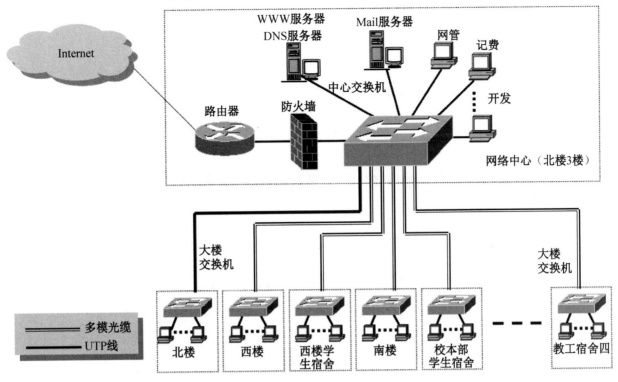

图 1-7　网络拓扑图

表 1-2　网络拓扑图的主要图标

设 备 名 称	对 应 图 标	设 备 名 称	对 应 图 标
普通交换机		路由器	
核心交换机		防火墙	
服务器		客户机	

 一比高下

1．教师根据每个小组所写的参观小结，选择有代表性的小组在班级中交流。

2．教师根据班级情况，请每组选派学生代表在班级解读如图 1-7 所示的网络拓扑图。为保证公平，教师可以请每组学生事先做好准备，以准备的资料作为评比依据，资料既可以是 Word 文档，也可以是 PPT 演示文稿。

开动脑筋

1．通过本工作任务的学习与参观，你对系统集成有了哪些了解？

2．你可以绘制一个网络机房的拓扑图吗？试试看！

3．学校校园网的什么设备若出现故障，则整个网络都不能使用？

课外阅读

按照政府采购货物、服务操作流程，国家对招标、投标、开标、评标、中标和合同等有明确的法律规定，建议课外要认真阅读《政府采购货物和服务招标投标管理办法》，加强法律观念。

工作任务 2　系统集成的招标

1. 系统集成招标投标的基本程序

一般情况下，国企、事业单位、国家机关等使用国有资金的单位的项目建设需要通过招标投标的程序。通过政府招标，可以了解相关公司的资金情况与技术实力，更多地收集有益的建议与方案，有利于减少系统集成的设计缺陷，杜绝一些人情因素和暗箱操作等不良行为，所以招标、投标是系统集成建设中必不可少的程序。

（1）招标。

在招标阶段，采购人主要完成以下工作：根据集中采购目录确定采购方式，选择采购代理机构，确定采购需求，进行价格测算，设定最高限价，编制招标文件，发布资格预审公告（如果需要）、采购公告或发出投标邀请书，组织投标人现场考察或者召开开标前答疑会（如果需要）。

（2）投标。

在投标阶段，投标人所进行的工作主要有申请投标资格，购买标书，考察现场，按照招标文件的要求编制投标文件，缴纳投标保证金，在截止时间前将投标文件密封、送达投标地点。

（3）开标。

在开标阶段，需要全程录音录像，由采购人或者采购代理机构主持，邀请投标人参加，评标委员会成员不得参加。投标人不足 3 家不得开标。由投标人或者其推选的代表检查投标文件的密封情况，由采购人或采购代理机构负责记录开标过程，结束后进行资格审查，合格投标人不足 3 家不得评标。

（4）评标。

在评标阶段，采购人或者采购代理机构的主要工作主要有宣布评标纪律，公布投标人名单并告知评审专家应当回避的情形，组织评标委员会推选评标组长（采购人代表除外），采取必要的通信管理措施，介绍政府采购相关政策法规、招标文件，维护评标秩序，核对评标结果；评标委员会的主要工作有审查、评价投标文件是否符合招标文件的商务、技术等实质性要求，要求投标人对投标文件有关事项作出澄清或者说明，对投标文件进行比较和评价，确定中标候选人名单或根据采购人委托直接确定中标人。

（5）中标。

采购人没有委托评标委员会直接确认中标人的，需要由采购人在确定的中标候选人名单中按顺序确定中标人，由采购人或者采购代理机构公告中标结果及招标文件并同时向中标人发出中标通知书，中标公告期限为 1 个工作日，中标通知书发出后不得违法改变中标结果，无正当理由不得放弃中标。

（6）合同。

采购人应当自中标通知书发出之日起 30 日内，按照招标文件和中标人投标文件的规定，与中标人签订书面合同。为了保证合同履行，签订合同后，采购人可以要求中标人提交一定形式的担保书或履约保证金（不超过合同的 10%）。

2．招标公告

招标公告是一种在公开招标活动中通过媒介向公众公开发布的公告信息，这种信息通常是通过当地招标中心网站向公众发布的。采购中心发布的招标公告如图 1-8 所示。

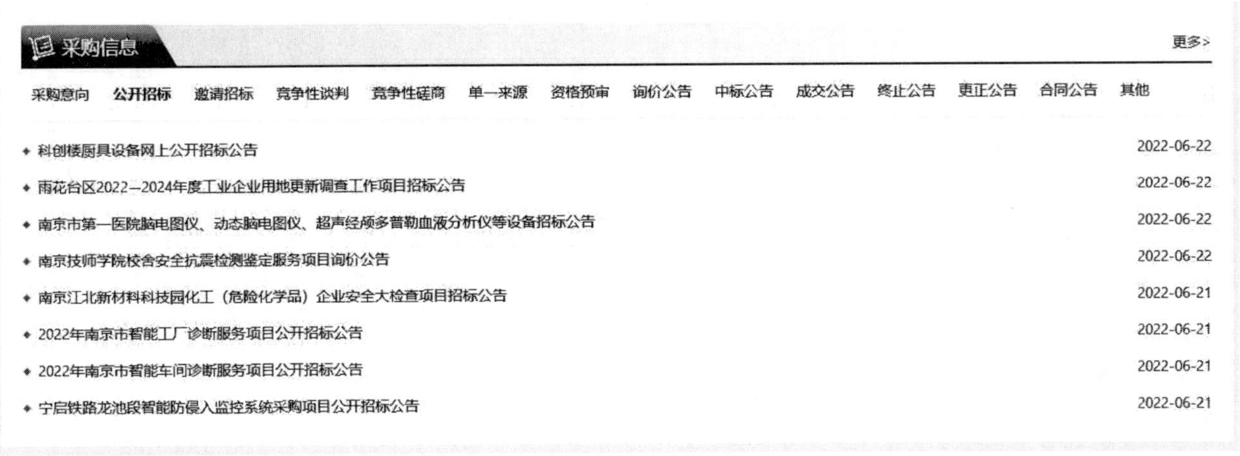

| 采购信息 | | | | | | | | | | | | | 更多> |
| 采购意向 | 公开招标 | 邀请招标 | 竞争性谈判 | 竞争性磋商 | 单一来源 | 资格预审 | 询价公告 | 中标公告 | 成交公告 | 终止公告 | 更正公告 | 合同公告 | 其他 |

◆ 科创楼厨具设备网上公开招标公告	2022-06-22
◆ 雨花台区2022—2024年度工业企业用地更新调查工作项目招标公告	2022-06-22
◆ 南京市第一医院脑电图仪、动态脑电图仪、超声经颅多普勒血液分析仪等设备招标公告	2022-06-22
◆ 南京技师学院校舍安全抗震检测鉴定服务项目询价公告	2022-06-22
◆ 南京江北新材料科技园化工（危险化学品）企业安全大检查项目招标公告	2022-06-21
◆ 2022年南京市智能工厂诊断服务项目公开招标公告	2022-06-21
◆ 2022年南京市智能车间诊断服务项目公开招标公告	2022-06-21
◆ 宁启铁路龙池段智能防侵入监控系统采购项目公开招标公告	2022-06-21

图 1-8　采购中心发布的招标公告

在招标公告中，一般要对以下项目进行必要的说明：招标项目、投标人资格要求、标书发放时间及地点、资格审查材料、招标费用、投标时间等。下面是招标公告的基本体例。

×××智能防侵入监控系统采购项目公开招标公告

项目概况

×××智能防侵入监控系统采购项目的潜在供应商应在南京市×××东路85号×××城 2 幢1505 室获取采购文件，并于 2022 年 7 月 11 日 14 时 30 分（北京时间）前递交投标文件。

一、项目基本情况

项目编号：×××CZC-2022020

项目名称：×××智能防侵入监控系统采购项目

预算金额：40 万元

采购需求：×××智能防侵入监控系统采购，具体要求详见招标文件

合同履行期限：60 日历天

本项目不接受联合体投标。

二、申请人的资格要求

1.《中华人民共和国政府采购法》规定的条件。

（1）具有独立承担民事责任的能力（提供法人或其他组织的营业执照；供应商为自然人的，提供其身份证）。

（2）具有良好的商业信誉和健全的财务会计制度（提供参加本次政府采购活动前一年的经审计的财务报告或参加本次政府采购活动前一年内的银行资信证明）。

（3）具有履行合同所必需的设备和专业技术能力（供应商根据履行采购项目合同需要，提供履行合同所必需的设备和专业技术能力的证明材料）。

（4）有依法缴纳税金和社会保障资金的良好记录（参加本次政府采购活动前一年内至少一个月依法缴纳税金和社会保障资金的证明材料）。

（5）参加政府采购活动前三年内，在经营活动中没有重大违法记录（提供承诺书）。

（6）法律、行政法规规定的其他条件：无。

备注：依据南京市财政局"关于在政府采购中推行信用承诺制的通知"，政府采购供应商只需在资格审查环节提供满足相应条件的书面承诺书（南京市政府采购供应商信用记录表暨信用承诺书），不再需要提供证明材料。供应商在中标（成交）后，应按采购文件要求，将上述由信用承诺书替代的证明材料提交采购人或采购代理机构核验。经核验无误后，由采购人或采购代理机构发出中标（成交）通知书。

不适用信用承诺的情形如下。

（1）供应商被列入严重失信主体名单。

（2）南京市政府采购供应商诚信档案管理系统中诚信档案分在 40 分以下。

（3）被相关监督部门作出行政处罚且尚处在处罚有效期内。

（4）其他法律、行政法规规定的不适用信用承诺的情形。

违反信用承诺的法律责任如下。

供应商对信用承诺内容的真实性、合法性、有效性负责。如果作出虚假信用承诺，视同为"提供虚假材料谋取中标、成交"的违法行为。经调查核实后，按照《中华人民共和国政府采购法》第七十七条规定，处以采购金额千分之五以上千分之十以下的罚款，列入不良行为记录名单，在一至三年内禁止参加政府采购活动，有违法所得的，并处没收违法所得，情节严重的，由工商行政管理机关吊销营业执照；构成犯罪的，依法追究刑事责任。

2. 采购项目需要落实的政府采购政策。

（1）政府采购促进中小企业发展政策。

（2）政府采购支持监狱企业发展政策。

（3）政府采购促进残疾人就业政策。

（4）政府采购鼓励采购节能环保产品政策。

3. 本项目的特定资格要求：无。

三、获取招标文件

1. 报名时间：2022 年 6 月 21 日起至 2022 年 6 月 28 日止，每天 9:00～12:00，14:00～17:00（北京时间，节假日除外）。

2. 报名地点：南京市×××东路 85 号×××城 2 幢 1505 室。

3. 报名方式：现场报名。请潜在投标人携带营业执照复印件（加盖公章）、介绍信或授权委托书、授权代表身份证复印件，原件核查审核通过后获取招标文件。

四、提交投标文件时间、截止时间、开标时间和地点

1. 提交投标文件时间：2022 年 7 月 11 日 14:00（北京时间）。

2. 截止时间及开标时间：2022 年 7 月 11 日 14:30（北京时间）。

3. 地点：南京市×××东路 85 号×××城 2 幢 1505 室二楼会议室。

五、公告期限

自本公告发布之日起 5 个工作日。

六、其他补充事宜

1. 发布公告媒介：南京公共采购信息网。有关本次招标的事项若存在变动或修改，敬请及时关注"南京公共采购信息网"发布的信息更正公告。

2. 本项目中标后不允许分包、转包。

3. 对项目技术及需求部分的询问、质疑请向社会代理机构提出，询问、质疑由社会代理机构负责答复。

4. 现场考察或答疑：采购人不统一组织，供应商如有疑问，请咨询采购单位联系人。未勘察现场供应商也可参与本项目，但因未勘察现场造成的数据错误与报价偏差，责任自负。

5. 投标文件份数要求：正本一份、副本四份，电子件一份。

6. 拒绝下述供应商参加本次采购活动。

（1）供应商单位负责人为同一人或者存在直接控股、管理关系的不同供应商，不得参加同一合同项下的政府采购活动。

（2）供应商被"信用中国""中国政府采购网"列入失信被执行人名单、重大税收违法案件当事人名单、政府采购严重违法失信行为记录名单的。

7. 供应商诚信档案注册登记管理。

（1）根据《南京市政府采购供应商信用管理工作暂行办法》（宁财规〔2018〕10 号）有关规定，凡在南京地区参加政府采购活动的供应商，应当事先登录"信用南京"或"南京公共采购信息网"主页的"政府采购供应商诚信档案"栏目进行注册登记。由于特殊原因未及时注册的供应商可先行获取采购文件，但必须在提交投标文件截止时间前 2 天内办理登记注册手续。

（2）供应商参加本项目政府采购活动时，无论是新用户注册，还是已注册成功的，均应在采购文件发布之日起至提交投标文件截止时间前，登录"信用南京"或"南京公共采购信息网"在线打印"南京市政府采购供应商信用记录表"，经法定代表人签名盖章后作为投标（响应）文件的有效组成部分。"南京市政府采购供应商信用记录表"是参加本次政府采购活动的必备材料。

（3）"南京市政府采购供应商信用记录表"一式两份，一份装订在投标（响应）文件中，一份用封套单独加以密封，并在封套上注明"信用记录表"字样，随投标（响应）文件一并递交。未按上述要求提供信用记录表的，投标（响应）文件将被拒绝接收。

七、对本次招标提出询问，请按以下方式联系

1. 采购人信息。

（1）单位名称：南京市××××××××××

（2）单位地址：南京市××××××××××

（3）联系方式：139×××××

2. 采购代理机构信息。

（1）代理机构名称：南京×××××公司

（2）代理机构地址：南京市×××东路85号×××城2幢1505室

（3）代理机构联系电话：025-57××××××

3. 项目联系方式。

（1）项目联系人：余工

（2）电话：1811×××××

3. 勘查现场确认函

在系统集成项目中要求投标方勘查现场是现在招标工作的一个基本要求，目的是保护采购人的利益，避免一些不规范的公司采用冲低价的方式投标，这个要求并不是投标必须的要求，未勘查现场并不影响后期的投标，但是在招标文件的编写上会存在一定的困难，方案设计、图纸设计很难满足用户的要求。一般情况下，勘查现场的同时，采购方会对投标的资质进行初步的审查。勘查现场确认函的格式如下。

集中采购勘查现场确认函

采购单位盖章：

项目编号	
项目名称	
勘查现场时间	

勘查现场投标人情况记录			
序	勘查企业名称	联系人	联系电话
1			
2			
3			
4			
5			
6			
7			
8			
备　注			

4. 资格审查

资格审查是对投标方的资质进行初步审验，只有符合招标公告中投标人资格要求的单位才能够参与投标与竞标。资格审查主要审查投标单位的资质情况、法定代表人授权委托书等。

投标单位资质情况的审查需要查验国家有关部门授予的资质证书，查验原件并保留复印件。法定代表人授权委托书是企业法人授予代表公司的投标人的授权书，其格式如下。

法定代表人授权委托书

致南京×××××公司（招标代理机构名称）：

　　本授权书声明：注册于_____（供应商住址）的_____（供应商名称）法定代表人×××、32010×××××××××（法定代表人姓名、身份证号）代表本公司授权在下面签字的_×××、32010×××××××××（供应商代表姓名、身份证号）为本公司的合法代理人，就贵方组织的_×××××××××××（项目名称）、×××××××××（项目编号）竞争性磋商，以本公司名义处理一切与之有关的事务。

　　本授权书于_2021_年_10_月_20_日签字生效，特此声明。

　　法人身份证复印件（正反面）：

被授权人身份证复印件（正反面）：

法定代表人签字:

授权委托人签字:

日　　　期:　2021 年　10 月　20 日

 小试牛刀

1．了解本地的招标信息

走访本地的招标中心或访问本地的招标中心网站，了解本地系统集成的招标程序，并收集正在发布的招标公告等信息，最后填写表 1-3 所示的招标信息收集表和表 1-4 所示的招标公告信息摘录。

表 1-3　招标信息收集表

招标中心网址	
基本招标程序	
公开招标项目	
竞争性谈判项目	

表 1-4　招标公告信息摘录

招标项目名称	
投标人资质要求	
投标费用	
查验资料项目	

2．编写招标公告

从以下三个项目中选择一个编写招标公告。

（1）×××职业教育中心需要将原有的校园网络改造成千兆网络。

（2）×××学校将要建设实训楼的系统集成。

（3）×××培训中心将要新建两个网络机房。

3. 编写法定代表人授权委托书

×××网络科技公司将参与某信息工程技术学校校园系统集成项目的招标，由于公司业务繁忙，公司总经理李×××先生委托大客户部经理刘×××先生全权代表他参加某信息工程技术学校校园系统集成项目的投标工作，请你为李×××先生编写法定代表人授权委托书。

一比高下

1. 各小组成员在小组内介绍自己收集到的招标信息，并对招标信息进行分析，介绍自己从招标文件中获得的有效信息。每个小组综合本组成员的资料，整理一份在班级中交流。

2. 各小组在组内交流本小组成员撰写的招标公告，选出一份有代表性的（可以是最好的或是最差的）招标公告进行组内点评。

开动脑筋

1. 小王与同学合作想投资建设一个网吧，需要购买100台高配置台式计算机，你觉得他们需要委托招标中心进行招标吗？

2. 一家计算机产品零售商的注册资金为1 000万元，它可以参与系统集成的投标吗？

3. 某职业教育中心计划构建学校的校园网，学校领导从培养学校教师的实际组网经验考虑，决定此校园网由学校教师自行完成构建工作，你认为学校领导的决定是正确的吗？为什么？

课外阅读

招标投标活动中的一切内容都要熟悉掌握，这样才能把项目建设好，建议课外要认真阅读《中华人民共和国招标投标法》，提升法治素养。

工作任务3 系统集成的投标

1. 投标文件的编写

系统集成是根据用户需要，按照国际标准，将各种相关硬件和软件组合，成为有实用价值的、具有良好性能价格比的计算机网络系统的全过程。它能够最大限度地优化系统的有机构成、系统的效率、系统的完整性、系统的灵活性等，简化系统的复杂性，并最终为用户提供一套切实可行的、完整的解决方案。在编写系统集成投标书时要重点体现所选方案的先进性、成熟性和可靠性，同时要为用户考虑将来的扩展和升级。

系统集成投标书一般由商务文件、技术文件、服务文件及证明文件等部分组成，具体的组成部分由当地招标中心提出相应的要求。

（1）商务文件。

商务文件一般由投标响应文件、投标报价文件、商务条款偏离表、技术条款偏离表及交货清单组成。

投标响应文件一般由投标函（谈判申请及声明）、中小企业声明函及项目勘察表组成。投标函的格式如下。

投标函（谈判申请及声明）

响应申请及声明

致×××（采购人）、××××××（采购代理机构）：

根据贵方×××××××××（项目名称）、×××××××××（项目编号）响应邀请，我方授权×××××××××（姓名）、×××××××××（职务）代表×××××××××（供应商名称），提交响应文件并参加响应，特声明如下。

1. 我方的资格条件符合《中华人民共和国政府采购法》和本次采购要求，我方同意并向贵方提供了与响应有关的所有证据和资料。

2. 我方的总报价为人民币（大写）××××××××××（¥××××）。

其中，小型和微型企业价格为人民币（大写）××××××××××（¥××××）。

3. 我方参加本次采购活动前三年内，在经营活动中没有重大违法记录。

4. 我方参加本次采购活动前，没有被"信用中国""中国政府采购网"列入失信被执行人名单、重大税收违法案件当事人名单、政府采购严重违法失信行为记录名单。

5. 我方在全国范围内未受过财政部门禁止参加政府采购活动的处罚，或禁止参加政府采购活动的处罚期限已满。

6. 我方没有为本采购项目提供整体设计、规范编制，以及项目管理、监理、检测等服务。

7. 我方与参与本次采购活动的其他供应商的授权代理人（或法定代表人、项目经理、项目总监、项目负责人等），在采购文件发布日上月至提交响应文件截止日当月未在同一单位缴纳社会保险。

8. 我方与参与本次采购活动的其他供应商的法定代表人或委托代理人无夫妻、直系血亲关系。

9. 我方与参与本次采购活动的其他供应商的负责人不是同一人，也不存在直接控股、管理关系。

10. 我方已详细审阅全部采购文件及其有效补充文件，放弃对采购文件任何误解的权利，提交响应文件后，不质疑采购文件本身。否则，属于不诚信和故意扰乱政府采购活动行为，我们将无条件接受处罚

11. 一旦我方成交，将根据采购文件的规定严格履行合同，并保证按承诺的时间完成服务的启动、集成、调试等，交付采购人验收、使用。

12. 我方决不提供虚假材料谋取成交；决不采取不正当手段诋毁、排挤其他供应商；决不与采购人、其他供应商或者采购代理机构恶意串通；决不向采购人、采购代理机构工作人员和项目评审小组进行商业贿赂；决不拒绝有关部门监督检查或提供虚假情况，如有违反，无条件接受贵方及相关管理部门的处罚。

13. 与本次采购有关的联系方式为：

地　　址：　　　　　　　　　　　　电　　话：

传　　真：　　　　　　　　　　　　开户银行：

账　　号：　　　　　　　　　　　　供应商授权代表姓名（签字）：

供应商名称（公章）：　　　　　　　日　　期：

中小企业声明函的格式如下。

中小企业声明函

本公司（联合体）郑重声明，根据《政府采购促进中小企业发展管理办法》（财库〔2020〕46 号）的规定，本公司（联合体）参加　　　　　　　　　　（单位名称）的　　　　　　（项目名称）采购活动，服务全部由符合政策要求的中小企业承接。相关企业（含联合体中的中小企业、签订分包意向协议的中小企业）的具体情况如下。

1.　　　　　（标的名称），属于　　　　　　（所属行业）；承建（承接）企业为　　　　　（企业名称），从业人员为　　　人，年营业收入为　　　万元，资产总额为　　　万元，属于　　　　　（中型企业、小型企业、微型企业）；

2.　　　　　（标的名称），属于　　　　　　（所属行业）；承建（承接）企业为　　　　　　（企业名称），从业人员为　　　人，年营业收入为　　　万元，资产总额为　　　万元，属于　　　　　（中型企业、小型企业、微型企业）；

……

以上企业，不属于大企业的分支机构，不存在控股股东为大企业的情形，也不存在与大企业的负责人为同一人的情形。

本企业对上述声明内容的真实性负责。如有虚假，将依法承担相应责任。

企业名称：　　　　　　（盖章）

日　　期：

投标报价文件一般由报价表和分项报价表组成。分项报价表的总价应与报价表一致。报价表是工程项目的整体报价，分项报价表是工程项目的逐项报价，包括设备及施工价格等。货物类报价原则上不允许增补与减少，确保不会给建设方带来损失。报价表的格式如下。

报价表

项目名称：　　　　　　　　　　　　　　　项目编号：

序　号	名　　称	报价（元）	其中，小型和微型企业产品报价（元）
1	货物		/
2	项目实施、安装、集成及维保服务		/
3	信息互联		/
总价（人民币，大写）		元（大写：　　　　　　　　　）	
投标货物中有无进口产品		有　　　　无√	
供应商是否属于小、微型企业		是　　　　否√	
人民币与美元汇率		10：X	

供应商名称：　　　　　　　　　　　　　　（盖章）

说明：

1. 在"投标货物中有无进口产品"栏后"有"或"无"上打"√"。

2. 在"供应商是否属于小、微型企业"栏后"是"或"否"上打"√"。评审过程中，如果小、微型企业报价无法划分计算，将不予认可。

3. 供应商可对报价表的形式酌情调整。

分项报价表通常由投标方根据招标文件中所采购的设备情况，结合自己投标提供的设备进行逐项报价，分项报价各项的总价就是投标方的整体报价。分项报价表的格式如下。

分项报价表

项目名称：　　　　　　　　　　　　　　　项目编号：

序号	名称	品牌、规格或型号或分项目	数量	单价（元）	总价（元）	是否属于小、微型企业的报价

供应商名称：　　　　　　　　　　　　　　（盖章）

说明：

1. 如果行数不够，请自行增加。

2. 在"是否属于小、微型企业的报价"栏内，填写"是"或"否"。评审时，如果小、微型企业的报价无法划分计算，将不予认可。小、微型企业产品是指货物由小、微型企业制造，即货物由小、微型企业生产且使用该小、微型企业的商号或者注册商标。

商务条款偏离表是招标文件中对投标方的相关资质、服务承诺，以及投标方认为需要提供的其他资格证明文件的表述表，其主要内容及格式如下。

商务条款偏离表

项目名称：　　　　　　　　　　　　　　　　项目编号：

序号	采购文件条目号	采购文件要求的商务条款	谈判响应	偏离
1	二、4.1	供应商资格条件	1. 我方具有独立承担民事责任的能力； 2. 我方具有良好的商业信誉和健全的财务会议制度； 3. 我方具有履行合同所必需的设备和专业技术能力； 4. 我方具有依法缴纳税金和社会保障资金的良好记录； 5. 我方参加政府采购活动前三年内，在经营活动中没有重大违法记录； 6. 我方满足法律、行政法规规定的其他条件	满足
2	二、9.3.1	谈判申请及声明	提交投标响应文件	满足
3	二、9.3.2	法定代表人授权委托书	提交法定代表人授权委托书	满足
4	二、9.3.3	谈判保证金	提交谈判保证金	满足
5	二、9.3.4	《企业法人营业执照》或法人证明文件	提交《企业法人营业执照》	满足
6	二、9.3.5	《商务条款偏离表》	提交《商务条款偏离表》	满足
7	二、9.3.7	服务承诺	我方承诺，按合同提供的全部设备和系统集成服务自验收合格之日起提供 3 年的质量保证期，综合布线 10 年质量保证。弱电系统设备在质保期内发生故障，我公司在接到报修电话后，2 小时内予以响应并派出人员到现场维修，24 小时内解决问题。质保期内每半年到用户单位对所提供的设备进行免费维护，为用户单位免费提供设备的使用和维护知识培训，培训内容包括设备和软件的安装、使用及硬件和软件的基本维护知识	满足
……	……	……	……	……

技术条款偏离表是对招标方提出的设备参数给予响应的表格。正常情况下，采购人对招标文件中实质性要求的参数不接受负偏离，即投标方提供设备的参数指标弱于招标方的要求（实质性要求的参数），出现技术指标负偏离的现象，此份标书通常作为作废的标书处理。非实质性参数出现负偏离，通常根据招标技术要求进行扣分处理，如果主要设备的技术参数有正偏离，在综合评分时，评委会将根据招标文件的要求给予加分。技术条款偏离表的格式如下。

技术条款偏离表

项目名称：　　　　　　　　　　　　　　项目编号：

序号	采购文件条目号	采购要求规格参数	谈判响应	偏离
1				
2				
3				
4				
5				
6				
7				
……	……	……	……	……

供应商名称：　　　　　　　　　　　　　　　　（盖章）

说明：

1. 供应商应逐一说明响应产品和服务响应，直接复制采购文件技术要求的按照无效响应处理。

2. 如果行数不够，请自行增加。

交货清单是根据招标文件的要求，投标方提供在系统集成中使用到的设备、线缆及施工辅材等的一份清单，原则上与招标文件相同即可。

（2）技术文件。

技术文件通常由系统集成中主要产品设备的介绍和系统集成的项目设计方案组成，重点内容为项目设计方案。

项目设计方案由以下几个方面的内容组成：项目概述、需求分析、网络设计分析、方案设计、综合布线系统设计、技术支持与服务等。

项目概述主要介绍应标公司的基本情况，重点介绍公司的规模、技术力量、社会信誉及示范系统集成项目等内容，并简要说明对招标方系统集成的基本设想。

需求分析主要针对用户的要求，对网络的建设目标、建设规划、网络布局、网络技术需求、网络安全需求、网络管理需求等方面进行介绍。

网络设计分析主要是对招标方系统集成项目使用技术情况的分析，包含主干网的设计、虚拟网的划分、网络可扩充性等内容。

方案设计主要介绍网络结构设计、网络拓扑结构、设备选型考虑及设备配置的描述等内容。

综合布线系统设计主要介绍综合布线系统的设计思想、综合布线系统的依据、骨干光缆工程及楼宇内的布线系统等内容。

技术支持与服务主要介绍系统集成公司对工程项目质量的承诺、提供的技术服务，以及为招标方提供的技术培训安排等内容。

系统集成的项目设计方案的格式如下。

×××校园系统集成设计方案

一、概述

××××因发展需要，现对本校×××路校区进行改造，我公司荣幸地接到贵方《×××××弱电系统集成》项目的投标邀请，经我公司工程师现场勘察后慎重提交我公司对本项目的设计及施工解决方案。

本项目包括综合布线系统、网络系统、门禁系统、监控系统、校园广播系统、网络中心机房、电话系统、报告厅八个子系统。

二、设计依据

《×××××弱电系统集成》项目主要参照以下两个方面并结合我公司积累的经验进行：第一，根据招标清单技术参数及使用功能进行设计；第二，本方案的所有设计均严格按照国家有关的设计标准和规范、产品标准和规范、工程标准和规范、验收标准和规范等进行。

1. 《智能建筑设计标准》（GB 50314—2015）
2. 《综合布线系统工程设计规范》（GB 50311—2016）
3. 《数据中心设计规范》（GB 50174—2017）
4. 《安全防范工程技术标准》（GB 50348—2018）
5. 《公共广播系统工程技术标准》（GB/T 50526—2021）
6. 《视频显示系统工程技术规范》（GB 50464—2008）
7. 《用户电话交换系统工程设计规范》（GB/T 50622—2010）
8. 《出入口控制系统工程设计规范》（GB 50396—2007）
9. 《火灾自动报警系统设计规范》（GB 50116—2013）
10. 《建筑设备监控系统工程技术规范》（JGJ/T 334—2014）
11. 《公共安全视频监控联网信息安全技术要求》（GB 35114—2017）

……

三、综合布线系统

1. 系统设计

××××××××综合布线系统由水平布线子系统、工作区子系统、管理间子系统组成。本布线系统为星形网络拓扑结构。

水平子系统采用室内 4 芯多模光纤，从 3 楼网络中心机房的 ODF 终端盒连接到各个教室多媒体箱内的 4 芯光纤盒，线缆从 200×100 镀锌桥架内铺设，桥架不能到达部分采用 KBG16管理墙方式穿过，此次设计为 51 个室内节点。针对 3 楼网络中心机房附近的几个房间，由于距离较近，因此我们采用双绞线直接连接到中心机房的交换机上。

工作区子系统采用 6 类非屏蔽 4 对室内双绞线，线缆从教室多媒体箱内连接到 6 类网络数据模块上，铺设方式采用暗埋 KBG16 管的方式穿过。此次设计共 473 个信息点、76 个 AP 点。

设备间子系统收集来自每个教室的多模光缆，并最终连接到总配线架上，通过跳线连接到与网络设备或通信设备相连的管理场所，包括 ODF 终端盒、主配线架、跳线等。

2. 系统示意图

系统示意图如图 1-9 所示。

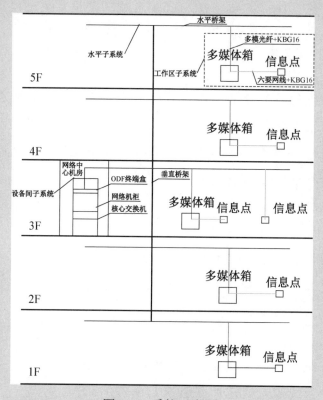

图 1-9　系统示意图

四、网络系统

1. 学校需求分析

随着计算机、通信和多媒体技术的发展，网络上的应用变得更加丰富。在多媒体教学和管理等方面的需求上，学校对校园网络也提出了进一步的要求。学校需要一个高速的、具有先进性的、可扩展的校园网络，以适应当前网络技术发展的趋势，并满足学校各方面应用的需要。信息技术的普及教育已经越来越受到人们的关注，学校领导、广大师生也已经充分认识到这一点。学校未来的教育方法和手段，将是构筑在教育信息化发展战略之上的。加大信息网络教育的投入，开展网络化教学、教育信息服务和远程教育服务等将成为未来建设的具体内容。

2. 调研情况及需求

学校有一栋建筑需接入局域网，因此原来的网络中心机房需进行改造。校园内的办公、教学、监控、门禁、校园广播等信息化功能都使用 IP 技术，最终必须是一个集计算机网络技术、多项信息管理、办公自动化和信息发布等功能于一体的综合信息平台，并能够有效地促进现有的管理体制和管理方法，提高学校的办公质量和效率，以促进学校整体教学水平的提高。

3. 方案设计

针对本项目，我们充分考虑了学校的实际情况，注重设备选型的性能价格比，采用成熟可靠的技术，为学校设计一个技术先进、灵活可用、性能优秀、可升级扩展的校园网络。考虑到学校的中长期发展规划，我们在网络结构、网络应用、网络管理、系统性能及远程教学等各个方面均预留可拓展空间，从而最大程度地保护学校的投资。学校借助校园网的建设，可充分利用网上应用系统及教学资源，发挥网络资源共享、信息快捷、无地理限制等优势，真正把现代化管理、教育技术融入学校的日常教育与办公管理当中。

学校校园网具体功能和特点如下。

● 采用千兆以太网技术，具有高带宽 1 000 Mbit/s 速率的主干，100 Mbit/s 到桌面，运行目前的各种应用系统绰绰有余，还可轻松应对未来一段时间内的应用要求，且易于升级和扩展，最大限度地保护用户的投资。

● 网络设备选型为国际知名产品，性能稳定可靠、技术先进、产品系列全面，同时还提供完善的服务保证。

● 采用支持网络管理的交换设备，足不出户即可管理整个网络。

4. 校园网络拓扑图

校园网络拓扑图如图 1-10 所示。

核心交换机选用高性能的框式交换机，配有双主控、双电源，保证运行的稳定性和可靠性，同时配有万兆端口，为未来的万兆互联打下基础。接入交换机选用上行千兆光纤口，下行千兆电口，既保证了高带宽传输的稳定性，又为下行接入设备提供了千兆电口，并且支持POE 供电，解决了无线 AP、监控设备等的供电需求。

我们根据场景定制化地选用 AP，考虑到未来教学要和万物互联，教室内的 AP 选用了高密度 AP 并支持扩展（如 RFID、蓝牙、ZigBee 等物联网协议）。

5. 主要产品简介

略。

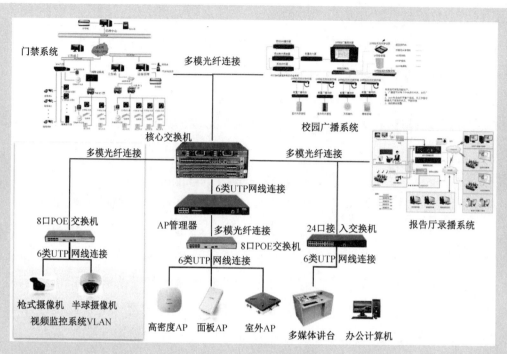

图 1-10　校园网络拓扑图

五、门禁系统

六、监控系统

七、校园广播系统

八、网络中心机房

九、电话系统

十、报告厅

（3）服务文件

服务文件通常由项目服务及培训承诺文件组成，主要内容为技术支持、售后服务体系及服务承诺。

服务承诺的主要内容和格式如下。

服务承诺

致　　　　　　　（采购人）、南京××××××公司（采购代理机构）：

针对××××××××（项目名称）、××××××××（项目编号）竞争性磋商项目，我公司承诺满足招标文件以下实施要求。

1. 成交供应商必须满足所有功能要求，有义务保证采购系统的功能性和完整性，未在采购文件中明示的附、配件，成交供应商应在响应时予以补充，本项目为"交钥匙"

项目，如项目实施过程中因缺少线材辅料、配件或服务导致系统无法正常运行，成交供应商须免费提供。

2. 成交供应商应及时与采购人联系，对本项目所有设备的规格等要求进一步确认后方可供货安装，并确保产品质量。

3. 成交供应商应在施工期间与土建单位配合施工，并在土建主体完工之日起 30 天内完成本项目，将所有设备安装到位通过验收并交付使用。采购人可严格按照采购文件对比验收，并保留邀请第三方质检部门验收的权利。

4. 成交供应商须按采购人要求的时间竣工、办理相关过程手续，所有挂墙、挂顶设备必须安装牢固，因吊挂隐患事故、未按采购人要求、手续不全、违反规范、拖延工期等原因造成的损失均由成交供应商承担赔偿责任。

5. 成交供应商不得转包或分包，一经发现，采购人有权解除合同。由于成交供应商自身原因造成采购人工期延误、经济损失、安全事故等责任均由成交供应商承担；成交供应商所有现场管理与施工人员均持证上岗，意外伤害保险由成交供应商负责。

6. 成交供应商提供的所有设备、用材均须是报价所列原厂封装未使用过的产品。采购人有权要求成交供应商提供优化、完善设计与施工方案，成交供应商提交响应文件时即视为响应。

7. 报价应含施工人员意外伤害保险费、清单所列及施工、安装、运输、调试、集成、保洁、原厂免费质保、税金等与本项目相关的一切费用。本项目验收前，成交供应商承担所有货物的保管责任。

我公司承诺满足招标文件以下服务要求。

1. 交货地点。成交供应商负责将货物运到采购人指定地点，并负责办理运输和装卸等，费用由成交供应商负责，由采购人组织验收，检验不合格或不符合质量要求的货物。成交供应商除无条件退货、返工，还应承担采购人的一切损失。成交供应商所提供的货物开箱后，如采购人发现有任何问题（如外观有损伤），成交供应商必须立即以同样型号的设备在采购人商定的时间内更换，确保其使用。

2. 售后服务。

（1）质保期内，成交供应商接到保修请求，应在 2 小时内响应，4 小时内维修人员到达现场，必要时应向采购人提供应急备用设备。

（2）质保期内，如遇产品技术升级，成交供应商应及时通知采购人，如采购人有相应要求，供应商应对使用单位进行免费升级服务。

3. 质保期限。本项目所有项目的免费质保期限为六年（自验收报告签字确认日起，开始进入质保期）。

4. 培训要求。成交供应商应安排专人对使用单位进行使用培训，使其能处理简单的故障及紧急维修，并能按照操作手册的要求进行日常维护与保养。

5. 验收标准与要求。

（1）项目实施完成后，成交供应商应完成文档整理，竣工文档是验收的必要条件。

（2）所供货物必须是全新的，原装正品，完全符合国家规定的质量标准。因产品质量或安装不当导致验收不合格，应及时处理直至验收合格，期间产生的一切费用由成交供应商承担；若二次验收不合格，采购人有权退货。采购人在此期间保留对成交供应商的索赔权利。

我公司承诺满足招标文件以下付款条件。

1. 成交供应商在签订合同后3日内按采购人要求将合同金额3%的款项汇入采购人指定账户作为履约保证金（项目验收合格后自动转为质保金）。

2. 项目安装完成后，由采购人进行验收并邀请第三方机构进行检测，验收合格，提交所需项目竣工技术资料后10个工作日内，采购人支付至合同金额的100%。

3. 质保期满后无质量问题，成交供应商提出书面申请，采购人在接到书面申请10个工作日内全额无息退还剩余质保金）。

我公司承诺满足招标文件中合同模板条款。

承诺人：×××××××××公司

日期：××××××

（4）证明文件。

证明文件主要由投标方企业资质文件组成，主要包括法人或者其他组织的营业执照、自然人的身份证；财务会计制度、依法缴纳税金和社会保障资金的承诺函；具备履行合同所必需的设备和专业技术能力的书面声明；无重大违法记录声明等。

供应商资格承诺函的格式如下。

供应商资格承诺函

×××××××××（采购代理机构）

我公司 _____（供应商名称）郑重承诺：

我公司符合下列要求：

（1）具有良好的商业信誉和健全的财务会计制度；

（2）具有依法缴纳税金和社会保障资金的良好记录。

如果我公司成交，将在结果公告发布后7个工作日内向采购人提供下列材料核验：

（1）参加本次政府采购活动前一年的经审计的财务报告（包括"四表一注"，法人成立满一年的提供）或参加本次政府采购活动前一年内的银行资信证明（法人或其他组织提供）或其他证明材料；

（2）参加本次政府采购活动前一年内至少一个月依法缴纳税金和社会保障资金的证明材料。

本公司对上述承诺的真实性负责，如有虚假，将依法承担相应责任。

供应商名称（盖章）：

日　期：　　年　月　日

具备履行合同所必需的设备和专业技术能力的书面声明的格式如下。

具备履行合同所必需的设备和专业技术能力的书面声明

×××××××××（采购代理机构）：

我公司　　　　　　　　　（供应商名称）郑重声明：

我公司具备履行本项采购合同所必需的设备和专业技术能力，为履行本项采购合同我公司具备如下主要设备和主要专业技术能力。

主要设备：

主要专业技术能力：

声明人：　　　　　　（公章）

　　　　　　　　　年　　月　　日

无重大违法记录声明的格式如下。

无重大违法记录声明

×××××××××（采购代理机构）：

我公司　　　　　　　　　（供应商名称）郑重声明：

参加政府采购活动前 3 年内在经营活动中　　　　　　（在下画线上如实填写：有或没有）重大违法记录。

声明人：　　　　　　（公章）

　　　　　　　　　年　　月　　日

2. 评标

除了价格条件，技术质量、工程进度或交货期，以及所提供的服务等各方面的条件都将影响投标的优劣。招标人必须对投标进行审核、比较，然后择优确定中标人选。根据招标方式的不同，评标的过程略有差异。询价采购是指评标委员会在资格审查通过的投标人中，确定报价最低的投标人为中标方；竞争性谈判是指通常情况下由评标委员会在资格审查通过的投标人中确定最终报价最低的投标人为中标方，也可以通过综合评分的方式进行评判，综合评分最高的投标人为中标方；竞争性磋商和公开招标是通过综合评分的方式确定中标人，竞争性磋商有一个与投标人磋商的过程，存在多次报价的可能，公开招标不允许投标人进行二次报价，投标文件是最终文件。

评标委员会负责具体评标事务，并独立履行以下内容。

（1）审查、评价投标文件是否符合招标文件的商务、技术等实质性要求。资格性审查由用户和招标代理机构审查，评标委员会审查招标文件中的实质性要求，实质性要求不响应的投标人不能作为合格投标人。

（2）要求投标人对投标文件有关事项做出澄清或者说明。评标委员会可以根据投标人的投标文件内容提出澄清或说明，如价格畸高或畸低。

（3）对投标文件进行比较和评价。评标委员会根据投标人投标文件进行评价，并对不同的文件进行比较，根据招标文件的要求进行合理的评分或评价。

（4）根据评价结果确定中标候选人名单。对于竞争性谈判和公开招标的评分标准，不同类型的招标有一些差异，如信息类使用一个标准，木器类使用一个标准。评分标准需要公开，与招标文件同时发布。评分标准要把握，不能具有排他性，不能对公司规模、公司资质等对投标人有特定要求。系统集成类招标的参考标准见表1-5，针对表内的产品功能、性能等指标，不同的采购项目是可以变化与调整的，用户可以根据自己的采购项目进行调整，此表仅供参考。

表1-5　系统集成类招标的参考标准

序号	评审因素	评审细则	分值	分值类型
		价格		
1.1	价格分	采用低价优先法计算，即满足招标文件要求且投标价格最低的投标报价为评标基准价，其价格分为满分。其他投标人的价格分统一按照下列公式计算：投标报价得分=（评标基准价/投标报价）×15	15分	自动计算
		技术		
2.1	产品功能、性能、配置要求	设备技术参数全部满足招标要求的，得满分21分。打★号指标为必须满足项，若有负偏离，则将作为无效报价；打▲号指标为重要技术参数，有一项负偏离扣2分；其他技术指标，有一项负偏离扣1分，扣完为止	21分	客观分
2.2	产品其他功能	1. 投标人所投数字IP网络广播服务器具备以下功能。 （1）支持查看主备切换器每一路的工作状态及紧急模式状态，得1分。 （2）支持查看功放的输出电流、输出电压、输出模式、温度、网络状态、功放保护等工作状态，得1分。 2. 投标人所投网络广播系统软件具备以下功能。 （1）支持LED显示推送，以手动或自动的方式实时、定时发布文本信息，得1分。 （2）具备一键巡检功能，可以在30秒内快速检查所有网络音箱的声音品质是否符合播音要求，得1分。 3. ……	8分	客观分

序号	评审因素	评审细则	分值	分值类型
		技术		
2.3	安装方案	评委根据投标人提供的项目安装方案（包括设备位置及安装方式、线路走向等）进行综合评分。 （1）方案准确且完全符合项目实际要求，得 5 分。 （2）方案基本准确且基本符合项目需求，得 2 分。 本项最多 5 分，方案不准确、不符合要求或未提供的不得分	5 分	主观分
2.4	深化设计方案	评委根据投标人提供的深化设计方案（包括 a. 广播系统图、点位图、室内大样图；b. 无线网络系统图、点位图、室内大样图；c. 录播系统图、点位图、室内大样图）进行综合评分。 （1）广播系统图、点位图、室内大样图：图纸完整，完全符合采购人需求，点位布置精准合理，得 2 分；图纸基本完整，基本符合采购人需求，点位布置基本精准合理，得 1 分。 （2）…… 本项最多 6 分，方案不完整、不符合采购需求、不合理或未提供的不得分	6 分	主观分
2.5	组织实施方案	评委根据投标人提供的实施方案（包含人员安排、进度安排、安全措施、质量保证、档案管理措施、验收等）进行综合评分。 （1）方案完善，人员、进度安排合理，安全措施切实可行，完全符合采购需求的，得 6 分。 （2）…… 本项最多 6 分，方案内容缺失，人员、进度安排不合理、安全措施不可行、不符合采购需求或未提供的不得分	6 分	主观分
2.6	软件著作权证书	（1）投标人所投集控式录制系统支持所录课件的版权保护，具有国家版权局颁发的课件加密系统计算机软件著作权登记证书，得 1 分。 （2）投标人所投集控式录制系统、在线课件编辑系统、智慧教学互动系统、智慧课堂云平台需提供由与此软件功能一致的国家版权局颁发的计算机软件著作权登记证书，每提供 1 个得 0.5 分，最多得 2 分。 （3）…… 本项最多 6 分（证书登记注册的软件名称无须完全一致，但内容或功能须相同，所提供著作权名称与评分要求不同时，应提供功能说明及包含的关键信息，相应系统功能应符合上述要求，否则不予认可）	6 分	主观分
2.7	……	……	……	……
		服务		
3.1	售后服务方案	评委根据投标人提供的售后服务方案（如服务体系、服务内容、故障解决方案、专业技术人员保障等）进行综合评分。 （1）投标人提供的服务体系完善、服务内容全面、故障解决方案可行、专业技术人员保障可靠的，得 3 分。 （2）…… 本项最多 3 分，服务保障体系欠缺、服务内容缺失、故障解决方案无针对性、专业技术人员能力不足或未提供的不得分	3 分	主观分
3.2	……	……	……	……

续表

序号	评审因素	评审细则	分值	分值类型
		业绩		
4.1	投标人业绩	投标人提供自 2020 年 1 月 1 日（含）以来（以合同签订时间为准）承接的类似校园智能化建设项目（内容须包含校园广播系统及核心交换机），每提供 1 个得 3 分，最多得 6 分（提供中标通知书、合同、验收文件及甲方联系方式，未提供或提供材料不全的不得分）	6 分	客观分
		履约能力		
5.1	履约能力 1	投标人具有信息技术服务运行维护资质（简称 ITSS）二级及以上证书，得 3 分，三级得 1 分，未提供的不得分	3 分	客观分
5.2	履约能力 2	投标人具有信息技术服务运行维护资质（简称 ITSS）二级及以上证书，得 3 分，三级得 1 分，未提供的不得分。 （1）投标人或所投网络产品制造商为国家信息安全漏洞共享平台（CNVD）技术组成员，得 1 分。 （2）投标人或所投网络产品制造商为中国国家信息安全漏洞库（CNNVD）一级技术支撑单位，得 1 分。 （3）…… 本项最多 6 分，未提供的不得分	6 分	客观分
合计			100 分	

综合评分法：

1. 得分且投标报价相同的，按2.1、2.2、2.3项评分因素优劣排序。

2. 实质性要求不得负偏离，否则按照无效投标处理。

3. 对国家认定的节能产品和环保产品分别给予投标价的 5%价格扣除，用扣除后的价格参与评审（特别说明：节能、环保产品必须纳入"中国政府采购网"等官方网站的"节能、环保产品查询系统"中，且以提供的证书复印件为准）。

4. ……

3. 中标

经评标委员会确定系统集成的中标人后，系统集成的招标人会向中标人发出系统集成中标通知书并予以公告，同时将中标结果通知所有未中标的投标人。中标通知书对系统集成的招标人和中标人都具有法律效力。中标通知书发出后，系统集成的招标人如果改变中标结果，或者中标人放弃中标的系统集成，那么都要承担相关法律责任。

为了对用户负责，评标委员会通常会根据投标人提供的方案确定多个中标方案，并确定中标顺序，当第一中标人因某种因素不能履约时，由第二中标人中标，以此类推。弃标人承担相应的法律责任，给出相应的赔偿。成交公告的格式如下。

南京××××××××学校超融合服务器成交公告

一、项目编号：2022××××

二、项目名称：南京××××××××学校超融合服务器

三、中标信息

供应商名称：南京×××信息技术有限公司

供应商地址：南京市×××路 32 号 D2 北 1822-089 室

中标金额：46.98 万元

四、主要标的信息：货物类

名称：南京×××××××学校超融合服务器

品牌（如有）：宁畅

规格型号：R620 G30

数量：8

五、评审专家名单：冯××、周××、陈××

六、代理服务费收费标准

中标人在领取中标通知书前，按照标准向招标代理机构支付招标代理服务费，以中标价为基数；供应商支付金额：7 047 元。

七、公告期限

自本公告发布之日起 1 个工作日。

八、其他补充事宜

本公告公示期为 1 个工作日，各有关当事人对采购结果有异议的，可以在成交结果公告期限届满之日起 7 个工作日内，以书面原件形式向采购人提出并提供必要的证明材料，逾期不再受理。

九、凡对本次公告内容提出询问的，请按以下方式联系

1. 采购人信息。

采购人：南京×××××××学校

地址：南京市×××路 40 号

联系人：胡老师

联系电话：025-89××××××

2. 招标代理机构信息。

名称：南京×××项目管理有限公司

联系人：徐××

联系电话：195×××××××××

联系地址：南京市×××新兴软件园 16-2

十、附件

1. 招标文件。

……

4．签订合同

系统集成的招标人和中标人应当在中标通知书发出之日起的 30 日内，按照系统集成招标文件和中标人的系统集成投标文件订立书面合同。招标人和中标人不能再订立背离合同实质性内容的其他协议。招标文件要求系统集成中标人提交履约保证金的，中标人应当提交。

系统集成的中标人应当按照合同约定履行义务，按时保质保量完成中标的系统集成。中标人不能向他人转让中标的系统集成，也不能将系统集成分解后分别向他人转让。中标人按照合同约定或者经招标人同意，可将系统集成中部分非主体、非关键性工作分包给他人完成。接受系统集成分包的人应当具备相应的资格条件，并不得再次分包。系统集成中标人应当就分包项目向系统集成招标人负责，接受分包的人就分包项目承担连带责任。采购合同的格式如下。

采购合同

合同编号：×××××××

政府采购计划号：×××××××

采购人：（以下称甲方）　　　　　　　　供应商：（以下称乙方）

住所地：　　　　　　　　　　　　　　　住所地：

根据《中华人民共和国政府采购法》等法律法规的规定，甲乙双方按照采购代理机构的磋商结果签订本合同。

第一条　合同标的

乙方根据甲方需求提供下列货物、工程、服务，货物、工程、服务的名称、规格及数量详见乙方响应文件。

第二条　合同总价款

本合同项下总价款为_____（大写）人民币，分项价款在"报价表"中有明确规定。

本合同总价款是货物设计、制造、包装、仓储、运输、装卸、保险、安装、调试及其材料和验收合格之前保管和保修期内备品备件、专用工具、伴随服务、技术图纸资料、人员培训发生的所有含税费用，支付给员工的工资和国家强制缴纳的各种社会保障资金，以及供应商认为需要的其他费用等。

本合同总价款还包含乙方应当提供的伴随服务/售后服务费用。

本合同执行期间合同总价款不变。

第三条　组成本合同的有关文件

下列关于竞争性磋商文件、供应商响应文件或与本次采购活动方式相适应的文件及有关附件是本合同不可分割的组成部分，与本合同具有同等法律效力，这些文件包括但不限于：

（1）乙方提供的响应文件和报价表；　　（2）供货一览表；

（3）交货一览表；　　　　　　　　　　（4）技术规格响应表；

（5）乙方承诺；　　　　　　　　　　　（6）服务承诺；

（7）成交通知书；　　　　　　　　　　（8）甲乙双方商定的其他文件等。

第四条　权利保证

乙方应保证甲方在使用该货物或其任何一部分时不受第三方提出侵犯其专利权、版权、商标权或其他权利的起诉。一旦出现侵权，乙方应承担全部责任。

第五条　质量保证

1. 乙方所提供的货物的技术规格应与招标文件规定的技术规格及所附的"技术规格响应表"相一致；若技术性能无特殊说明，则按国家有关部门最新颁布的标准及规范为准。

2. 乙方应保证货物是全新、未使用过的原装合格正品，并完全符合合同规定的质量、规格和性能的要求。乙方应保证其提供的货物在正确安装、正常使用和保养条件下，在其使用寿命内具有良好的性能。货物验收后，在质量保证期内，乙方应对由于设计、工艺或材料的缺陷所发生的任何不足或故障负责，所需费用由乙方承担。

第六条　包装要求

1. 除合同另有规定，乙方提供的全部货物均应按标准保护措施进行包装。该包装应适应于远距离运输、防潮、防震、防锈和防野蛮装卸，以确保货物安全无损地运抵指定地点。由于包装不善所引起的货物损失均由乙方承担。

2. 每一包装单元内应附详细的装箱单和质量合格凭证。

第七条　交货和验收

1. 乙方应当在甲方规定的时间内将货物送达并安装调试完毕交付甲方正常使用，地点由甲方指定。招标文件有约定的，从其约定。

2. 乙方交付的货物应当完全符合本合同或者竞争性磋商文件所规定的货物、数量和规格要求。乙方提供的货物不符合竞争性磋商文件和合同规定的，甲方有权拒收货物，由此引起的风险，由乙方承担。

3. 货物的到货验收包括：型号、规格、数量、外观质量及货物包装是否完好。

4. 乙方应将所提供货物的装箱清单、用户手册、原厂保修卡、随机资料及配件、随机工具等交付给甲方；乙方不能完整交付货物及本款规定的单证和工具的，视为未按合同约定交货，乙方负责补齐，因此导致逾期交付的，由乙方承担相关的违约责任。

5. 货物和系统调试验收的标准：按行业通行标准、厂方出厂标准和乙方响应文件的承诺（详见合同附件载明的标准，并不低于国家相关标准）。

第八条　伴随服务/售后服务

1. 乙方应按照国家有关法律法规、规章和"三包"规定及合同所附的"服务承诺"提供服务。

2. 除前款规定，乙方还应提供下列服务：

（1）货物的现场安装、调试和/或启动监督；

（2）就货物的安装、启动、运行及维护等对甲方人员进行免费培训。

3. 若招标文件中不包含有关伴随服务或售后服务的承诺，双方作如下约定：

（1）乙方应为甲方提供免费培训服务，并指派专人负责与甲方联系售后服务事宜。主要培训内容为货物的基本结构、性能，主要部件的构造及处理，日常使用操作、保养与管理，常见故障的排除，紧急情况的处理等，如甲方未使用过同类型货物，乙方还需就货物的功能对甲方人员进行相应的技术培训，培训地点主要在货物安装现场或由甲方安排；

（2）所购货物按乙方承诺提供免费维护和质量保证，保修费用计入总价；

（3）保修期内，乙方负责对其提供的货物整机进行维修和系统维护，不再收取任何费用，但不可抗力（如火灾、雷击等）造成的故障除外；

（4）货物故障报修的响应时间按乙方承诺执行；

（5）若货物故障在检修8小时后仍无法排除，乙方应在48小时内免费提供不低于故障货物规格型号档次的备用货物供甲方使用，直至故障货物修复；

（6）所有货物保修服务方式均为乙方上门保修，即由乙方派员到货物使用现场维修，由此产生的一切费用均由乙方承担；

（7）保修期后的货物维护由双方协商再定。

第九条　履约保证金

1. 乙方在签订本合同时其保证金自动转为履约保证金，磋商文件另有约定的从其约定（本项目不设履约保证金）。

2. 履约保证金的有效期为该项目免费维护期满时止。

3. 如乙方未能履行合同规定的义务，甲方有权从履约保证金中取得补偿。

4. 履约保证金扣除甲方应得的补偿后的余额在有效期满后7个工作日内退还给乙方。

第十条　合同款支付

1. 本合同项下所有款项均以人民币支付。

2. 本合同项下的采购资金由甲方自行支付，乙方向甲方开具发票。

3. 付款条件：详见磋商文件。

第十一条　违约责任

1. 甲方无正当理由拒收货物、拒付货物款的，由甲方向乙方偿付合同总价款5%的违约金。

2. 甲方未按合同规定的期限向乙方支付货款的，每逾期 1 天甲方向乙方偿付欠款总额 5%的滞纳金，但累计滞纳金总额不超过欠款总额的 5%。

3. 如乙方不能交付货物、完成安装调试的，甲方有权扣留全部履约保证金；同时乙方应向甲方支付合同总价款 5%的违约金。

4. 乙方逾期交付的，每逾期 1 天，乙方向甲方偿付合同总价款 5%的滞纳金。如乙方逾期交付达 10 天，甲方有权解除合同，解除合同的通知自到达乙方时生效。

5. 乙方所交付的货物品种、型号、规格不符合合同规定的，甲方有权拒收。甲方拒收的，乙方应向甲方支付合同总价款 5%的违约金。

6. 在乙方承诺的或国家规定的质量保证期内（取两者中最长的期限），如经乙方两次维修或更换，货物仍不能达到合同约定的质量标准，甲方有权退货，乙方应退回全部货款，并按本合同第 3 款的规定处理，同时，乙方还须赔偿甲方因此遭受的损失。

7. 乙方未按本合同第九条的规定向甲方交付履约保证金的，应按应交付履约保证金的 100%向甲方支付违约金，该违约金的支付不影响乙方应承担的其他违约责任。

8. 乙方未按本合同的规定和"服务承诺"提供伴随服务/售后服务的，应按合同总价款的 5%向甲方承担违约责任。

9. 乙方在承担上述 4~7 款一项或多项违约责任后，仍应继续履行合同规定的义务（甲方解除合同的除外）。甲方未能及时追究乙方的任何一项违约责任并不表明甲方放弃追究乙方该项或其他违约责任。

10. 乙方响应属虚假承诺，或经权威部门监测提供的货物不能满足竞争性磋商文件要求，或是由于乙方的过错造成合同无法继续履行的，除乙方履约保证金不予退还，还应向甲方支付不少于合同总价款 30%的赔偿金。

第十二条 合同的变更和终止

1. 除《中华人民共和国政府采购法》第五十条第二款规定的情形，本合同一经签订，甲乙双方不得擅自变更、中止或终止合同。

2. 除发生法律规定的不能预见、不能避免并不能克服的客观情况，甲乙双方不得放弃或拒绝履行合同。乙方放弃或拒绝履行合同，履约保证金不予退还。

第十三条 合同的转让

乙方不得擅自部分或全部转让应履行的合同义务。

第十四条 争议的解决

1. 因货物的质量问题发生争议的，应当邀请国家认可的质量检测机构对货物质量进行鉴定。货物符合标准的，鉴定费由甲方承担；货物不符合标准的，鉴定费由乙方承担。

2. 因履行本合同引起的或与本合同有关的争议，甲、乙双方应首先通过友好协商解决，若协商不能解决争议，则采取以下第（ ）种方式解决争议：

（1）向甲方所在地有管辖权的人民法院提起诉讼；

（2）向南京仲裁委员会按其仲裁规则申请仲裁。

如没有约定，默认采取第 2 种方式解决争议。

3. 在仲裁期间，本合同应继续履行。

第十五条　诚实信用

乙方应诚实信用，严格按照竞争性磋商文件的要求和乙方承诺履行合同，不向甲方进行商业贿赂，或者提供不正当利益。

第十六条　合同生效及其他

1. 本合同自签订之日起生效。

2. 本合同一式 4 份，甲乙双方各执 2 份。

3. 本合同应按照中华人民共和国的现行法律进行解释。

甲方（采购人）：（盖章）　　　　　　　　乙方（供应商）：（盖章）

代表人：　　　　　　　　　　　　　　　　代表人：

电话：　　　　　　　　　　　　　　　　　电话：

开户银行：　　　　　　　　　　　　　　　开户银行：

账号：　　　　　　　　　　　　　　　　　账号：

　年　　月　　日　　　　　　　　　　　　年　　月　　日

小试牛刀

1. 收集工程标书

分小组完成各种类型标书的收集，并整理分类。分类方法可以以行业分类，如建筑工程标书、装饰工程标书、信息类工程标书等。收集的渠道可以是与学校有合作关系的公司、亲朋好友介绍的公司或互联网等。

2. 收集不同招标类型的评分标准

分小组完成不同招标类型的评分标准的收集，仔细分析不同招标类型的评分标准的主要区别，如木器类招标、电子设备类招标、系统集成类招标的评分标准的主要区别。

3. 模拟评标

选择系统集成类的投标文件，每位小组成员根据评分标准对投标文件进行评分，各小组根据评分标准设计评分表格。

一比高下

　　教师准备一套同一个标的的投标文件，并依据该标的的评分标准，请各小组根据评分标准给各投标文件评分，每个小组请一位成员解释本组的评分依据，并说明中标公司的中标理由。

开动脑筋

　　1．企、事业单位在设备采购等活动中进行公开招标投标的目的是什么？

　　2．某学校进行办公设备的公开招标，学校领导在学校专业教师中选择了 5 位教师，加上 3 位校长组成一个评标小组，这样的做法对吗？为什么？

　　3．某单位需要采购一批办公设备，进行了公开招标，招标结束后，中标人不能履行投标文件所做的承诺。此时，该单位需要再进行一次公开招标吗？中标单位需要进行赔偿吗？

课外阅读

　　政府采购是一项重要的业务，涉及相关的法律知识，建议课外要认真阅读《中华人民共和国政府采购法》，增强法律意识。

项目小结

　　本项目用 3 个工作任务介绍了系统集成的基本知识及系统集成中招标投标的一些基本知识。通过系统集成项目的参观活动，使学生对系统集成有了一个初步的认识，能够正确地识读网络拓扑图；通过招标投标资料的收集与整理活动，使学生能够了解招标投标的基本程序、招标投标文件的编写及评标的基本要求，为今后走上工作岗位打下基础。

思考与练习

　　1．请谈一谈你对系统集成的认识。

　　2．计算机网络拓扑结构是指什么？

　　3．供应商系统集成资质还可以作为招标投标的相关资质要求吗？

　　4．如图 1-11 所示为某大学的网络拓扑图，请仔细阅读并在图中标注网络出口、核心交换机、服务器群的位置。

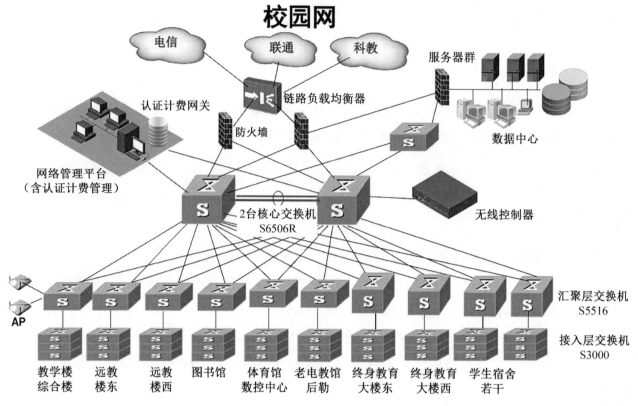

图 1-11　某大学的网络拓扑图

5．公开招标和竞争性谈判招标标书公示期是多长时间？

6．系统集成招标投标的基本程序是怎样的？

7．如果投标人对评标结果有异议，那么他应该怎么办？

8．投标人中标，由于特殊原因，不能履约，他可以放弃吗？如果放弃，他会受到处罚吗？

9．政府采购的方式有哪些？

项目 2　系统集成的布线材料

 项目描述

　　系统集成的主干由不同类型的传输线缆、传输线缆的连接器件及布线工程的辅助管材等构成，系统中所有数据的传输都依赖这些传输线缆。在计算机网络发展过程中，人们使用过多种传输线缆，随着以太网技术的成熟，现在人们使用的传输线缆主要是双绞线和光缆。

　　某信息工程技术学校作为一所新建学校，涉及的应用系统很多，信息点种类与数量也非常多，整个工程将使用大量的传输线缆、各种布线管材，这些传输线缆与布线管材的布放需要使用不同的施工设备及工具。如图 2-1 所示为某信息工程技术学校一个教室的布线设计图，从中可以看出弱电系统的复杂程度。

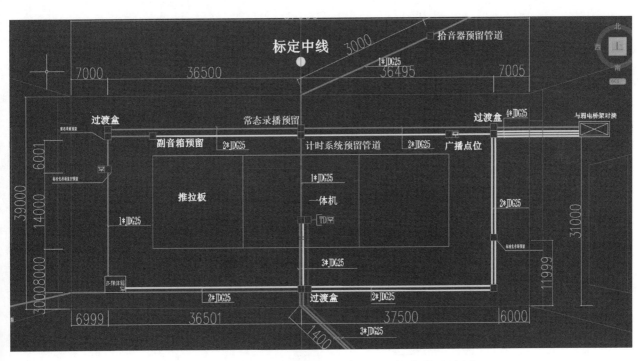

图 2-1　某信息工程技术学校一个教室的布线设计图

 项目分析

　　某信息工程技术学校涉及的弱电系统比较多，会使用到大量的传输线缆，这些传输线缆的布放要与基础建设及内部装饰同步进行，这样才能保证这些传输线缆的布放有序、合理、美观，利用率高。整个弱电系统的布线施工是工作量最大的工作，大量的传输线缆、传输线缆的连接器件及布线工程的辅助管材等是主要的布线材料，在这些材料中起着网络互联互通作用的是传输线缆。布线施工过程中使用的工具也是多种多样，包括线缆布放工具、端接工具及光纤施工工具等，熟练掌握相关工具的使用可以提高工作效率。本项目主要学习常规的传输线缆知识、常用工具的使用方法及布线管材的相关知识。

 项目分解

工作任务1　认识并制作传输线缆——双绞线
工作任务2　认识传输线缆——光缆
工作任务3　认识布线管材及连接器件
工作任务4　认识系统集成施工工具

工作任务1　认识并制作传输线缆——双绞线

1. 双绞线

双绞线是系统集成中较为常用的通信线缆，被广泛应用于电话通信网络和数据通信网络。双绞线的核心是相互绝缘并缠绕在一起的细芯铜导线对，通常由两对或多对缠绕在一起的导线组成，依靠相互缠绕（双绞）作用，来消除或减少电磁干扰（EMI）和射频干扰（RFI）。常见的双绞线如图2-2所示。

图2-2　常见的双绞线

常见的双绞线中导线的颜色分别为白绿、绿、白橙、橙、白蓝、蓝、白棕、棕。在双绞线内部，除了有导线，一般还有一根尼龙绳（抗拉纤维），用于增大双绞线的抗拉强度；在双绞线的最外层，有一层塑料护套，用于保护双绞线内部的导线。双绞线是一种柔性的通信线缆，因此非常适合在墙内、转角等位置布线。双绞线与适合的网络设备相连，可以通过100 Mbit/s 以上速率传输数据。在大多数应用下，双绞线的最大布线长度为 100 m，超出这个距离，信号就会衰减而失真，影响数据的传输。按照正常的工程经验，考虑到网络设备中和配线架要额外布线，所以双绞线的布线长度最好限制在 90 m 以内。

日常工程中使用的双绞线均为非屏蔽线缆，但是在电磁干扰比较强的环境中，需要使用屏蔽双绞线。所以根据双绞线是否有屏蔽层，可以分为屏蔽双绞线（STP）和非屏蔽双绞线（UTP），如图 2-3 和图 2-4 所示。系统集成中使用的主要是非屏蔽双绞线，人们平时所说的双绞线通常也是指非屏蔽双绞线。

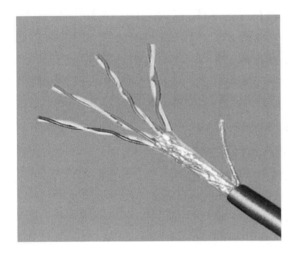 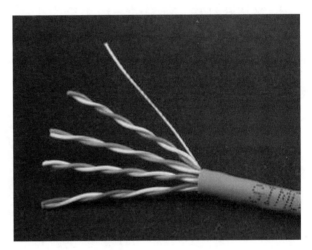

图 2-3　屏蔽双绞线　　　　　　　　　　　　图 2-4　非屏蔽双绞线

2. 非屏蔽双绞线

非屏蔽双绞线（Unshielded Twisted-Pair，UTP）也就是人们平时所用的网线，由于其价格相对低廉且易于安装，因此是局域网组网布线中使用最多的传输线缆。

1991 年，电子工业协会/电信工业协会（EIA/TIA）联合发布了一个"商用建筑物电信布线标准" EIA/TIA-568，该标准规定了非屏蔽双绞线的工业标准。随着局域网数据传输速率的不断提高，EIA/TIA 在 1995 年将布线标准更新为 EIA/TIA-568-A，该标准规定了 5 个种类的非屏蔽双绞线标准。在数据传输过程中，当前较为常用的 UTP 是 3 类线（CAT3）、5 类线（CAT5）和超 5 类线（CAT5e）。5 类线与 3 类线最主要的区别是：一方面，5 类线大大增加了每单位长度的绞合次数；另一方面，5 类线在线对间的绞合度和线对内两根导线的绞合度都经过了精心的设计，并在生产中加以严格的控制，使干扰在一定程度上得以抵消，从而提高了整个线路的传输特性。

3 类线是 10 M 以太网的标准用线。3 类线支持 10 Mbit/s 的数据传输速率，带宽为 10～

16 Mbit/s，包含 4 对双绞线，绞合程度为每英尺（1in～30.5 cm）3 绞，主要用于 10 BASE-T 网络。

5 类线是 100 M 以太网的标准用线。5 类线支持 100 Mbit/s 的数据传输速率，是高速数据线，工作频率小于或等于 100 MHz，绞合程度为每英尺 3 绞。

超 5 类线支持高达 100 MHz 的工作频率。与 5 类线相比，超 5 类线在传输信号时衰减更小，抗干扰能力更强。使用超 5 类线时，设备的受干扰程度只有使用普通 5 类线的 1/4，并且该类双绞线的全部 4 对线对能实现全双工通信，目前主要应用于千兆以太网（1 000 BASE-T）。

6 类线的工作频率为 1～250 MHz，6 类布线系统在 200 MHz 时，功率综合衰减串扰比（PS-ACR）有较大的余量。它提供 2 倍于超 5 类的带宽，传输性能远远高于超 5 类线的标准，适用于数据传输速率高于 1 Gbit/s 的应用。6 类线的标准取消了基本链路模型，布线标准采用星形网络拓扑结构，要求的布线距离为永久链路的长度不能超过 90 m，信道长度不能超过 100 m。6 类线在外形和结构上与 5 类线或超 5 类线都有一定的差别，它增加了绝缘的十字骨架，将双绞线的 4 对线对分别置于十字骨架的四个凹槽内，其电缆的直径也更粗。6 类非屏蔽双绞线如图 2-5 所示。

图 2-5　6 类非屏蔽双绞线

超 6 类线是 6 类线的改进版，同样是 ANSI/EIA/TIA-568-B.2 和 ISO 6 类/E 级标准中规定的一种非屏蔽双绞线，主要应用于千兆以太网。超 6 类线在工作频率方面与 6 类线一样，也是 200～250 MHz，最大数据传输速率可达到 1 000 Mbit/s，而且在串扰、衰减和信噪比等方面有较大改善。

7 类线是 ISO 7 类/F 级标准中最新的一种双绞线，它的发明主要是为了适应万兆以太网技术的应用和发展。但它不再是非屏蔽双绞线了，而是一种屏蔽双绞线，所以它的工作频率至少可达 500 MHz，是 6 类线和超 6 类线的 2 倍以上，数据传输速率可达 10 Gbit/s。

3．双绞线的制作工具与材料

将双绞线两端连接上 RJ-45 接口，就成为一条网络连接电缆。制作网络连接电缆是连接网络最基本的工作之一。因此需要先了解一下制作网络连接电缆所需要的线材和工具。

（1）线材。

制作网络连接电缆，首先需要准备 UTP 线材，使用较多的是 5 类线或超 5 类线。现在市场上销售的普通线材大都采用硬质纸盒包装（工程用线也有无包装的散装线材），纸盒上标识着线材的品牌、型号、阻抗、线芯直径等技术参数。通常，一箱线材的长度为 1 000 英尺，约合 305 米。技术人员应该养成每次取用线材后在纸盒上的预留表格中记录取用线材长度的习惯，以便对纸盒中的线材的长度做到心中有数，也能了解线材的长度是否符合标称。

在线材上，每隔两英尺会有一段文字标识，用来描述线材的一些技术参数，不同生产厂商的产品标识可能略有不同，但通常应包括以下信息：双绞线的生产厂商和产品编码、双绞线的类型、NEC/UL 防火测试和级别、CSA 防火测试、长度标志、生产日期等。下面用一个实例来介绍双绞线上的标识。

SAM2HE CAT 5e 24AWG UTP SOLID LAN CABLE NA 058M

其中：

SAM2HE 表示电缆生产厂商标识；

CAT 5e 表示该双绞线为超 5 类线；

24AWG 表示该双绞线是由 4 对线对的 24 AWG 直径的线芯构成的。铜电缆的直径通常用 AWG（American Wire Gauge）来衡量，AWG 数值越小，电缆的直径越大，常见的 AWG 数值有 22/24/26 等；

UTP 表示非屏蔽双绞线；

SOLID LAN CABLE 表示局域网实心电缆；

NA 没有实际意义；

058M 表示当前位置。

（2）RJ-45 接口。

RJ（Registered Jack）这个名称代表已注册的插孔，是来源于贝尔系统的 USOC（Universal Service Ordering Codes，通用服务分类代码）中的代码。USOC 是一系列已注册的插孔及其接线方式，由贝尔公司开发，用于将用户的设备连接到公共网络。

RJ-45 是当前在局域网连接中较为常见的接口，RJ-45 接口如图 2-6 所示。RJ-45 接口以与线材接压简单、连接可靠著称，常见的应用场合有以太网接口、ATM 接口及一些网络设备（如交换机、路由器）的控制（Console）接口等。

RJ-45 接口采用透明塑料材料制作，由于其外观晶莹透亮，因此常被称为"水晶头"。RJ-45 接口具有 8 个铜制引脚，在没有完成压制前，引脚凸出于接口，引脚的下方是悬空的，有两个到三个尖锐的凸起。RJ-45 接口铜制引脚如图 2-7 所示。在压制线材时，引脚向下移动，尖锐部分直接穿透双绞线铜芯外的绝缘塑料层并与线芯接触，能够很方便地实现接口与线材的连通。需要特别加以注意的是，由于没有压制的 RJ-45 接口的引脚与插座接触部分还处于凸出的状态，因此严禁将没有制作的 RJ-45 接口插入 RJ-45 插座中，否则会造成接口损坏。

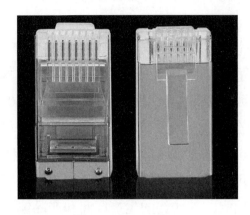

图 2-6　RJ-45 接口

图 2-7　RJ-45 接口铜制引脚

（3）压线钳。

压线钳的规格和型号有很多，分别适用于不同类型的接口与电缆的连接，通常采用 XPYC 的方式来表示（其中 X、Y 为数字）。P 表示接口的槽位数量，常见的有 4P、6P 和 8P，分别表示接口有 4 个、6 个和 8 个引脚凹槽。C 表示接口引脚连接铜片的数量，如常用的标准网线接口为 8P8C，表示有 8 个凹槽和 8 个引脚，如图 2-6 所示；常用的电话通信线缆接口为 4P2C，表示有 4 个凹槽和 2 个引脚。在制作网络连接电缆前，要根据实际情况选择具有合适接口的压线钳，如图 2-8 所示为压线钳实物图。压线钳的主要功能是将 RJ-45 接头和双绞线咬合夹紧，主要部分包括剥线口、切线口和压线口，可以完成剥线、切线和压接 RJ-45 接头的功能。

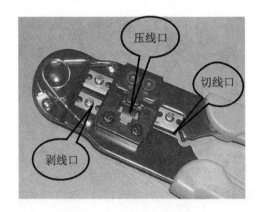

图 2-8　压线钳实物图

在网络布线工程中使用的网络连接电缆主要有直通电缆和交叉电缆，这两种类型的电缆分别适用于不同设备接口之间的连接。双绞线在生产时，8 根铜芯的绝缘塑料层分别涂有不同的颜色，分别是白绿、绿、白橙、橙、白蓝、蓝、白棕、棕。如果制作直通电缆，那么两端都应遵循 EIA/TIA-568-B 标准，T-568B 标准线序由 PIN1 至 PIN8，依次为白橙、橙、白绿、蓝、白蓝、绿、白棕、棕；如果制作交叉电缆，那么一端应该采用 EIA/TIA-568-B 标准，另一端采用 EIA/TIA-568-A 标准，T-568A 标准线序由 PIN1 至 PIN8，依次为白绿、绿、白橙、蓝、白蓝、橙、白棕、棕。网络连接电缆的适用环境见表 2-1。

表 2-1　网络连接电缆的适用环境

电缆类别	标准接口线序	适用环境
直通电缆	T-568B－T-568B、T-568A－T-568A	计算机－集线器、计算机－交换机、 路由器－集线器、路由器－交换机、 集线器/交换机（Uplink 级联端口）－集线器/交换机
交叉电缆	T-568A－T-568B	计算机－计算机、路由器－路由器、 集线器－集线器、交换机－交换机、 集线器－交换机

为了方便记忆，可以把计算机与路由器归为一类设备，集线器与交换机归为一类设备。同类设备相连使用交叉电缆，不同设备相连使用直通电缆。级联端口为了连接设备方便，在接口电路内部已经进行了转换，因此级联端口与普通接口相连，所以即使是同类设备也使用直通电缆。

4．网络跳线的制作与测试

网络跳线是网络布线中常用的传输介质。对于系统集成技术人员来说，网络跳线的制作是最基本的技术。

（1）剥线。

取双绞线的一头，用压线钳的切线口将双绞线端头剪齐，再将双绞线端头伸入剥线口，使线头触及前挡板，然后适度握紧压线钳，同时慢慢旋转双绞线，让刀口划开双绞线的保护胶皮，最后剥出保护胶皮。

握压线钳的力度不能过大，否则会剪断芯线，剥线的长度为 20 mm，不宜太长或太短。太长，电缆容易折断；太短，双绞线不容易插到水晶头的底部，容易造成接触不良。剥线示意图如图 2-9 所示。

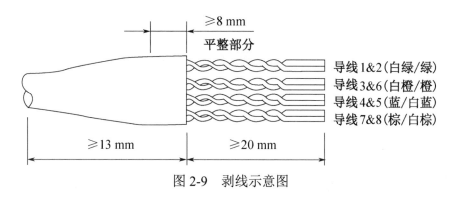

图 2-9　剥线示意图

（2）理线。

将4对线对分离，可以看到每对线对都由一根花线和一根彩线缠绕而成，彩线可分为橙、绿、蓝、棕四色，对应的花线则分别为白橙、白绿、白蓝和白棕，依次解开缠绕的线对，并按照标准线序排序，自左到右依次为白橙、橙、白绿、蓝、白蓝、绿、白棕、棕。理线示意图如图2-10所示。

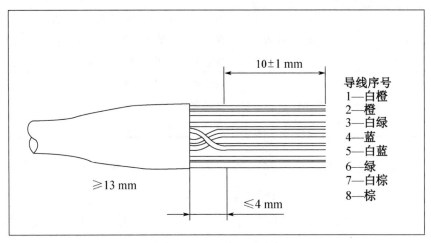

图 2-10　理线示意图

（3）插线。

将8根导线并拢后用压线钳剪齐，并留下约12 mm的长度。一只手捏住水晶头，将水晶头有卡榫的一侧向下，另一只手捏平导线，稍稍用力将排好的导线平行插入水晶头内的线槽中，8根导线的顶端应插入线槽的顶端。双绞线的外层胶皮必须有一小部分伸入RJ-45接头，同时内部的每一根导线都要顶到RJ-45接头的顶端。插线示意图如图2-11所示。

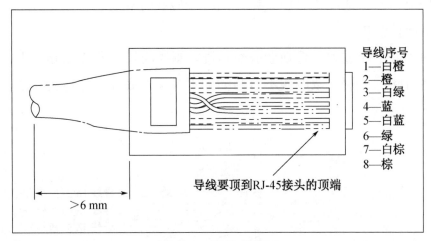

图 2-11　插线示意图

（4）压线。

确认所有导线都到位后，将RJ-45接头放入压线钳的压线口中，通过电缆将RJ-45接头插入压接线槽的顶端并顶住，用力将压线钳夹紧，然后松开压线钳并取出RJ-45接头，双绞线一端的 RJ-45 接头就压接完成了。压接过的 RJ-45 接头的 8 只金属脚一定比未压接过的低，这样才能顺利嵌入芯线中。优质的压线钳甚至必须在金属脚完全压入后才能松开握柄，取出 RJ-45 接头，否则 RJ-45 接头会卡在压线口中取不出来。采用同样的操作方法制作双绞线另一端的 RJ-45 接头，至此，一根网络跳线就制作完成了。

（5）测试。

测试是对制作的线缆的通断情况进行的检测，通过发送脉冲电流检查线缆的连通情况。测试工具通常使用的是如图 2-12 所示的简易线缆测试仪。

图 2-12　简易线缆测试仪

小试牛刀

1. 根据所学内容，填写下列表格

（1）将双绞线的线序标准填入下表。

线序标准	1	2	3	4	5	6	7	8
EIA/TIA-568-A								
EIA/TIA-568-B								

（2）在下表中勾选网络跳线的制作标准，并说明一般用于什么设备之间的连接。

制作标准	直通电缆		交叉电缆	
左接头	□ EIA/TIA-568-A	□ EIA/TIA-568-B	□ EIA/TIA-568-A	□ EIA/TIA-568-B
右接头	□ EIA/TIA-568-A	□ EIA/TIA-568-B	□ EIA/TIA-568-A	□ EIA/TIA-568-B
所连接设备	□ 同型设备	□ 异型设备	□ 同型设备	□ 异型设备

2. 网络跳线制作工具的使用

每个小组（4 人为宜）准备两把压线钳、一台简易线缆测试仪、一根可以连通网络的双绞线、一根旧的双绞线、水晶头若干，完成以下练习。

（1）检查压线钳、水晶头、简易线缆测试仪。

（2）使用压线钳的剥线口将双绞线剥去一段 10 mm 左右的外层胶皮，观察双绞线的电缆颜色、绞合情况。

（3）使用简易线缆测试仪测试双绞线，观察指示灯的发光情况。

（4）将水晶头卡入压线口，慢慢合拢压线钳，观察压线口与水晶头的吻合情况。然后压下压线钳，将水晶头的铜片全部压入塑料中，观察铜片压入的情况，了解水晶头是怎样与双绞线进行连接的。

3．制作网络跳线

每个小组准备两把压线钳、一台简易线缆测试仪、非屏蔽 5 类线或超 5 类线若干、水晶头若干，完成以下练习。

（1）每位同学制作两根 20 cm 长的直通电缆（一根遵循 EIA/TIA-568-B 标准、一根遵循 EIA/TIA-568-A 标准），并使用简易线缆测试仪测试其连通性，观察各指示灯发光的顺序并填写下表。

指示灯发光的顺序	1	2	3	4	5	6	7	8
左端指示灯	1	2	3	4	5	6	7	8
右端指示灯								

（2）每位同学制作两根 20 cm 长的交叉电缆，并使用简易线缆测试仪测试其连通性，观察各指示灯发光的顺序，填写下表，并与直通电缆进行比较。

指示灯发光的顺序	1	2	3	4	5	6	7	8
左端指示灯	1	2	3	4	5	6	7	8
右端指示灯								

一比高下

1．每个小组选派一名代表，分别制作两根网络跳线（一根直通电缆、一根交叉电缆）。

2．每个小组选派一名代表，谈一谈网络跳线制作过程中需要注意的问题。

开动脑筋

1．在双绞线上压接 RJ-45 接头时应注意哪些问题？

2．在实际工程应用中，那么可不可以采用非标准线序，为什么？

3．如果双绞线从中间被剪断，那么可不可以按照电缆的颜色剥去外层胶皮后将对应的铜线直接连接，再用胶布包裹起来使用？

课外阅读

其他传输线缆

1．屏蔽双绞线

屏蔽双绞线是指在电缆的外层有一层屏蔽层的双绞线，屏蔽层的材料通常是铝箔，整个电缆由铝箔包裹，以减少辐射，但并不能完全消除辐射。由于屏蔽双绞线的价格相对较高，安装时要比非屏蔽双绞线困难，因此在布线工程系统中使用的范围不广，通常只是在特定的环境下使用。使用屏蔽双绞线的网络有较高的传输速率，100 m 内可达到 155 Mbit/s。根据屏蔽方式的不同，屏蔽双绞线又分为两类，即 STP 和 FTP。

STP 是指每条线都有各自屏蔽层的屏蔽双绞线，如图 2-13 所示。而 FTP 则是采用整体屏蔽的屏蔽双绞线，如图 2-14 所示。屏蔽双绞线必须配有支持屏蔽功能的特殊连接器和相应的安装技术，屏蔽只在整个电缆均有屏蔽装置并且在两端正确接地的情况下才起作用。因此，整个系统要求全部是屏蔽器件，包括电缆、插座、水晶头和配线架等，同时建筑物需要有良好的地线系统。

图 2-13　STP

图 2-14　FTP

2. 同轴电缆

同轴电缆是计算机网络布线早期使用的一种传输介质，如图 2-15 所示，随着以双绞线和光缆为主的标准化布线的推行，目前基本上已经不在计算机网络中使用了。早期在计算机网络使用的同轴电缆根据应用的需要一般分为细同轴电缆（简称细缆）和粗同轴电缆（简称粗缆）。

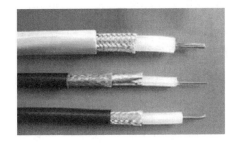

图 2-15　同轴电缆

粗缆是以太网初期较为流行的网络传输介质，其直径为 1.27 cm，最大传输距离可达 500 m。由于直径相当粗，因此它的弹性较差，不适合在狭窄的环境内架设，而且粗缆使用的 RG-11 接头的制作方式也相对复杂，并不能直接与计算机连接，它需要通过一个适配器转成 AUI 接头，然后再连接到计算机上。因为粗缆的强度较强，最大传输距离也比细缆长，所以粗缆的主要用途是扮演网络主干的角色，用来连接数个由细缆所结成的网络，其阻抗是 75 Ω。

细缆的直径为 0.26 cm，最大传输距离可达 185 m，使用时与 50 Ω 终端电阻、T 形连接器、

BNC 接头和网卡相连，线材价格和连接头成本都比较低，而且不需要购置集线器等设备，十分适合架设终端设备较为集中的小型以太网。电缆总长不要超过 185 m，否则信号将严重衰减。细缆的阻抗是 50 Ω。

工作任务 2　认识传输线缆——光缆

1. 光纤

光纤是光导纤维的简称，是一种细小、柔韧并能传输光信号的介质，光纤实物图如图 2-16 所示。其结构上由纤芯、包层和涂覆层组成，光纤结构示意图如图 2-17 所示。纤芯是由细如发丝的玻璃纤维组成的，位于光纤的中心部位，是高度透明的材料；包层的折射率略低于纤芯，可以使光电磁波束缚在纤芯内并可长途传输；包层外涂覆一层很薄的环氧树脂或硅橡胶，其作用是保护光纤不受水汽侵蚀，免受机械擦伤，增加柔韧性。

图 2-16　光纤实物图

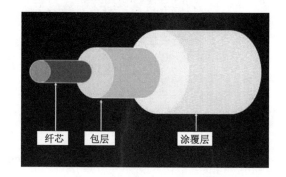

图 2-17　光纤结构示意图

根据光在光纤中的传输方式，光纤有两种类型：单模光纤（Single Mode Fiber）和多模光纤（Multi Mode Fiber）。如果光纤导芯的直径小到只有一个光的波长，那么光纤就成为一种波导管，光线就不必经过多次反射式的传输，而是一直向前传输，这种光纤称为单模光纤。单模光纤的纤芯直径为 8～10 μm，包层直径为 125 μm。只要到达光纤表面的光线入射角大于临界角，就会产生全反射，因此可以由多条入射角度不同的光线同时在一条光纤中传输，这种光纤称为多模光纤。多模光纤在给定的工作波长上能够以多个模式同时传输。多模光纤的纤芯直径一般为 50～200 μm，而包层直径的变化范围为 125～230 μm。计算机网络使用的纤芯直径为 62.5 μm，包层直径为 125 μm，就是通常所说的 62.5 μm 光纤。与单模光纤相比，多模光纤的传输性能要差些。

为使用光纤传输信号，光纤两端必须配有光纤收发器，如图 2-18 所示，或网络设备配置光模块。光纤收发器又称为光电转换器，是将光信号转换成电信号，通过双绞线接入终端，或将电信号转换成光信号进行远距离传输。实现电光转换的通常是发光二极管或注入式激光二极管，实现光电转换的通常是光电二极管或光电三极管。

图 2-18　光纤收发器

2. 光纤跳线

光纤跳线（Optical Fiber Patch Cord/Cable）又称光纤连接器，是在光纤两端都装上连接器，用来实现光路的连接与延续，而只有一端装有连接器的则称为尾纤。光纤跳线的中心是光传输的玻璃芯。

光纤跳线按接头的结构形式可分为 FC 跳线、SC 跳线、ST 跳线、LC 跳线等，且相互之间不可以互用，SFP 模块接 LC 型光纤连接器，而 GBIC 模块接 SC 型光纤连接器。系统集成中常用的光纤连接器有以下几种。

（1）FC 型光纤连接器。

FC 型光纤连接器是单模光纤中常见的连接设备之一，它具有 2.5 mm 的卡套，外部加强方式采用金属套，紧固方式为螺丝扣，如图 2-19 所示。

（2）SC 型光纤连接器。

SC 型光纤连接器同样具有 2.5 mm 的卡套，它是一种插拔式的连接设备，因为性能优异而被广泛使用。它是 EIA/TIA-568-A 标准化的连接器，外壳呈矩形，紧固方式为插拔销闩式，无须旋转，如图 2-20 所示。

图 2-19　FC 型光纤连接器

图 2-20　SC 型光纤连接器

（3）ST 型光纤连接器。

ST 型光纤连接器是多模光纤（大部分建筑物或园区网络内）中常见的连接设备。它具有一个卡口固定架和一个 2.5 mm 长的圆柱体的陶瓷（常见）或聚合物卡套，以容载整条光纤。ST 的英文全称有时记作"Stab & Twist"，很形象地描述了首先插入、然后拧紧的过程，如

图 2-21 所示。

（4）LC 型光纤连接器。

LC 型光纤连接器是著名的贝尔（Bell）研究所研究开发出来的，采用操作方便的模块化插孔（RJ）闩锁机理制成，采用的插针和套筒的尺寸是普通 SC、FC 等所用尺寸的一半，为 1.25 mm，如图 2-22 所示。

图 2-21　ST 型光纤连接器　　　　　图 2-22　LC 型光纤连接器

（5）MT-RJ 型光纤连接器。

MT-RJ 型光纤连接器是收发一体的方形光纤连接器，带有与 RJ-45 型 LAN 电连接器相同的闩锁机构，通过安装小型套管两侧的导向销对准光纤，方便与光纤收发器相连，MT-RJ 型光纤连接器端面光纤为双芯（间隔 0.75 mm）排列设计，其内部设计可以节省安装空间，是用于数据传输的高密度光纤连接器，如图 2-23 所示。

图 2-23　MT-RJ 型光纤连接器

对应不同的光纤接口，光纤跳线的类型也不同，比较常见的光纤跳线可以分为 FC-FC、FC-SC、FC-LC、FC-ST、SC-SC、SC-ST 等。如图 2-24 所示为 SC-LC 光纤跳线。

图 2-24　SC-LC 光纤跳线

单模光纤：一般光纤跳线用黄色表示，接头和保护套为蓝色，传输距离较长。

多模光纤：一般光纤跳线用橙色表示，有的也用灰色表示，接头和保护套为米色或黑色，传输距离较短。

3. 光缆

光缆是光导纤维电缆的简称，通常由相当数量的光导纤维电缆组成，其基本结构一般是由缆芯、加强钢丝、填充物和护套等几部分组成的，另外根据需要还有防水层、缓冲层、绝缘金属导线等。

从应用场合上可以将光缆分为室内光缆和室外光缆两种，从光芯的数目上可以分为单芯、双芯和多芯。

室内光缆一般分为单元式光缆和分布式光缆，前者主要用于室内，多为单芯和双芯；后者主要用于建筑物内的主干布线，多为 4 芯、6 芯、8 芯和 12 芯。

室外光缆主要用于园区的楼宇间连接、长距离网络、主干线系统等场合，根据材料分为铠装型光缆和全绝缘型光缆，如图 2-25 和图 2-26 所示，根据芯数有 4～12 芯和 24～144 芯等不同的种类。

光缆的最外层护套上通常会有光缆型号的标识，如图 2-27 所示，它由形式代号和规格代号两部分构成，中间用短横线分开。

图 2-25　铠装型光缆　　　　图 2-26　全绝缘型光缆　　　　图 2-27　光缆型号的标识

光缆型号由六部分组成，光缆标识含义如图 2-28 所示。

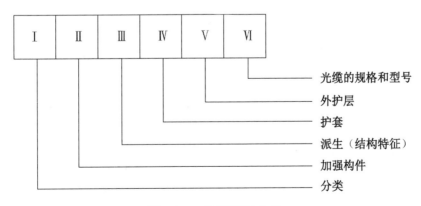

图 2-28　光缆标识含义

第 I 部分为分类代号，分类代号含义见表 2-2。

表 2-2　分类代号含义

代号	含　义	代号	含　义
GY	通信用室（野）外光缆	GS	通信用设备内光缆
GH	通信用海底光缆	GT	通信用特殊光缆
GJ	通信用室（局）内光缆	GW	通信用无金属光缆
GR	通信用软光缆	GM	通信用移动式光缆

第 II 部分为加强构件代号，加强构件代号含义见表 2-3。

表 2-3　加强构件代号含义

代号	含　义	代号	含　义
无符号	金属加强构件	G	金属重型加强构件
F	非金属加强构件	H	非金属重型加强构件

第 III 部分为缆芯和光缆内填充结构特征的代号，结构特征代号含义见表 2-4。光缆的结构特征应表示出缆芯的主要类型和光缆的派生结构，当光缆形式有几个结构特征需要注明时，可用组合代号表示。

表 2-4　结构特征代号含义

代号	含　义	代号	含　义
B	扁平形状	J	光纤紧套涂覆结构
C	自承式结构	R	充气式结构
D	光纤带结构	T	油膏填充式结构
E	椭圆形状	X	缆束管式（涂覆）结构
G	骨架槽结构	Z	阻燃

第 IV 部分为护套代号，护套代号含义见表 2-5。

第 V 部分为外护层代号，其代号用两组数字表示，第一组表示铠装层，可以是一位或两位数字；第二组表示涂覆层，是一位数字。铠装层代号含义见表 2-6，涂覆层代号含义见表 2-7。

表 2-5　护套代号含义

代号	含　义	代号	含　义
A	铝-聚乙烯黏结护套	U	聚氨酯护套
G	钢护套	V	聚氯乙烯护套
L	铝护套	Y	聚乙烯护套
Q	铅护套	W	夹带平行钢丝的钢-聚乙烯黏结护套
S	钢-聚乙烯黏结护套		

表 2-6 铠装层代号含义

代 号	含 义
0	无铠装层
2	绕包双钢带
3	单细圆钢丝
4	单粗圆钢丝
5	皱纹钢带
33	双细圆钢丝
44	双粗圆钢丝

表 2-7 涂覆层代号含义

代 号	含 义
1	纤维外套
2	聚氯乙烯套
3	聚乙烯套
4	聚乙烯套加覆尼龙套
5	聚乙烯保护套

第Ⅵ部分为光缆的规格和型号，A 为多模光纤，B 为单模光纤。常用单模光纤的规格和型号见表 2-8。

表 2-8 常用单模光纤的规格和型号

B1.1（B1）	非色散位移型光纤	G.652
B1.2	截止波长位移型光纤	G.654
B2	色散位移型光纤	G.653
B4	非零色散位移型光纤	G.655

小试牛刀

1. 如图 2-29 所示的光纤连接器的类型是什么

2. 以下几种光缆标识的含义是什么

（1）GYXTZW32-6A1B （2）GYTA-12B1 （3）GYTA52-8B1 （4）GYFTY04-24B1

3. 查看光缆的结构

教师为每个小组各准备了一根长为 1 m 左右的不同类型的光缆，请各小组成员仔细观察光缆的结构，每组成员至少观察两根光缆，并根据观察情况填写表 2-9。

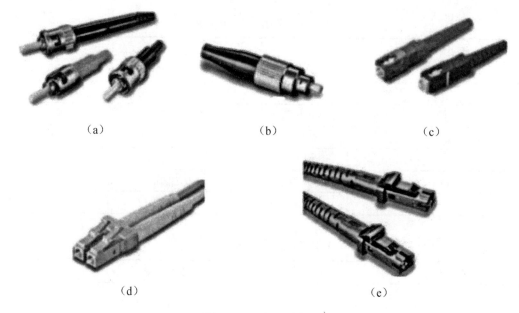

（a）　　　　　　　　（b）　　　　　　　　（c）

（d）　　　　　　　　（e）

图 2-29　光纤连接器

表 2-9　光缆结构观察表

类　　型	第 1 根光缆	第 2 根光缆
光缆类别（单模/多模）		
缆芯数量		
防护层（有/无）		
室内/室外光缆		
光缆截面描述		

 一比高下

1．每个小组选派一名代表，介绍本组所观察的光缆情况。

2．每个小组选派一名代表，谈一谈对光纤和光缆的认识。

 开动脑筋

1．光电转换器为什么通常留两个光纤接口？

2．通常情况下，单模光纤与多模光纤在工程上怎么区分？

3．室内光缆能在室外布线的时候使用吗？室外光缆能在室内布线的时候使用吗？

课外阅读

无线传输介质

在计算机网络中，无线传输可以突破有线网的限制，利用空间电磁波实现站点之间的通信，从而为广大用户提供移动通信。常用的无线传输介质是无线电波、微波和红外线。

1. 无线电波传输

无线电波的频率范围为 $10^4 \sim 10^8\,\text{Hz}$，含低频、中频、高频、甚高频和特高频等频段，分为管制频段和非管制频段。无线电波很容易产生，它的传输是全方向的，能从信号源向任意方向传输，很容易穿过建筑物，所以被广泛应用于现代通信中。由于它的传输是全方向的，因此发射装置和接收装置不必在物理上很精确地对准。

无线电波的特性与频率有关。在低频上，无线电波能轻易地通过障碍物，但是能量随着与信号源距离的增大而急剧减小；在高频上，无线电波趋于直线传输并受障碍物的阻挡，还会被雨水吸收；在所有的频率上，无线电波最易受发动机和其他电子设备的干扰。

2. 微波传输

微波系统作为通信手段已经在我国使用了几十年了。在通信卫星使用前，我国的电视网就是依靠大约每 $50\,\text{km}$ 一个微波站来一站一站传送的，这样的微波站属于地面微波系统。在通信卫星使用后，电视信号先传送给同步卫星，再由同步卫星向地面转发，覆盖区域极大，这种系统属于星载微波系统。

微波系统一般工作在较低的兆赫兹频段，地面系统通常为 $4 \sim 6\,\text{GHz}$ 或 $21 \sim 23\,\text{GHz}$，星载系统通常为 $11 \sim 14\,\text{GHz}$，以微波作为计算机网络的通信信道使用的频段主要是 S 频段（$2.4000 \sim 2.4835\,\text{GHz}$）。微波是沿着直线传输的，可以集中于一点，但不能很好地穿过建筑物，发射天线和接收天线必须精确地对准。微波通过抛物状天线将所有的能量集中于一小束，这样可以获得极高的信噪比。由于微波是沿着直线传输的，因此每隔一段距离就需要建一个中继站。中继站的微波塔越高，传输的距离就越远，中继站之间的距离大致与塔高的平方成正比。

3. 红外线传输

红外线传输是以小于 $1\,\mu\text{m}$ 波长的红外线作为传输载体的一种通信方式。它以红外二极管或红外激光管作为发射源，以光电二极管作为接收设备，类似于在光纤中传输红外线。

红外线传输主要用于短距离通信，如电视遥控、室内两台计算机之间的通信。红外线类似于光线，有直线传输的性质，不能绕过不透明的物体，但可以通过将红外线发射到墙壁再反射的方法加以解决。在红外线的传输方式中，按照红外线是否有方向性可以分为两类：点到点方式和广播方式。

在点到点方式中，红外发光管发出的红外线要通过透镜的作用聚集成一根很细的光束，具有很强的方向性，接收设备必须在此光束中并与之对正才能接收到正确的信号，人们日常使用的一些红外遥控设备就是采用点到点的红外线传输方式。在广播方式中，红外线不经聚集即向四面八方发出，没有方向性，接收设备只要与发射机足够近，在有效的接收范围内就可以接收到信号。受太阳光的影响，红外线通信一般不能在室外使用。

无线网络的发展经历了两个阶段：IEEE 802.11 标准出台以前的群雄争霸、互不兼容阶段和 IEEE 802.11 标准问世后的 WLAN 产品规范化阶段。

工作任务3　认识布线管材及连接器件

1．金属槽和塑料槽

金属槽由槽底和槽盖组成，每根槽的长度一般为 2 m，槽与槽连接时使用相应尺寸的铁板和螺钉固定。金属槽的外形如图 2-30 所示。

图 2-30　金属槽的外形

在系统集成中使用的金属槽的规格主要有 50 mm×100 mm、100 mm×100 mm、100 mm×200 mm、100 mm×300 mm、200 mm×400 mm 等。

塑料槽的外形与金属槽的外形类似，只不过材质选用 PVC 材料，但它的规格和型号更多，从型号上讲有 PVC-20 系列、PVC-25 系列、PVC-25F 系列、PVC-30 系列、PVC-40 系列、PVC-40Q 系列等；从规格上讲有 20 mm×12 mm、25 mm×12.5 mm、25 mm×25 mm、30 mm×15 mm、40 mm×20 mm 等。

与 PVC 线槽安装配套的附件有阳角、阴角、直转角、平三通、左三通、右三通、连接头、终端头、接线盒插口、顶三通等。常用 PVC 线槽配件的名称和外形图例见表 2-10。

表 2-10　常用 PVC 线槽配件的名称和外形图例

名　称	外形图例	名　称	外形图例
阳角		右三通	
阴角		连接头	

续表

名　称	外形图例	名　称	外形图例
直转角		终端头	
平三通		接线盒插口	
左三通		顶三通	

　　阳角主要用于成直角连接的建筑的外立面，连接两侧墙壁上的 PVC 线槽；阴角主要用于成直角连接的建筑的内立面，连接两侧墙壁上的 PVC 线槽；直转角主要用于同一墙面上布线方向需要直角拐弯之处；平三通主要用于同一墙面上有部分线缆需要改变布线方向、有部分线缆不需要改变布线方向之处；左三通主要用于两面墙相交时，左侧墙面上有线缆改变布线方向、右侧墙面上有线缆不改变布线方向之处；右三通主要用于两面墙相交时，右侧墙面上有线缆改变布线方向、左侧墙面上有线缆不改变布线方向之处。

2．金属管和塑料管

　　金属管是用于分支结构或暗埋的线路，它有很多种规格，以外径“mm”为单位。工程施工中常用的金属管有 D16、D20、D25、D32、D50、D63、D110 等规格。

　　在金属管内穿线比线槽布线难度更大一些，在选择金属管时要注意管径选择大一点，一般管内填充物占 30% 左右，以便于穿线。金属管还有一种是软管（俗称蛇皮管），软管如图 2-31 所示，供弯曲的地方使用。

图 2-31　软管

塑料管产品分为两大类，即 PE 阻燃导管和 PVC 阻燃导管。

PE 阻燃导管是一种塑制半硬导管，如图 2-32 所示。其外径有 D16、D20、D25、D32 这 4 种规格。其外观为白色，具有强度高、耐腐蚀、挠性好、内壁光滑等优点，明、暗装穿线兼用。它以盘为单位，每盘质量为 25 kg。

图 2-32　PE 阻燃导管

　　PVC 阻燃导管是以聚氯乙烯树脂为主要原料，加入适量的助剂，经加工设备挤压成型的刚性导管，如图 2-33 所示。其外径有 D16、D20、D25、D32、D40、D45、D63、D110 等规格。小管径 PVC 阻燃导管可在常温下进行弯曲，便于用户使用。

图 2-33　PVC 阻燃导管

　　与 PVC 阻燃导管安装配套的附件有接头、螺圈、弯头、弯管弹簧、一通接线盒、二通接线盒、三通接线盒、四通接线盒、开口管卡、专用截管器、PVC 黏合剂等。常用 PVC 阻燃导管配件的名称和外形图例见表 2-11。

表 2-11　常用 PVC 阻燃导管配件的名称和外形图例

名　　称	外 形 图 例	名　　称	外 形 图 例	名　　称	外 形 图 例	名　　称	外 形 图 例
管卡 1		T 型三通		管接头		四通圆接线盒	
管卡 2		有盖直角弯头		盒接头		三通圆接线盒	

续表

名　称	外 形 图 例	名　称	外 形 图 例	名　称	外 形 图 例	名　称	外 形 图 例
管卡 3		有盖 T 型三通		变径接头		曲通圆接线盒	

3. 管槽的选择

不论是选择线管还是选择线槽布线，每个管槽中布放的线缆都不能很满，因为太满会给系统集成的后期维护带来一定的困难。在实际的工程中，管槽大小的选择通常按照下面的公式进行计算。

$$N = \frac{管（槽）截面积}{线缆截面积} \times 70\% \times （40\% \sim 50\%）$$

式中，N 表示用户要安装多少条线缆（已知数）；

管（槽）截面积表示要选择的管（槽）截面积（未知数）；

线缆截面积表示所选用线缆的截面积（已知数）；

70%表示布线标准规定允许的空间；

40%～50%表示线缆之间浪费的空间。

4. 桥架

桥架是布线行业的一个术语，是在建筑物内布线不可缺少的一部分，主要用于系统集成中综合布线系统的配线子系统或干线子系统。桥架分为普通型桥架、重型桥架和槽式桥架。桥架布放图如图 2-34 所示。

图 2-34　桥架布放图

桥架施工需要很多配件，常用桥架配件的名称和外形图例见表 2-12。

表 2-12　常用桥架配件的名称和外形图例

名　称	外　形　图　例	名　称	外　形　图　例
桥架连接片		桥架立柱	
右上弯		垂直下弯	
垂直上弯		右下弯	
上垂直三通		水平弯	
吊架		封头	

5．配线架

配线架是系统集成管理子系统中较为重要的组件，是实现干线子系统和配线子系统交叉连接的枢纽，一般放置在管理间和设备间的机柜中。通过安装附件，配线架可以全线满足UTP、STP、同轴电缆、光纤、音视频的需要。

在系统集成中常用的配线架有网络配线架和光纤配线架。

网络配线架的作用是在管理子系统中将双绞线进行交叉连接，通常用于主配线间和各分配线间，如图 2-35 所示。网络配线架的型号有很多，每个厂商都有自己的产品系列，并且对应 3 类线、5 类线、超 5 类线、6 类线和 7 类线的不同规格及型号。在具体项目中，技术人员应参阅产品手册，根据实际情况进行配置。

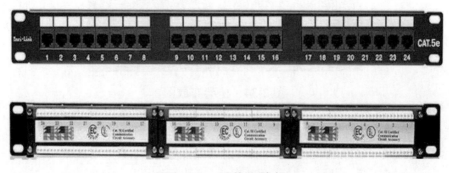

图 2-35　网络配线架

光纤配线架是光缆和光通信设备之间或各光通信设备之间的配线连接设备，如图 2-36 所示。光纤配线架是光传输系统中的一个重要配套设备，用于光缆终端的光纤熔接、光连接器的调节、多余尾纤的存储及光缆保护等，它对于光纤通信网络安全运行和灵活运用有着重要作用。

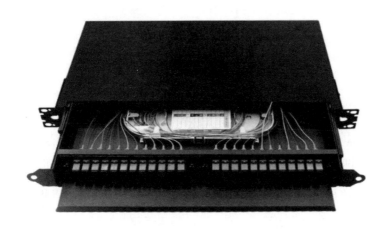

图 2-36　光纤配线架

光纤配线架主要分为 12 口、24 口、48 口、72 口、96 口、144 口等几种类型，用户可以根据情况选择合适的型号。如图 2-37 所示为 48 口光纤配线架。

图 2-37　48 口光纤配线架

光纤配线架具有固定功能，光缆进入机架后，可以对其外套和加强芯进行连接固定；光纤配线架还具有调配功能，尾纤上连带的连接器插到适配器上，和适配器的另外一头连接器实现光路对接，适配器和连接器可以灵活插拔对接，自由配置测试。光纤配线架的调配功能如图 2-38 所示。光纤配线架的作用是在管理子系统中将光缆进行连接，通常在主配线间和各分配线间进行。

图 2-38　光纤配线架的调配功能

6．信息模块

信息模块一般固定在信息面板上，两者一起被安装在墙壁、桌面或地面的安装盒中，如图 2-39 所示。信息模块的主要作用是让从集线设备中出来的网线与接好水晶头到工作站端的网线相连。线序连接有两个标准：T-568A 和 T-568B，两者没有本质的区别，只是线序颜色有所不同，本质上就是要保证 1 和 2、3 和 6、4 和 5、7 和 8 分别是一个绕对。

图 2-39　信息模块

信息模块满足 T-568A 超 5 类传输标准，符合 T-568A 和 T-568B 线序标准，适用于设备间与工作区的通信插座连接。免工具型设计的信息模块，便于准确快速地完成端接，扣锁式端接帽确保导线全部端接并防止滑动。芯针触点材料有 50 μm 的镀金层，耐用性为 1 500 次插拔。

打线柱的外壳材料为聚碳酸酯，IDC 打线柱夹子的材料为磷青铜。它适用于 22、24 及 26AWG（0.64、0.5 及 0.4 mm）电缆，耐用性为 350 次插拔。在 100 MHz 下测试传输性能，近端串扰为 44.5 dB，衰减为 0.17 dB，回波损耗为 30.0 dB，平均为 46.3 dB。

📛 小试牛刀

1．测算布线工程线管或线槽的规格

现有 10 根超 5 类线需要布放（超 5 类线的截面积约为 $0.3\ \mathrm{cm}^2$），如果选择线管，那么应选择什么规格？如果选择线槽，那么应选择什么规格？

2．根据你对布线管材配件的认识，请在表 2-13 的空白处填写配件名称或画出配件的外形图例

表 2-13　配件的名称及其外形图例

名　称	外形图例	名　称	外形图例	名　称	外形图例
平三通					
		变径接头			
顶三通					

一比高下

1．每个小组选派一名代表，展示"测算布线工程线管或线槽的规格"的计算过程。

2．每个小组选派一名代表，谈一谈线管、线槽及桥架在网络布线中的主要应用场合。

开动脑筋

1．建材市场的各种管材是否可以用于网络布线？

2．在网络布线时，一般什么情况下使用线槽？什么情况下使用线管？

3．不同厂家的信息模块在使用时会有功能上的差异吗？

4．配线架主要应用于什么地方？

课外阅读

管槽规格与双绞线布放数对应表

线槽规格与容纳的 5 类 4 对双绞线根数见表 2-14。

表 2-14　线槽规格与容纳的 5 类 4 对双绞线根数

线 槽 类 型	线槽规格（mm）	5 类 4 对双绞线根数
PVC	20×12	2
PVC	25×12.5	4
PVC	30×16	7
PVC、金属	50×25	18
PVC、金属	60×30	23
PVC、金属	75×50	40
PVC、金属	80×50	50
PVC、金属	100×50	60
PVC、金属	100×80	80
PVC、金属	150×75	100
PVC、金属	200×100	150
PVC、金属	250×125	230
PVC、金属	300×100	280
PVC、金属	300×150	330
PVC、金属	400×100	380

线管规格与容纳的 5 类 4 对双绞线根数见表 2-15。

表 2-15　线管规格与容纳的 5 类 4 对双绞线根数

线 管 类 型	线管规格（mm）	5 类 4 对双绞线根数
PVC、金属	16	2
PVC	20	3
PVC、金属	25	5
PVC、金属	32	7
PVC	40	11
PVC、金属	50	15
PVC、金属	63	23
PVC	80	30
PVC	100	40

线槽规格与容纳的其他双绞线根数见表 2-16。

表 2-16　线槽规格与容纳的其他双绞线根数

（单位：根）

线槽规格（mm）	3 类 25 对	3 类 50 对	3 类 100 对	5 类 25 对
25×25	1	0	0	0
25×50	3	1	0	2
75×25	5	3	1	3
50×50	7	4	2	5

续表

线槽规格（mm）	3 类 25 对	3 类 50 对	3 类 100 对	5 类 25 对
50×100	16	10	5	12
100×100	33	22	11	25
75×150	38	25	13	28
100×200	68	45	23	52
150×150	77	51	27	58

工作任务 4　认识系统集成施工工具

1．布线施工工具

系统集成施工的主要项目为布线工程，布线工程的主要施工对象为不同的线缆，这些线缆在工程上通常需要专用的剥线工具才能剥取线缆的外层胶皮或保护层。

（1）双绞线剥线器。

网线外层都有一层用于保护芯线的胶皮，只有剥取网线头部的胶皮，才能制作水晶头和接入模块。此时需要把网线放入剥线刀中，握住手柄轻轻旋转一圈即可剥取外层胶皮，然后就看到包裹在网线中的芯线了。简易剥线器如图 2-40 所示。在实际工作中还有一些多功能剥线器，刀口比较多，具备剪线、剥线等功能，可以剥取不同线径的线缆，如图 2-41 所示。

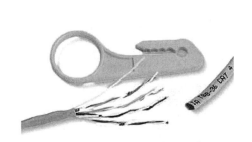

图 2-40　简易剥线器

图 2-41　多功能剥线器

除了专用工具，日常使用的压线钳也具有剥线功能，只是在使用上不方便而已，当有大量线缆需要剥取外层胶皮时，使用专用工具的效率就会高很多。

（2）光纤剥线刀。

光纤需要使用专用光纤剪刀和刻刀，并使用专用工具剥取光纤涂层，以便于光纤连接器的加工。光纤剥线刀如图 2-42 所示。常用的剪切和剥取工具最好能与光纤的特殊尺寸相匹配，并可以完成多种加工操作而不用更换工具。即使使用了最佳调整和校准的剥线工具，技术人员仍需具有一定的技巧。剥取缓冲层时要保证压力均匀，让光纤运动流畅，以避免折断纤芯。

保证剥线工具的刃口干净是十分重要的，因为即使是细小的灰尘和污垢都有可能使纤芯折断或造成划痕。

图 2-42　光纤剥线刀

（3）光缆剥线刀。

光缆在结构上与电缆的主要区别：光缆必须有加强构件去承受外界的机械负荷，以保护光纤免受各种外界机械力的影响。数据的传输是通过纤芯进行的，在工程上主要的操作对象是纤芯，因此技术人员需要将光缆的外保护层去除，这时需使用专用工具，如图 2-43 所示为去除光缆外保护层的光缆剥线刀。

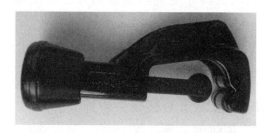

图 2-43　去除光缆外保护层的光缆剥线刀

（4）光纤切割刀。

光纤切割刀用于切割像头发一样细的石英玻璃光纤，只有切割好的光纤经数百倍放大后观察仍是平整的，才可以用于器件封装或放电熔接。如图 2-44 所示为打开封盖的光纤切割刀。

图 2-44　打开封盖的光纤切割刀

（5）单口打线刀。

单口打线刀适用于线缆、110 型模块及配线架的连接作业，使用时只需要简单地在手柄上推一下，就能将导线卡接在模块中，完成端接过程，如图 2-45 所示。

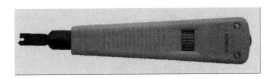

图 2-45　单口打线刀

使用打线工具时，必须注意以下事项。

用手在压线口按照线序把线芯整理好，然后开始压接，压接时必须保证打线刀的方向正确，有刀口的一边必须在线端方向，正确压接后，刀口将多余线芯剪断，否则会将要用的网线铜芯剪断或者损伤。打线钳必须保证垂直，突然用力向下压，听到"咔嚓"声，配线架中的刀片划破线芯的外包绝缘外套，与网线铜芯接触。如果打接时不突然用力，而是均匀用力，不容易一次将线压接好，可能会出现半接触状态；如果打线刀不垂直，容易损坏压线口的塑料芽，而且不容易将线压接好。

（6）5 对打线刀。

5 对打线刀是一种简便快捷的 110 型连接端子打线工具，一次最多可以接 5 对连接块，操作简单，省时省力。5 对打线刀适用于线缆、跳接块及跳线架的连接作业，如图 2-46 所示。

图 2-46　5 对打线刀

（7）光纤熔接机。

光纤熔接机主要用于光通信中光缆的施工和维护，如图 2-47 所示。光纤熔接机利用了高压电弧将两根光纤断面熔化的同时，用高精度运动机构平缓推进，让两根光纤融合成一根的工作原理，从而实现了光纤模场的耦合。

图 2-47　光纤熔接机

（8）手持式标签打印机。

手持式标签打印机是施工现场打印各种标签的工具，可以打印普通标签、布质标签、线缆标签、热缩管标签等，如图 2-48 所示。

图 2-48　手持式标签打印机

（9）扎带。

扎带主要用于捆扎网线，如图 2-49 所示。使用扎带比使用铁丝等捆扎网线更美观，且不会对网线造成损伤。不同颜色的扎带还有助于明辨各类网线，如图 2-50 所示。

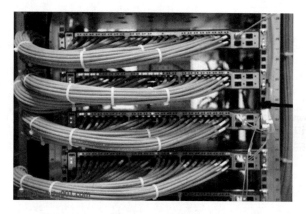

图 2-49　扎带

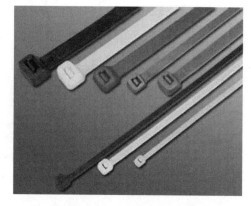

图 2-50　不同颜色的扎带

扎带的使用要点：用扎带缠绕网线一周，将扎带头部穿过尾部的方口，然后适当用力拉紧即可。

（10）牵引线。

技术人员遇到线缆需要穿管布放时，多采用钢丝牵拉。因为普通钢丝的韧性和强度不是为布线索引设计的，所以操作起来极不方便，施工效率低，还可能影响施工质量。目前在网络布线工程中已广泛使用如图 2-51 所示的牵引线，作为数据线缆或动力线缆的布放工具。专用的牵引线材料具有优异的柔韧性和高强度，其表面为低摩擦系统涂层，便于在 PVC 线管或钢管中穿行，可以提高线缆布放效率，保证线缆的质量不受影响。

图 2-51　牵引线

2. 管道施工工具

管道施工工具主要用于布线工程中线管、线槽的布放与连接。

（1）冲击钻与电钻（手枪钻）。

这两种工具主要用于打洞，以便安放线管或安放膨胀螺钉。使用时将钻头放入冲击钻或电钻中，接通电源，找到需要打洞的位置，然后按动开关，开始钻洞。当钻入深度差不多的时候就可以停止了，但是要注意钻头的粗细不能超过膨胀螺钉的粗细。通常来说，普通的电钻只配有一个钻头，如果粗细不合适就要更换合适的钻头。另外，在打孔前，需要先将 PVC 线管放在墙面上，然后检查是否与地面成 90°角，接着用笔画出直线，沿着这条直线打孔，这样可以避免孔位偏离。

除了安放膨胀螺钉，还可以使用冲击钻打孔，穿越墙体，以便将网线穿墙，减少不必要的走线。冲击钻和电钻如图 2-52 和图 2-53 所示。

图 2-52　冲击钻

图 2-53　电钻

（2）电动切管机和钢锯。

这两种工具均用于切割布线工程中的管材，主要用于切割金属管、金属槽、PVC 线管、PVC 线槽等。电动切管机和钢锯如图 2-54 和图 2-55 所示。

图 2-54　电动切管机

图 2-55　钢锯

（3）弯管器。

在布线工程中，如果使用钢管进行线缆安装，那么就要解决钢管的弯曲问题，此时需要使用专用的金属弯管器。手动弯管器和液压弯管器如图 2-56 和图 2-57 所示。

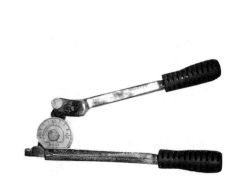

图 2-56　手动弯管器

图 2-57　液压弯管器

如果是 PVC 线管，那么可以使用 PVC 线管弯管器，如图 2-58 所示。将 PVC 线管弯管器按型号插入 PVC 线管中，然后弯曲 PVC 线管，使 PVC 线管弯曲到需要的角度。

图 2-58　PVC 线管弯管器

（4）剪管器。

剪管器主要用于剪切 PVC 线管。将 PVC 线管放入刀口中，一直按压手柄，即可将 PVC 线管切断。如果 PVC 线管的质量较差，当刀口可以切割到 PVC 线管时，那么需要一边按压手柄，一边转动 PVC 线管，但是使用这种方式切割 PVC 线管的切面可能会不平整，需要进行修复。剪管器如图 2-59 所示。

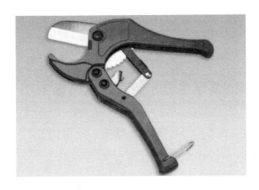

图 2-59　剪管器

3．测试工具

（1）简易线缆测试仪。

简易线缆测试仪通常都有两个 RJ-45 接口（有些测试仪上还有同轴电缆接口），其面板上有若干个指示灯，用来显示导线的连通情况。

将双绞线的两个接头分别插入简易线缆测试仪的两个 RJ-45 接口中，打开简易线缆测试仪开关，此时应该能看到一个红灯在闪烁，表示简易线缆测试仪已经工作。观察简易线缆测试仪面板上表示线对连接的绿灯，若绿灯顺序亮起，则表示该线缆畅通；若某个绿灯不亮，则表示某一线缆没有导通，根据情况可能需要重做 RJ-45 接头。

（2）网络线缆测试仪。

网络线缆测试仪主要针对网络介质检测，包括线缆长度、串音衰减、信噪比、线路图和线缆规格等参数，常用于综合布线系统的施工。网络线缆测试仪可以配接不同的接口模块，用于测试不同的链路，如今在工程中广泛使用的是 Fluke 线缆测试仪，如图 2-60 所示。

图 2-60　Fluke 线缆测试仪

小试牛刀

1. 观察不同的施工工具（在条件许可的情况下）

教师准备不同的施工工具，请学生分小组观察这些施工工具，并了解这些施工工具的基本使用方法。

2. 剥线练习

教师为每组学生准备三把剥线刀，两把压线钳，50 cm 左右长的双绞线若干根。每位学生使用剥线刀和压线钳进行剥线练习，并对比两种工具的不同之处。

3. 弯管器的使用

教师为每组学生准备 ϕ20 弯管器一根，50 cm 长的 ϕ20PVC 线管若干根。每位学生练习使用弯管器将 PVC 线管弯成 90°。

一比高下

1. 教师为每组学生准备 50 cm 长的双绞线十根，每组选派两位学生进行剥线比赛，两位学生每人剥 5 根，看哪一组速度最快。

2. 教师为每组学生准备三根 100 cm 长的 ϕ20PVC 线管，每组选派一位学生进行弯管比赛，分别将三根 PVC 线管弯成 45°、60° 和 90°。

开动脑筋

1. 本任务介绍的各种工具在网络布线时每次都能用到吗？
2. 可以使用剥取网线的工具来剥取光纤吗？
3. 可以使用 ϕ16 弯管器来弯 ϕ20 的线管吗？
4. 如果工程中没有扎带，可以使用其他材料替代吗？
5. 冲击钻和电钻的主要功能差异在什么地方？

课外阅读

网络线缆测试仪

网络线缆测试仪是一种可以检测 OSI 模型定义的物理层、数据链路层、网络层运行状况的便携、可视的智能检测设备，主要适用于局域网故障检测、维护和综合布线系统的施工中。网络线缆测试仪的功能涵盖物理层、数据链路层和网络层，其主要功能如下。

1．线缆诊断

线缆和连接器件组成了局域网的基础架构。无论是网络的初始布设，还是已建成网络的维护，这些工作大多数仍需要人工完成，并由此引发了网络可靠性的问题。同时，不同位置线缆和各种连接器件老化也会引起网络连接失效。当网络中出现诸如线缆中断（开路）、双绞线的线对错误导致短接（短路）及其他故障时，网络通信就会中断。网络管理员通过网络线缆测试仪的 TDR（时域反射）线缆诊断功能，可以快速诊断和分析以太网传输线缆的连接可靠性及连接状态，并精确定位故障点所在位置。

2．POE 测试

随着网络技术的发展，许多网络设备厂商都推出了基于以太网供电（Power Over Ethernet，POE）的交换机技术，以解决一些在电源布线比较困难的网络环境中需要部署低功率终端设备的问题。POE 可以在现有的以太网 Cat.5 布线基础架构不做任何改动的情况下，为一些基于 IP 的终端（如无线局域网接入点、网络摄像机等）传输数据信号的同时，还能为此类设备提供直流供电，用以在保证结构化布线安全的同时确保现有网络的正常运作，从而最大限度地降低成本。网络线缆测试仪能够自动模拟不同功率级别的 PD 设备，获取 PSE（Power Sourcing Equipment）设备的供电电压波形，然后根据不同的设备环境进行检测并在屏幕上绘出 PSE 供电输出的电压波形。网络线缆测试仪可以智能地模拟不同功率级别的以太网受电 PD（Power Device）设备来检测以太网供电 PSE 设备的可用性和性能指标，包括设备的供电类型、可用输出功率水平、支持的供电标准及供电电压。

3．识别端口

在一些使用时间较长的网络环境中，经常会出现配线架端的标识磨损或丢失的情况，技术人员在排查故障时，很难确定发生故障的 IP 终端连接在交换机的哪一个端口上了，往往需要反复排查才能加以区分。网络线缆测试仪针对这种情况提供了端口闪烁功能，通过设置自身的端口状态，使相连的交换机端口 LED 指示灯按照一定的频率关闭和点亮，让技术人员一目了然地确定远端端口所对应的交换机端口。

4．定位线缆

网络线缆测试仪通常可以搭配音频探测器进行线缆查找，以便发现线缆位置和故障点。

5．链路识别

链路识别功能主要应用于判断以太网的链路速率，十兆、百兆或是千兆，而且该类设备通常可以判断网络的工作状态，半双工或是全双工。

6. Ping

Ping 功能对网络线缆测试仪至关重要，不仅可以检测和诊断物理层，还可以对网络（IP）层进行连通性测试（网络线缆测试仪本身就是一个 IP 终端），使网络管理和维护人员在大多数情况下，都无须携带笔记本电脑即可对故障点进行测试，以排除故障。使用可扩展的 Ping ICMP 进行连通性测试，根据用户定义信息，可以重复对指定 IP 地址进行连通性和可靠性测试。

7. 数据管理

数据管理通常是一个附加功能，用来查看管理工作记录和情况。

现在市场上广泛使用的网络线缆测试仪主要是 Fluke 公司的产品，如图 2-61 所示为 Fluke DTX 1800 系列产品

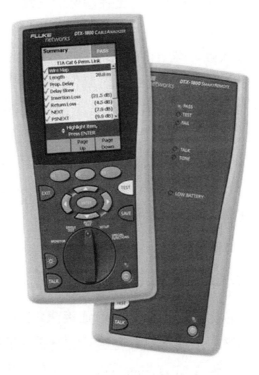

图 2-61　Fluke DTX 1800 系列产品

项目小结

本项目通过 4 个工作任务介绍了系统集成中使用的布线线缆、布线管材及布线工具等内容。布线线缆主要介绍了双绞线、光缆及线缆连接器件的使用；布线管材主要介绍了金属与 PVC 两种管材的情况；布线工具种类较多，有布线施工工具、管道施工工具及测试工具等。本项目要求学生掌握线缆的基本知识、线缆的选用及线缆的连接，管材的基本知识、管材的选用，以及常用施工工具的功能。本项目通过组织多种教学活动使学生能够对布线工作有一

个清晰的认识，为今后走上工作岗位打下基础。

思考与练习

1. 网络布线常用的传输介质有哪些？这些传输介质主要应用于什么场合？

2. 双绞线分为屏蔽双绞线和非屏蔽双绞线两大类，它们的主要区别是什么？

3. 什么是单模光纤？什么是多模光纤？单模光纤和多模光纤的主要区别是什么？

4. 在综合布线系统中，线槽的主要规格有哪几种？

5. 在综合布线系统中，线管的主要规格有哪几种？

6. 在综合布线系统中，与 PVC 线槽配套使用的附件有哪些？

7. 压线钳一般有多个刀口，每个刀口的作用是什么？

8. 牵引线的主要作用是什么？

9. 在网络布线时，如果线槽需要拐 90° 的弯，那么在施工中可以采用什么方法？

10. 在网络布线时，如果线管需要拐 90° 的弯，那么在施工中可以采用什么方法？

项目 3　综合布线系统的设计

项目描述

　　某信息工程技术学校完成建设后，在校生规模达 3 000 人左右，班级数达 80 个左右，实训室按照 1∶0.6 配置，实训室有 50 个左右，学校有教职工 235 人。学校的数据点约有 1 500 个，语音点约有 100 个，无线 AP 做到了校园全覆盖，每个教学空间与办公空间配置无线接入点，全校无线接入点数量大约为 400 个。考虑到全校的各种应用系统，每个教学空间布放的网络数据线可以按 8 根标准布放。线缆的布放可以与建筑工程同步进行，所以综合布线系统的设计也应与建筑设计同步进行，因此要求在建筑设计时考虑设置建筑物中综合布线系统的基础设施。综合布线系统的基础设施包括设备间、楼层电信间和介质布线系统。在设计综合布线系统时应确定设备间的位置和大小；确定干线和水平线的路由与布线方式；确定建筑物线缆入口位置，以便在建筑设计时能综合考虑设备间、楼层电信间及弱电井的位置；确定布线需用的管线槽盒等。

项目分析

　　在网络技术高速发展的社会里，各种网络应用层出不穷，除了计算机网络线路，还有电话、传真、空调、消防、电力系统、安防监控等。布线系统已经不单单是关于计算机网络布线的问题，还综合了数据传输、语音传输、监控信号、电力传输等多种强电、弱电、信号传输的问题，形成了一个综合布线系统。综合布线系统的对象是建筑物或楼宇内的网络传输，使得数据通信设备、交换设备和其他信息管理系统彼此相连，并使这些设备与外部通信网络连接。

　　某信息工程技术学校作为一所新建的学校，弱电系统的前期设计非常重要，只有弱电系统与建筑工程同步进行，才能避免后期的重复建设。弱电系统需要确定的主要内容有网络中心的位置、各教学空间的应用、桥架的容量、教学空间数据点的位置、楼层电信间的位置、建筑物之间的连接等。从学校的鸟瞰图可以看出，整个学校的建筑基本连为一体，因此网络中心及楼层电信间的位置非常重要，学校必须与建筑设计方紧密沟通，建筑设计时需充分考虑建筑特点及弱电系统布线和数据传输的特点，前期确定网络中心及楼层电信间的位置，以避免给后期弱电系统的建设带来麻烦。

项目分解

工作任务1　认识综合布线系统

工作任务2　认识常用的设计绘图工具

工作任务3　设计工作区

工作任务4　设计配线子系统

工作任务5　设计干线子系统

工作任务6　设计管理间

工作任务7　设计设备间

工作任务8　设计进线间与建筑群子系统

工作任务1　认识综合布线系统

1. 综合布线系统

综合布线系统是在建筑物建设或装修时，将日常工作中常用的语音系统、视频系统、数据系统、监控系统等多个弱电系统进行统一规划设计的结构化系统，是一种在建筑物内或在建筑群之间传输信息的模块化的综合系统。它既能使计算机、网络设备与其他设备系统相连接，又能使这些设备与外部相连接，还可以将建筑物外部网络或通信线路的连接点与应用系统设备之间的所有线缆与相关的连接器件进行连接。综合布线系统采用的材料主要有传输线缆、连接器件、端接设备及适配器、各类插座、插头和跳线等。综合布线系统的组成如图 3-1所示。综合布线系统的基本构成如图 3-2 所示，配线子系统中可以设置集合点（CP），也可以不设置集合点，集合点是指楼层配线区信息点之间水平线缆路由中的连接点。

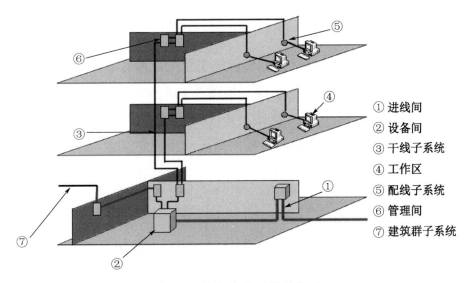

① 进线间
② 设备间
③ 干线子系统
④ 工作区
⑤ 配线子系统
⑥ 管理间
⑦ 建筑群子系统

图 3-1　综合布线系统的组成

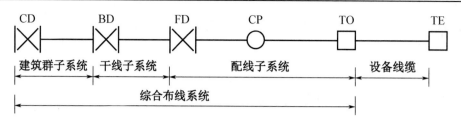

图 3-2　综合布线系统的基本构成

2. 工作区

工作区是用户学习、工作的区域，位于网络系统的末端，又称服务区子系统，是在综合布线系统中将用户的终端设备连接到布线系统的子系统，如图 3-3 所示。它由水平子系统的信息插座延伸到工作站终端设备处的连接线缆及适配器组成。它包括装配软线、连接器和连接扩展软线，并在终端设备和输入/输出（I/O）之间搭配，起到工作区的终端设备与信息插座插入孔之间的匹配作用。

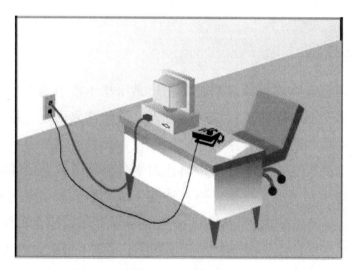

图 3-3　工作区

3. 配线子系统

配线子系统由工作区的信息插座、信息插座至电信间配线设备（FD）的配线电缆和光缆、电信间的配线设备及设备线缆和跳线等组成，如图 3-4 所示。

配线子系统在综合布线系统中用来连接工作区与干线子系统，一般处于同一楼层。将干线子系统的线路延伸到工作区，线缆均沿大楼的地面或吊顶中路由，最长的水平线缆为 90 m。如果需要某些宽带应用，那么可采用光缆。

4. 干线子系统

干线子系统是在综合布线系统中连接各管理间、设备间的子系统，是楼层之间垂直干线线缆的通称，由设备间的配线设备及跳线和设备间至各楼层配线间的线缆组成，主要包括主交叉连接、中间交叉连接和楼间主干线缆及将此干线连接到相关的支撑硬件组合。它可以提供设备间总（主）配线架与干线接线架之间的干线路由。主干线缆一般选用光纤或大对数双绞线，如图 3-5 所示。

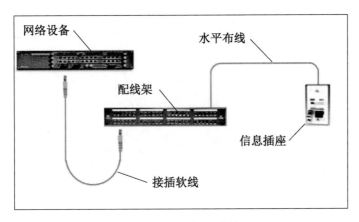

图 3-4 配线子系统

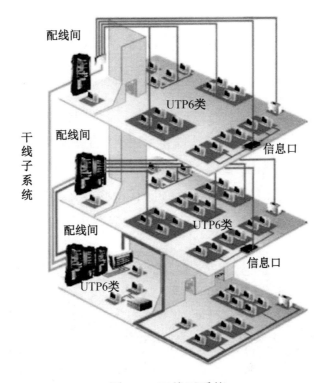

图 3-5 干线子系统

5. 管理间

管理间设置在每层配线设备的房间内，如图 3-6 所示，由交接间的配线设备、输入/输出（I/O）设备等组成。它提供了与其他子系统的连接手段，即提供了干线接线间、中间接线间、主设备间中各个楼层配线架（箱）、总配线架（箱）上水平干线线缆与垂直干线线缆间通信线路之间的通信、线路定位与移位的管理。交叉连接可以重新安排路由，通信线路能够延续到建筑物内部的各信息插座，从而实现综合布线系统的管理。

图 3-6　管理间

通过管理间，用户可以在配线架上灵活地更改、增加、转换、扩展线路，而不需要专门工具，正因为如此，使得综合布线系统具备高度的开放性、扩展性和灵活性。

6．设备间

设备间是在每幢大楼的适当地点设置进线设备、进行网络管理及管理人员值班的场所，一般称为网络中心或中心机房，如图 3-7 所示。其具体的位置和大小通常根据系统分布、规模及设备的数量来确定。它一般由线缆、连接器件和相关支撑硬件组成，通过线缆把各种公用系统设备互联起来，主要的系统设备有计算机网络设备、服务器、防火墙、路由器、程控交换机及楼宇自控设备等，这些系统设备可以放在一起，也可以分别放置。

图 3-7　设备间

需要注意的是，在小型局域网布线工程中，为了节减经费，有时可不设置设备间；但在大型网络系统中有时还会设置不止一个设备间。

7. 进线间

进线间是建筑物外部通信和信息管线的入口部位，也可作为入口设施和建筑群配线设备的安装场地。该子系统是最新国家标准在系统设置内容中专门增加的，要求建筑物在前期的系统设计中要有进线间，且可满足多家运营商的业务需要，避免一家运营商自建进线间后独占该建筑物的各种业务。

8. 建筑群子系统

建筑群子系统是在综合布线系统中连接楼群之间的干线线缆、配线设备、跳线及各种支持设备组成的子系统，又称为户外子系统或楼宇子系统，如图 3-8 所示。在建筑群子系统中，会遇到室外敷设线缆的问题，一般有三种情况：架空线缆、地下管道线缆、直埋线缆，或者这三种的任何组合。在一些极为特殊的场合，还可能采用了无线通信技术，如微波、无线电波、红外线等技术手段。

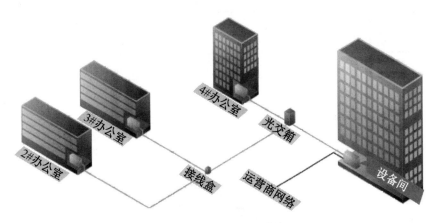

图 3-8　建筑群子系统

小试牛刀

1. 参观校园网络布线系统

在学校实训部的协助下，选择比较复杂的、有代表性的校园网络布线系统作为参观对象组织学生前去参观，在参观过程中教师或网络管理人员对整个布线系统的情况进行介绍，让学生在实际的布线环境中了解校园网络布线系统的组成。

在参观前将学生分成若干个小组，每个小组由 5～6 名学生组成，为了方便参观时的管理，要求每个小组成员都按照表 3-1 填写参观记录。

表 3-1　×××校园网络布线系统参观记录表

参观人			时间	
布线系统概况				
覆盖范围			建成时间	
主要线缆			信息点数量	
布线系统详细				
工作区	有/无	数量	信息点范围	终端与信息点距离范围
配线子系统	有/无	走线方式	线缆类型	配线范围
干线子系统	有/无	走线方式	线缆类型	干线范围
设备间	有/无	温度	设备间面积	主要设备
建筑群子系统	有/无	布线方式	线缆类型	建筑群距离范围
管理间	有/无	数量	管理间面积	主要设备
进线间	有/无	位置	进线类型	主要设备
备　　注				

2．读图

楼宇布线示意图如图 3-9 所示，此图包括综合布线系统的若干子系统，请写出各标注位置属于哪个子系统？

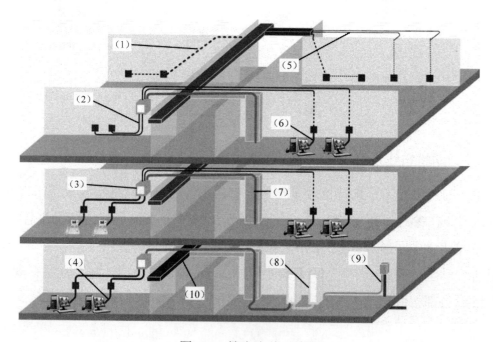

图 3-9　楼宇布线示意图

一比高下

1. 各小组成员分别在小组内介绍自己参观校园网络布线系统时了解和收集到的信息, 并结合比较完整的综合布线系统的情况, 对所参观的校园网络布线系统按照综合布线系统的 7 个子系统进行整理归类 (归类方式可以参照表 3-1 的形式)。每个小组综合本组成员的整理情况, 组合成一份比较完整的资料在班级中进行交流。

2. 各小组成员分别在小组内交流读图的结果并形成文字性材料, 要求对每个点属于哪个子系统给出理由。每个小组综合本小组成员的情况后在班级中进行交流。

 开动脑筋

1. 每一个系统集成的布线系统都会有综合布线系统的 7 个子系统吗?

2. 设备间一般要设置在整个布线系统的什么位置?

3. 在一个商务大厦中, 每层楼都需要有一个管理间吗?

4. 建筑群子系统通常使用什么传输线缆?

课外阅读

网络布线的发展史

网络布线是随着信息技术的不断发展而逐渐趋于成熟的, 尤其是计算机局域网, 从早期的多种技术共存到以太网技术一统天下, 使综合布线系统得到相对稳定的发展。

1. 20 世纪 50 年代初到 60 年代末期

此阶段的计算机通信网络还没有成形, 但是一些发达国家于 20 世纪 50 年代就在高层建筑中采用了电子器件组成控制系统, 并通过各种线路把分散的仪器、设备、电力照明系统、电话系统等连接起来并集中监控和管理, 这种用来连接的线路就是综合布线系统的雏形。但是, 此时的布线系统还没有统一的标准。

2. 20 世纪 70 年代初到 80 年代末期

此阶段是综合布线系统建立的阶段。20 世纪 70 年代初, Xerox 公司发明了以太网技术, 随后 Xerox 公司、Intel 公司和 DEC 公司在 1978 年把以太网技术标准化, 并且成为了 IEEE 802.3 的国际标准。因此, 从某种程度上可以说, 综合布线系统是围绕以太网的升级而不断完善的。

20 世纪 80 年代中期, 大规模和超大规模集成电路的迅猛发展带动了信息技术的发展, 1984 年世界上首座智能建筑出现在美国, 位于康涅狄格州哈特福德市的一座金融大厦进行了改建, 楼内增添了计算机、程控数字交换机等先进的办公设备及高速通信线路等基础设施。此外, 大楼的暖气、通风、排水、消防、安防、供电、交通等系统均由计算机统一控制, 实现了自动化综合管理。在这次前所未有的尝试中，人们对建筑物内的综合布线系统产生了浓厚的兴趣，也为后来的发展奠定了基础。

3. 20 世纪 90 年代至今

20 世纪 90 年代至今是网络布线发展比较快的时期。在此时期，国际互联网技术日渐完善，在大多数国家得到了普及、应用和发展，并且随着大量电子产品的问世，建筑物内需要互联互通的设备急剧增加，传输速率也在不断提高。目前，我们搭建网络所用的主流配置仍是超 5 类屏蔽与非屏蔽布线产品或 6 类屏蔽与非屏蔽布线产品及主干采用的光纤产品。2006 年，IEEE 802.3an 工作组发布了 10 GBase-T 的网络标准，10 G 以太网要求采用更高的超 6 类布线系统，10 GBase-T 每对线缆上双向传输 2.5 Gbit/s，4 对线对共计传输 10 Gbit/s。6 类布线系统正在取代超 5 类布线系统，万兆的 Cat.6A 布线系统是未来数据中心布线发展的必由之路，纯光纤布线因为其施工难度、连接器件成本及维护成本较高，所以通常会在布线系统的主干部分出现。

工作任务 2　认识常用的设计绘图工具

1. Visio Professional 2019

Visio Professional 2019 是一款专业的办公绘图软件，可以绘制网络拓扑图、流程图、工程施工图、机械工程图等多种类型的图形。该软件在综合布线系统中常用的设备，如路由器、服务器、防火墙、无线访问点等图元文件均配有模板，在工程设计中可以直接选择使用，方便用户在工程设计中进行工程图形的绘制，其工作界面如图 3-10 所示。

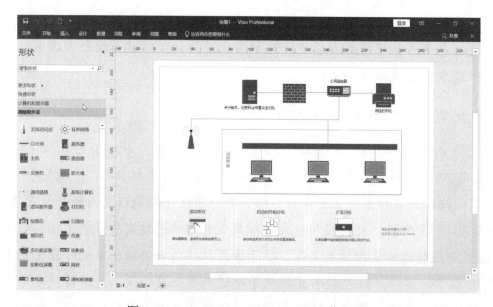

图 3-10　Visio Professional 2019 工作界面

2．AutoCAD 2017

AutoCAD 是 Autodesk 企业开发的一款交互式绘图软件，是用于二维及三维设计、绘图的系统工具。用户可以使用它来创建、浏览、管理、打印、输出、共享及准确复用包含信息的设计图形。AutoCAD 是目前国际上应用比较广泛的 CAD 软件，市场占有率位居世界前列。

AutoCAD 软件具有如下特点。

（1）具有完善的图形绘制功能。

（2）具有强大的图形编辑功能。

（3）可以采用多种方式进行二次开发或用户定制。

（4）可以进行多种图形格式的转换，具有较强的数据交换能力。

（5）支持多种硬件设备。

（6）支持多种操作平台。

（7）具有通用性、易用性，适用于各类用户。

AutoCAD 2017 主工作界面如图 3-11 所示。

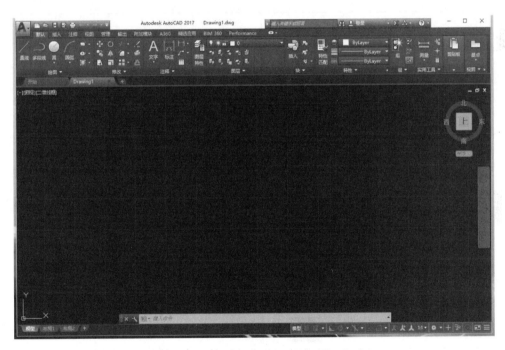

图 3-11　AutoCAD 2017 主工作界面

3．综合布线常用图例

在综合布线系统工程中会使用大量的施工图、系统图等，这些图纸包含大量弱电系统的符号，施工人员都必须学会正确识读图样，按图施工，必须在综合布线系统相关图纸上正确标识线路敷设方式及线路敷设部位的文字符号，这样才能保证施工质量。综合布线系统常见图例见表 3-2，常见线路敷设方式的文字符号见表 3-3，常见线路敷设部位的文字符号见表 3-4。

表 3-2　综合布线系统常见图例

序　号	中文名称	图　例	序　号	中文名称	图　例
1	建筑群配线架（柜）	CD	16	架空交接箱	A B
2	楼层配线架（柜）	FD	17	楼层配线箱	FD
3	建筑物配线架（柜）	BD	18	集线器	HUB
4	信息插座	TO	19	程控交换机	SPC
5	语音信息点	TP	20	自动交换设备	*
6	数据信息点	PC	21	室内分线盒	
7	集合点	CP	22	室外分线盒	
8	有线电视信息点	TV	23	光连接器	
9	综合布线通用配线架		24	光衰减器	
10	总配线架（柜）	MDF	25	光纤光路中的转换节点	
11	光纤配线架（柜）	ODF	26	由下至上穿线	
12	中间配线架（柜）	IDF	27	由上到下穿线	
13	单频配线架	VDF	28	电源插座	
14	落地交接箱	A B	29	电话出线座	T
15	壁龛交换箱	A B	30	综合布线接口	

表 3-3　常见线路敷设方式的文字符号

序　号	中文名称	文字符号	序　号	中文名称	文字符号
1	明敷	C A	6	水煤气管	G SC G
2	暗敷	E M	7	瓷绝缘子	K PK CP
3	铝线卡	AL QD	8	钢索敷设	M
4	线缆桥架	CT	9	金属线槽	MR XC
5	金属软管	CP F	10	电线管	T MT DG

续表

序　号	中文名称	文字符号	序　号	中文名称	文字符号
11	塑料管	P　PC　VG	14	钢管	S　SC　G
12	塑料线卡	PLXQ	15	半塑料管	FPC
13	塑料线槽	PR	16	直接埋设	DB

表 3-4　常见线路敷设部位的文字符号

序　号	中文名称	文字符号	序　号	中文名称	文字符号
1	沿或跨梁敷设	AB	6	暗敷设在墙内	WC
2	暗敷设在梁内	BC	7	沿天棚或顶板面敷设	CE
3	沿或跨柱敷设	AC	8	暗敷设在屋面或顶板内	CC
4	暗敷设在柱内	CLC	9	吊顶内敷设	SCE
5	沿墙面敷设	WE	10	地板或地面下敷设	F

小试牛刀

绘图

（1）使用 Visio Professional 2019 绘制如图 3-12 所示的工程图标。

图 3-12　工程图标

（2）使用 Visio Professional 2019 绘制如图 3-13 所示的会议室布局图。

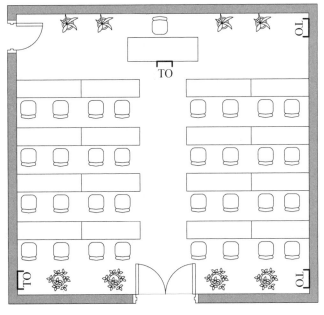

图 3-13　会议室布局图

（3）使用 Visio Professional 2019 绘制图 3-14 所示的 A4 绘图模板。

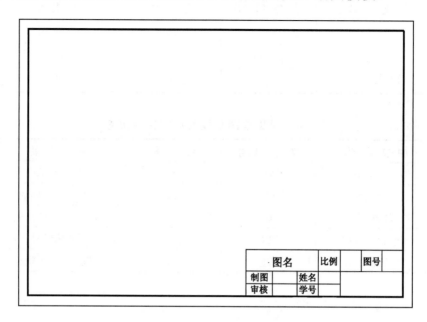

图 3-14　A4 绘图模板

（4）使用 Visio Professional 2019 绘制如图 3-15 所示的网络综合布线系统图。

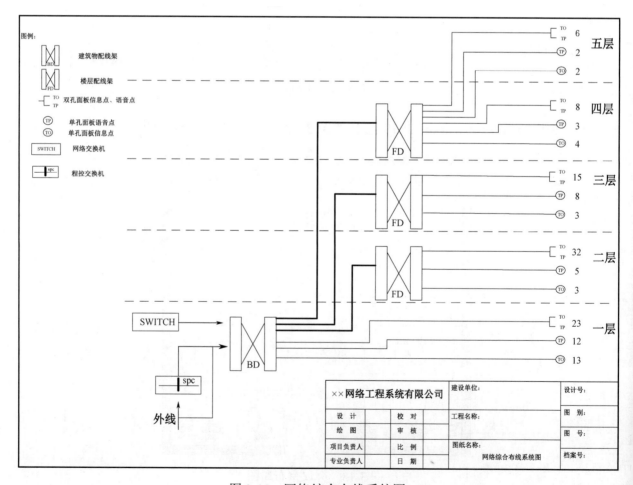

图 3-15　网络综合布线系统图

（5）使用 AutoCAD 2017 绘制如图 3-12～图 3-15 所示的图形。

 一比高下

1．教师准备三张不同类型的工程图，请所有同学在规定时间内完成工程图的绘制，然后根据各位同学绘制的情况评定不同的分值。

2．请同学解读如图 3-16 所示的布线工程图。

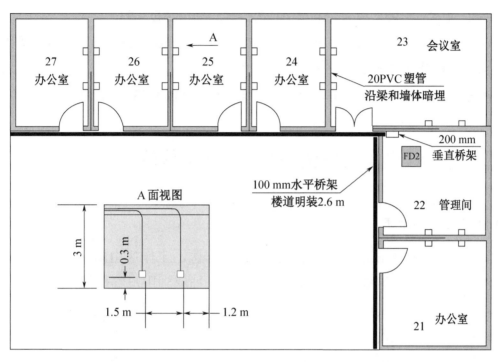

图 3-16   布线工程图

 开动脑筋

1．Visio Professional 2019 和 AutoCAD 2017 各适合绘制什么图形？

2．工程设计时，如果布线的路径上有建筑主梁，能不能将线缆的布放设计成穿梁而过？

3．线路敷设部位需要标注符号等信息，在绘制图纸时可以直接用汉字标识吗？

课外阅读

Autodesk 公司及 AutoCAD 产品

Autodesk 是世界领先的设计软件和数字内容创建的公司，其产品常用于建筑设计、土地资源开发、生产、公用设施、通信、媒体和娱乐等。Autodesk 始建于 1982 年，提供设计软件、Internet 门户服务、无线开发平台及定点应用，帮助 150 多个国家的 400 万用户推动业务，从而保持其竞争力。公司利用设计信息的竞争优势帮助用户让 Web 和业务结合起来。现在，设计数据不仅在绘图设计部门，还在销售、生产、市场及整个供应链都变得越来越重要。Autodesk

是保证设计信息在企业内部顺畅流动的关键业务合作伙伴。在数字设计市场，没有哪家公司能在产品的品种和市场占有率方面与 Autodesk 匹敌。

自 1982 年 AutoCAD 正式推向市场，Autodesk 已针对较为广泛的应用领域研发出多种设计和工程解决方案，帮助用户在设计转化为成品前体验自己的创意。AutoCAD 的发展可分为初级阶段、发展阶段、高级发展阶段和完善阶段。

初级阶段（1982—1984 年）：AutoCAD 1.0 至 AutoCAD 2.0。

发展阶段（1985—1988 年）：AutoCAD 2.17 至 AutoCAD 9.03。

高级发展阶段（1989—1995 年）：AutoCAD 10.0 至 AutoCAD 12.0，开始出现图形界面的对话框，CAD 的功能已经比较齐全。

完善阶段（1996 年至今）：AutoCAD R13 至 AutoCAD 2023。

工作任务 3 设计工作区

1. 工作区的设计概述

一个有一定规模的网络通常会有相当数量的工作区，工作区由用户计算机、语音点、数据点的信息插座、跳线等组成。一般认为从墙面信息插座到用户终端部分为工作区。

工作区的每一个信息插座均应支持电话、数据终端、计算机、电视机监视器等终端设备的设置和安装。一个独立的工作区，通常拥有一台计算机和一部电话。综合布线系统工程的设计等级分为基本型、增强型和综合型。目前大部分的新建工程都采用增强型设计等级，为语音点和数据点的互换奠定了基础。

2. 工作区的设计要点

工作区的设计主要是围绕信息点的数量、信息插座的数量和安装方式进行的。其设计要点如下。

（1）工作区内线槽要分布得合理、美观。

（2）信息插座底部距离地面一般应为 30 cm。

（3）在信息插座旁应设计电源插座，并且两个插座应该保持 20 cm 以上的距离。

（4）信息插座与计算机设备的距离应保持在 5 m 范围内，需要注意的是考虑工作区线缆、跳线和设备连接线长度不要超过 10 m。

（5）要确定所有工作区所需要的信息模块、信息插座、面板的数量。

3. 工作区的设计内容

工作区的设计内容比较简单，一般来说可以分为以下 3 个步骤。

（1）确定信息点数量。

工作区的信息点数量主要是根据用户的具体需求来确定的。在用户不能明确信息点数量的情况下，应根据工作区的设计规范来确定，即一个 $5\sim10\ \mathrm{m^2}$ 的工作区应配置一个语音信息点或一个数据点，或者一个语音信息点和一个数据点，具体还要参照综合布线系统工程的设计等级来确定。若按照基本型综合布线系统工程的设计等级来设计，则应该只配置一个信息点。如果用户对工程造价考虑不多，但又考虑到系统未来的可扩展性，那么应向用户推荐每个工作区配置两个信息点。常见工作区信息点的配置见表 3-5（并非标准）。

表 3-5 常见工作区信息点的配置

工作区类型	信息点安装位置	信息点安装数量	
		数据点	语音点
独立办公室（1 人/间）	工作台附近的墙面或地面	1	1~2
小型会议室	主席台附近的墙面或地面	1	1
大型会议室	会议桌地面	按面积计算	1~2
宾馆标准间	写字台处墙面	1~2	1
多人集中办公区	工作台附近的墙面或地面	1	1
学生公寓	写字台处墙面	1	1
教室	讲台附近的墙面或地面	1	1

（2）确定信息插座的数量。

确定了工作区应安装的信息点数量后，信息插座的数量就很容易确定了。如果工作区配置单孔信息插座，那么信息插座的数量应与信息点的数量相当；如果工作区配置双孔信息插座，那么信息插座的数量应为信息点的数量的一半。

信息模块的需求量一般为：

$$M=N\times（1+3\%）$$

式中，M 表示信息模块的总需求量，N 表示信息点的总量，3% 表示留有的富余量。

RJ-45 接头的需求量一般用下述公式计算：

$$m=n\times4\times（1+15\%）$$

式中，m 表示 RJ-45 接头的总需求量，n 表示信息点的总量，15% 表示留有的富余量。

信息插座的需求量一般按实际需要计算，依照统计的需求量，信息插座可容纳一个点、两个点、四个点。

工作区使用的管材应根据信息点的数量来确定，如果是明敷，那么通常采用 25 mm×12.5 mm 的规格较为美观，线槽的使用量一般按如下方式计算。

1 个信息点状态：1×10（m）；

2 个信息点状态：2×8（m）；

3~4 个信息点状态：（3~4）×6（m）。

如果是暗敷，那么在信息点分散的情况下是单管走线，在信息点集中的情况下是多线同管，目前工程中使用较多的是 20 mm 线管。

工作区信息点统计表是设计和统计信息点数量的基本工具，可以准确清楚地表示建筑物的信息点数量，工作区信息点统计表的格式可以参考表 3-6 来设计。

表 3-6　建筑物网络布线信息点统计表

楼层	房间												数据合计	语音合计	合计
	X01		X02		X03		X04		X05		X06				
	数据	语音	数据	语音	数据	语音	数据	语音	数据	语音	数据	语音			
五层	1	1	4	2	8	4	10	5	8	4	12	6	43	22	65
四层	1	1	4	2	8	4	10	5	8	4	12	6	43	22	65
三层	1	1	4	2	8	4	10	5	8	4	12	6	43	22	65
二层	1	1	4	2	8	4	10	5	8	4	12	6	43	22	65
一层	1	1	4	2	8	4	10	5	8	4	12	6	43	22	65
合计													215	110	325

（3）确定信息插座的安装方式。

工作区的信息插座分为暗埋式和明装式两种方式，暗埋式的插座底盒嵌入墙面，明装式的插座底盒直接在墙面上安装。用户可根据实际需要选用不同的安装方式以满足不同的需要。通常情况下，新建建筑物采用暗埋式安装信息插座；已有的建筑物若增设综合布线系统则采用明装式安装信息插座。

安装信息插座时应符合以下安装规范。

① 安装在地面上的信息插座应采用防水和抗压的接线盒。

② 安装在墙面或柱子上的信息插座底部距离地面的高度宜为 30 cm 以上。

③ 信息插座附近有电源插座的，信息插座应距离电源插座 20 cm 以上。

除了上述 3 点内容，还有一个适配器的选用问题。综合布线系统是一个开放系统，它应满足各厂家所生产的终端设备。通过选择适当的适配器，可使综合布线系统的输出与用户的终端设备保持完整的电气兼容性。工作区的终端设备可利用 5 类线或超 5 类线直接与工作区的每一个信息插座相连接，或利用适配器、平衡/非平衡转换器进行转换，并连接到信息插座上。

工作区适配器的选用应符合以下要求。

① 在设备连接器处采用不同信息插座的连接器时，可以采用专用线缆或适配器。

② 在水平子系统中选用的线缆不同于设备所需的线缆时，宜采用适配器。

③ 在连接使用不同信号的数/模转换或数据速率转换等相应的装置时，宜使用适配器。

④ 根据工作区内不同的电信终端设备可配备相应的终端适配器。

4．工作区的布线方式

工作区内的布线方式主要包括埋入式、高架地板布线式、护壁板式、线槽式等。

（1）埋入式。

在房间内埋设线缆有两种方式：一种是埋入地板垫层中，另一种是埋入墙壁内。建筑物在施工或装修时，根据需要在楼层的地板中或墙壁内预先埋入管槽，并在管槽内放置用于拉线的引线，以便日后布线时使用，这些属于隐蔽性工程。由于埋入式布线方式需要把线缆埋入地板垫层中或墙壁内，因此比较适合新建建筑物工作区的布线。

（2）高架地板布线式。

如果工作区的地面采用高架地板（如防静电地板），那么工作区布线就可以采用高架地板布线式。该方式非常适合面积较大且信息点数量较多的场合，施工简单，管理方便，布线美观，并且可以随时扩充。目前的计算机房大都采用这种方式。高架地板布线式采用地板下走线，首先在高架地板下面安装布线槽，然后从走廊地面或桥架中引入线缆穿入管槽，再连接至安装于地板的信息插座。

（3）护壁板式。

所谓护壁板式，是将布线管槽沿墙壁固定，并隐藏在护壁板内的布线方式。该方式无须剔挖墙壁和地面，也不会对原有的建筑造成破坏，因而被大量地应用于旧楼的信息化改造。该方式通常使用桌上式信息插座，该信息插座通常只能沿墙壁布放，因此该方式只适用于面积不大且信息点数量较少的场合。

（4）线槽式。

对于一些旧的建筑，最简单的布线方法是采用在墙壁上敷设线槽（管）的方式来布线。当水平布线沿管槽从楼道中进入工作区时，可以直接连接至工作区内的布线线槽中，也可以再沿管道连接至墙壁上的信息插座。

当水平布线沿桥架从楼道中进入工作区时，应当在进入工作区时改换布线管槽，然后沿墙壁而下，通过管槽连接至地面上或墙壁上的各信息点。

5．工作区的设计实例

（1）多人办公室信息点的设计。

某学校教务处有工作人员 6 名，其中主任、副主任各 1 名，教务人员 4 名。主任与副主任在一间办公室，4 位教务人员在另一间办公室，两间办公室并排排列，宽 3.9 m，长 6.5 m。

对于多人办公室，信息点布局要根据办公布局进行设计，信息插座通常设计安装在办公桌、墙面或地面，正常情况以办公桌或墙面为主，设计在地面的比较少。多人办公室信息点设计图如图 3-17 所示。

说明：

① 设计多人办公室信息点时必须考虑多个数据点和语音点。

② 当办公桌设计为靠墙放置时，信息插座安装在墙面，下边缘距离地面 30 cm；当办公桌放置在房屋中间时，信息插座可以使用地弹式插座，安装在地面。

③ 如果不需要多个语音点，可以考虑两个办公桌共用一个双口信息插座。

④ 面板均使用双口面板，每个点铺设 1 根 4-UTP 超 5 类线，供数据和语音共用。

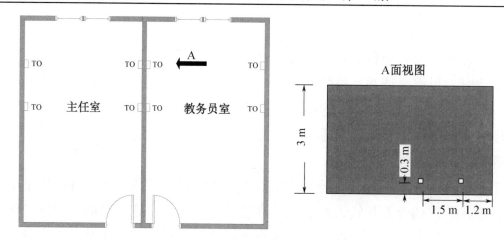

图 3-17　多人办公室信息点设计图

（2）会议室信息点的设计。

设计会议室的信息点时，在会议室讲台处需要设计 1 个信息点，便于设备的连接；在会议室的墙拐角处可以设置一些信息点，方便设置无线路由设备。会议室信息点设计图如图 3-18 所示。

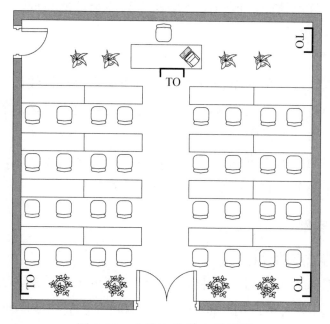

图 3-18　会议室信息点设计图

说明：

会议室讲台处的信息插座通常使用地弹式插座，会议室四个墙角的信息插座通常安装于较高的位置，便于将无线路由设备挂放在墙壁上，从而不影响人员走动。

小试牛刀

1．统计材料并标注注意点

某单位办公楼一楼平面图如图 3-19 所示，假如每个办公空间有 2 个信息点，请你列出该楼层各办公空间网络布线所需要的材料清单,并在图中标注出你认为最合适的信息点的位置。

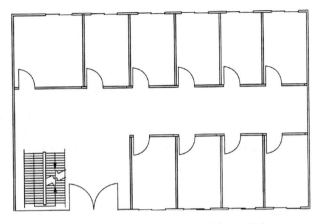

图 3-19　某单位办公楼一楼平面图

2．制作信息点统计表

某学校男生宿舍楼平面图如图 3-20 所示,每间宿舍住 4 名学生,设电话一部,请你将各宿舍信息点和语音点的位置用不同颜色标注出来。此楼为 6 层宿舍楼,每层布局相同,每两层设置一个管理员室,管理员室设置信息点与语音点各一个,与管理员室对应的楼层空间设置储藏室,储藏室设置信息点与语音点各一个,请你设计并制作出该幢楼的信息点统计表。

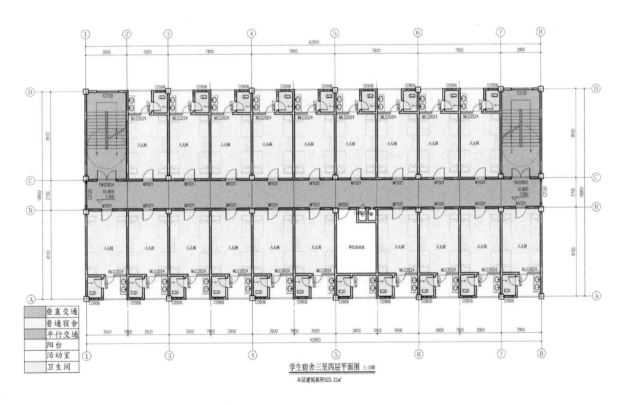

图 3-20　某学校男生宿舍楼平面图

一比高下

1. 各小组选派一名代表向全班同学阐述工作区设计时的注意事项。

2. 各小组在组内交流"小试牛刀第2题"中某学校男生宿舍平面图信息点的设计，选派一名代表向全班同学介绍本组认为的最优设计方案，并阐述理由。

 开动脑筋

1. 一个办公空间设置了3个信息点，由于工作需要，该办公空间需要安置6名工作人员办公。该办公空间的网络需要重新布线吗？请给出尽量多的解决方案。

2. 某学校有18名教师在一间办公室内办公，学校为每位教师配备了一台办公用的计算机。因为办公室是由一间教室改造的，所以只留有一个数据点和一个语音点，但是现在所有的教师都需要接入学校的网络，请你写出解决方案。

![课外阅读图标] 课外阅读

综合布线系统工程设计等级

综合布线系统工程按照硬件配置标准的不同可以分为3个设计等级。

1. 基本型

基本型适合综合布线系统中配置标准较低的场合，是一个经济有效的布线方案。它支持语音、数据产品，可以随着工程的需要过渡到更高级的布线系统，其基本配置如下。

（1）每个工作区有1个信息点（插座）。

（2）每个工作区的配线线缆为一条4对双绞线引至楼层配线架。

（3）完全采用夹接式交接硬件。

（4）每个工作区的干线线缆（楼层配线架到设备间总配线电线）至少有2对双绞线。

2. 增强型

增强型适合综合布线系统中配置标准中等的场合，不仅支持语音和数据的应用，还支持图像、视频等多媒体业务，而且用铜芯线缆组网，为后期升级奠定了基础，其基本配置如下。

（1）每个工作区有2个或2个以上信息点（插座）。

（2）每个工作区的配线线缆为一条独立的4对双绞线引至楼层配线架。

（3）完全采用夹接式交接硬件。

（4）每根干线线缆（楼层配线架到设备间总配线电线）至少有3对双绞线。

3. 综合型

综合型适合综合布线系统中配置标准较高的场合，可以提供目前所有多媒体业务的接口，用光纤和铜芯线缆混合组网，其基本配置如下。

（1）在基本型和增强型综合布线系统的基础上增设光纤系统。

（2）在每个基本型工作区的干线线缆中至少配有 2 对双绞线。

（3）在每个增强型工作区的干线线缆中至少配有 3 对双绞线。

工作任务 4　设计配线子系统

1．配线子系统的设计概述

配线子系统主要是实现工作区的信息插座与管理间设备（楼层配线架）之间的连接，是综合布线系统中设计最复杂的部分，也是最基本的部分。

配线子系统的设计涉及了配线子系统的传输介质和部件集成，主要考虑以下几个方面：网络拓扑结构，设备配置，线缆的类型，线路走向（路由），线缆的布设方式和长度，槽、管的数量和类型及工作区信息插座的安装位置等。

水平干线子系统的设计要点如下。

（1）确定传输介质的布线方法和线缆的走向。

（2）双绞线的长度一般不超过 90 m。

（3）尽量避免配线线路长距离与供电线路平行走线，应保持一定的距离（非屏蔽线缆一般为 30 cm，屏蔽线缆一般为 7 cm）。

（4）线缆必须走线槽或在天花板吊顶内布线，尽量不走地面线槽。

（5）在特定环境中布线要对传输介质进行保护，如使用线槽或金属管道等。

（6）确定距离服务器接线间距离最近的 I/O 位置。

（7）确定距离服务器接线间距离最远的 I/O 位置。

2．配线子系统的设计要求

（1）配线子系统的网络要求。

配线子系统的设计内容包括网络拓扑结构、设备配置、线缆的选用和确定线缆的最大长度等，它们虽然各自独立，但又密切相关，在设计中需综合考虑。

配线子系统的网络拓扑结构通常都为星形网络拓扑结构，它以楼层配线架为主节点，各个通信引出端为分节点，二者之间采用独立的线路相互连接，形成以 FD 为中心向外辐射的星形线路网。这种网络拓扑结构的线路长度较短，有利于保证传输质量、降低工程造价和方便后期维护管理。

布线线缆长度等于楼层配线间或楼层配线间内互联设备接口到工作区信息插座的线缆长度。根据我国通信行业标准规定，配线子系统中双绞线最长为 90 m。

设计配线子系统时，根据建筑物的结构、布局和用途来确定配线布线方案、线路方向和路由，可使路由简短，施工更方便。

（2）配线子系统的技术要求。

EMI 是电子系统辐射的寄生电能，这种寄生电能可能在附近的线缆或系统上造成失真或干扰。有时也把 EMI 称为"电磁污染"。

这里的电子系统也包括线缆，线缆既是 EMI 的主要发生器，也是主要接收器。作为发生器，它辐射电磁噪声场，收音机、电视机、计算机、通信系统和数据系统等会通过它们的天线、互联线和电源接收到这种电磁噪声。

线缆也能灵敏地接收从邻近干扰源所发射的相同"噪声"。为了成功地抑制线缆中的 EMI 噪声，就必须采用屏蔽法，原因有以下几点。

① 减少感应的电压和信号辐射。

② 保护在规定范围内的线路不受外界产生的 EMI 干扰。

③ 遵循 EIA/TIA-569 标准的通信线缆和电力线缆的间距要求。

在配线布线通道内，关于通信线缆与电力线缆要说明以下几点。

① 屏蔽的电源导体（线缆）与通信线缆并线时不需要分隔。

② 可以使用电源管道障碍（金属或非金属）来分隔通信线缆与电力线缆。

③ 对非屏蔽的电力线缆，最短距离为 10 cm。

④ 在工作站的信息口或间隔点，通信线缆与电力线缆的距离最短应为 6 cm。

（3）配线子系统的审美要求。

在配线布线过程中，需要把每一楼层的线缆从接线间连接到工作区，以便让线缆隐藏在天花板或地板内。如果暴露在外面的话，那么要保证线缆排列整齐，但是应力求线缆在屋角内、天花板内和护壁内走线。

3．配线子系统的布线方式

配线子系统的布线，是将线缆从管理间的配线间连接到楼层工作区的信息输入/输出（I/O）插座上。设计者要根据建筑物的结构特点，着重从路由（线）最短、造价最低、施工最方便、布线规范等几个方面考虑，但由于建筑物中的管线比较多，往往会遇到一些矛盾，所以设计配线子系统时必须统筹兼顾，优选最佳的水平布线方案，一般可采用 3 种布线方式：直接埋管方式、先走桥架再走支管方式、地面线槽方式。

（1）直接埋管方式。

直接埋管布线是由一系列密封在现浇混凝土里的金属布线管道或金属馈线走线槽组成的。这些金属布线管道或金属馈线走线槽从配线间向信息插座的位置辐射。根据通信和电力布线的要求、地板厚度和占用的地板空间等，直接埋管方式可能要采用厚壁镀锌管或薄型电线管。这种方式在老式的设计中非常普遍，现在不太使用。如果工作区面积不大，信息点数量较少，那么可以采用该方式。

（2）先走桥架再走支管方式。

桥架（或线槽）由金属或高强度 PVC 阻燃材料制成。首先从弱电井出来的线缆到达吊顶内的桥架（或线槽），然后到达各工作区房间，经分支桥架（或线槽）分叉后，将线缆穿过一段支管引向墙柱或墙壁，贴墙而下到本层的信息出口，或者贴墙而上，在上一层楼板钻一个孔，将线缆引到上一层的信息出口；最后将线缆端接在用户的信息插座上，先走桥架再走支管方式如图 3-21 所示。桥架通常悬挂在天花板的上方区域，用在大型建筑物或者布线系统比较复杂且需要额外支持物的场合，该方式现在使用得比较普遍。

在设计、安装桥架（或线槽）时应多方考虑，尽量将桥架（或线槽）设置在走廊的吊顶内，去各房间的支管也尽量集中在检修孔附近，以便于布线的后期维护。如果是新楼宇，那么应赶在走廊吊顶前施工，这样不仅减少布线工时，还有利于保护已穿线缆，且不影响房内装修。一般走廊都处于中间位置，因布线的平均距离最短，故可节省线缆费用，提高综合布线系统的性能（线缆越短传输的质量越高）。尽量避免桥架（或线槽）进入房间，否则不仅成本高，还影响房间装修，且不利于后期维护。

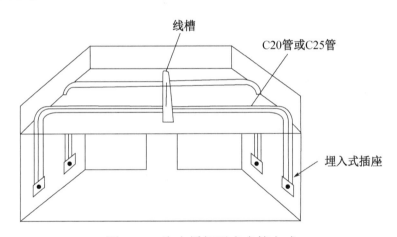

图 3-21　先走桥架再走支管方式

（3）地面线槽方式。

地面线槽方式是指从弱电井出来的线缆走地面线槽到地面出线盒，或者由分线盒出来的支管到墙上的信息出口。由于地面出线盒、分线盒或柱体直接走地面垫层，因此这种方式适用于大开间或需要打隔断的场合。

该方式直接将长方形的线槽装在地面垫层中，每隔 4～8 m 拉一个过线盒或出线盒（在支路上，出线盒起分线盒的作用），直到信息出口的出线盒。

4．配线子系统的设计步骤

配线子系统的设计步骤如下：首先进行需求分析，与用户进行充分的技术交流和了解建筑物的用途，认真阅读建筑物设计图纸，确定工作区信息点的位置和数量，完成点数表；然后进行初步规划和设计，确定每个信息点的配线布线路径；最后确定布线材料的规格和数量，列出材料规格和数量统计表。

（1）确定线缆走向及线缆布放方式。

线缆走向一般由用户、设计人员、施工人员到现场根据建筑物的物理位置和施工难易程度来确定。

（2）确定信息插座的数量和类型。

信息插座的数量和类型、线缆的类型和长度一般要考虑到产品质量和施工人员的误操作等因素，在订购时留有一定的余地。

信息插座数的计算公式为：

$$订货总数=总数+总数×3\%$$

（3）确定线缆的类型和长度。

确定布线走向后，需要考虑订购线缆的数量，订购线缆的数量也要考虑到施工人员的错误操作等因素，在订购时留有一定的余地。

在一般情况下，订购线缆可以参照以下计算公式进行计算：

$$总长度=（A+B）/2×N×1.2$$

式中，A 为最短信息点长度；

B 为最远信息点长度；

N 为楼内需要安装的信息点数；

1.2 为余量参数。

$$用线箱数=总长度/305+1$$

还有一种通过楼层估算用线总量的计算方法：

$$线缆用量\ C=[0.55×（L+S）+6]×n$$

式中，L 为本楼层离管理间最远的信息点距离；

S 为本楼层离管理间最近的信息点距离；

n 为本楼层的信息点总数；

0.55 为备用系数。

以上两种方法在实际工程中均可以使用，由于是估算总量，而且是在系统集成的工程中，所以用线量是非常大的，因此存在一定的误差是正常的。

水平线缆有以下四种：100 Ω 非屏蔽双绞线（UTP），100 Ω 屏蔽双绞线，50 Ω 同轴电缆，62.5/125 μm 多模光纤线缆。国内在水平布线中常用的是 100 Ω 非屏蔽双绞线（UTP），在一些高性能的网络中也常采用 62.5/125 μm 多模光纤线缆。在目前实际的网络布线工程中，水平线缆一般采用超 5 类或 6 类非屏蔽双绞线。

5．配线子系统的设计实例

某学校信息技术实训楼第四层的平面布局图如图 3-22 所示，每个实训室的面积为

10 m×6 m，需要设置 2 个数据点，每个办公室的面积为 3 m×6 m，需要设置 6 个数据点和 1 个语音点，楼层高 3 m，走廊宽 1.5 m，弱电井在储藏间内。

（1）线缆布线宜采用先走桥架再走支管方式，在楼层中间层的走廊顶部设计桥架，再通过软管将线缆接入各房间。

（2）如果能够确定实训室内计算机的布放情况，那么可以考虑将两个信息点放置在实训室的同一端；如果不能确定实训室内计算机的布放情况，那么可以考虑将两个信息点分别放置在实训室的两端。

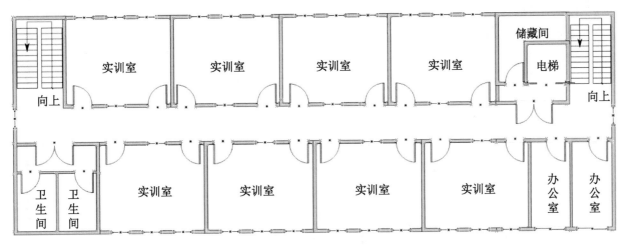

图 3-22　某学校信息技术实训楼第四层的平面布局图

（3）信息插座的数量为 28+28×3%≈29 个，语音插座 3 个，单口面板 26 个，双口面板 3 个。

（4）最远信息点约为 54 m，最近信息点约为 8 m，线缆约为 900 m，需要购置 4 箱超 5 类线。

（5）需要 75 mm×50 mm 的桥架约 6 m，50 mm×25 mm 的桥架约 48 m，16 PVC 塑管若干。

走线图及信息点设计图如图 3-23 所示。

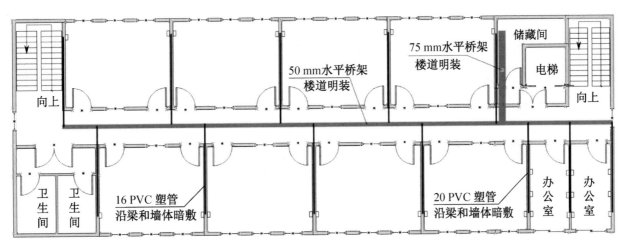

图 3-23　走线图及信息点设计图

小试牛刀

1. 设计某学校信息行政办公楼三楼的配线系统

某学校信息行政办公楼三楼的平面布局图如图 3-24 所示，其中 312 室的面积为 5 m×6 m，其他办公室的面积为 3 m×6 m，楼层高 3 m，走廊宽 1.5 m，各空间需要设置 1～2 个数据点（具体数量自定）、1 个语音点，弱电井在卫生间第一道门处。请设计该幢楼的配线系统。

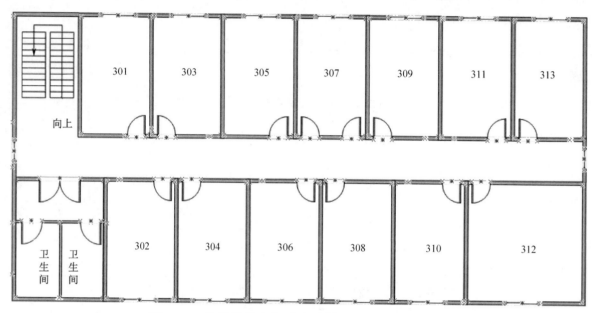

图 3-24　某学校信息行政办公楼三楼的平面布局图

2. 估算配线子系统的用线量

已知某学生宿舍楼有七层，每层有 24 个房间，门对门排列。现要求在每个房间安装 2 个数据点，确保 100 M 接入校园网络。为了方便计算机网络管理，需要在每层楼中间的楼梯间设置一个配线间，各房间信息插座连接的水平线缆均连接至楼层管理间。根据现场测量了解到，每个楼层最远的信息点到配线间的距离为 70 m，每个楼层最近的信息点到配线间的距离为 10 m。请你确定该幢楼应选用的水平线缆的类型并估算出整幢楼所需水平线缆的用量，实施网络布线工程时应订购多少箱线缆？

一比高下

1. 各小组选派一名代表向全班同学阐述配线系统设计时的注意事项及设计要点。

2. 各小组在组内交流"小试牛刀第 1 题"的配线系统设计方案，选派一名代表向全班同学介绍本组认为最优的设计方案，并阐述理由。

开动脑筋

1. 如果一幢五层建筑只在三楼设置了配线间，没有设置楼层配线柜，每个房间都有数据点，那么这幢楼的什么部分是配线子系统？

2．语音信号能不能使用双绞线进行传输？

3．设计配线子系统时，是否需要将每个信息点的位置与编号设计出来？

4．管道的敷设方式需要在配线系统设计时说明清楚吗？

课外阅读

弱电线缆与强电线缆间距的要求

综合布线线缆与电力线缆的间距见表 3-7。

表 3-7　综合布线线缆与电力线缆的间距

类　别	与综合布线线缆的接近状况	最小净距（mm）
380 V 电力线缆 <2 kVA	与综合布线线缆平行敷设	130
	有一方在接地的金属线槽或钢管中	70
	双方都在接地的金属线槽或钢管中	10
380 V 电力线缆 2～5 kVA	与综合布线线缆平行敷设	300
	有一方在接地的金属线槽或钢管中	150
	双方都在接地的金属线槽或钢管中	80
380 V 电力线缆 >5 kVA	与综合布线线缆平行敷设	600
	有一方在接地的金属线槽或钢管中	300
	双方都在接地的金属线槽钢管中	150
荧光灯、电子启动器或交感性设备	与综合布线线缆接近	15～30
无线电发射设备、开关电源等	与综合布线线缆接近	>150
配电箱	与配线设备接近	>100
电梯、变电室	尽量远离	>200

注：当 380 V 电力线缆小于 2 kVA 时，双方都在接地的金属线槽或钢管中，且平行长度小于或等于 10 m 时，最小间距可以是 10 mm。双方都在接地的金属线槽或钢管中，也可在同一金属线槽或钢管中用金属板隔开。

墙上敷设的综合布线电缆、光缆及管线与其他管线的间距见表 3-8。

表 3-8　墙上敷设的综合布线电缆、光缆及管线与其他管线的间距

其他管线	最小平行净距（mm）	最小交叉净距（mm）
	电缆、光缆及管线	电缆、光缆及管线
避雷引下线	1 000	300
保护地线	50	20
给水管	150	20
压缩空气管	150	20
热力管（不包封）	500	500
热力管（包封）	300	300
煤气管	300	20

工作任务5　设计干线子系统

1. 干线子系统的设计概述

干线子系统是综合布线系统中非常关键的组成部分，它是连接管理间与设备间的子系统，通常采用大对数电缆或光缆作为通信介质。它的两端分别连接在设备间和楼层配线间的配线架上。它是建筑物内部综合布线的主馈线缆，是楼层配线间与设备间之间垂直布放（或空间较大的单层建筑物的配线布线）线缆的统称。干线子系统的任务是通过建筑物内部的传输线缆，把各个服务接线间的信号传送到设备间，然后一直传送到最终接口，再通往外部网络。干线子系统的结构通常是一个星形网络拓扑结构。

2. 干线子系统的布线距离及线缆类型

因为数据信号的衰减，所以对干线子系统布线的最大距离有一定的要求，即建筑群配线架（CD）到楼层配线架（FD）的距离不能超过 2 000 m，建筑物配线架（BD）到楼层配线架（FD）的距离不能超过 500 m。

在正常情况下，设备间的主配线架设置在建筑物的中部附近，尽量使线缆的距离最短。当超出上述距离限制，可以分几个区域布线，使每个区域满足规定的距离要求。

（1）采用单模光缆时，建筑群配线架到楼层配线架的最大距离可以延伸到 3 000 m。

（2）采用超 5 类线时，配线架上接插线和跳线的长度不宜超过 90 m。

（3）采用 5 类线时，配线架上接插线和跳线的长度不宜超过 20 m。

干线子系统的线缆类型可根据建筑物的楼层面积、建筑物的高度和建筑物的用途来选择。在干线子系统中可采用以下几种类型的线缆。

（1）100 Ω 双绞线。

（2）8.3/125 μm 单模光缆。

（3）62.5/125 μm 多模光缆。

在干线子系统中采用双绞线时，根据应用环境可选用非屏蔽双绞线或屏蔽双绞线。

3. 干线子系统的规划和设计

干线子系统的线缆直接连接着几十或几百个信息点，若干线线缆发生故障，则影响巨大。因此必须十分重视干线子系统的设计工作。

根据综合布线的标准及规范，应按照以下设计要点进行干线子系统的设计工作。

（1）确定干线线缆的类型及线对。

干线子系统的线缆主要有铜缆和光缆两种类型，具体选择要考虑布线环境的限制和用户对综合布线系统设计等级的要求。计算机网络系统的主干线缆可以选用 4 对双绞线或 25 对大对数电缆或光缆，电话系统的主干线缆可以选用 3 类大对数电缆。主干线缆的线对要根据配线布线线缆对数及应用系统类型来确定。

（2）干线子系统路径的选择。

干线子系统的主干线缆应选择最短、最安全和最经济的路由。路由的选择要根据建筑物的结构及建筑物内预留的线缆孔、线缆井等通道的位置来决定。建筑物内有两大类型的通道：封闭型和开放型。开放型通道是指从建筑物的地下室到楼顶的一个开放空间，中间没有任何楼板隔开。封闭型通道是指一连串上下对齐的空间，每层楼都有一间，线缆井、线缆孔、管道线缆、线缆桥架等可以穿过这些楼层的地板层，敷设主干线缆。主干线缆宜采用点对点终接，也可采用分支递减终接。如果电话交换机和计算机主机设置在建筑物内不同的设备间，那么宜采用不同的主干线缆来分别满足语音和数据的需要。在同一层若干管理间（电信间）之间宜设置干线路由。

（3）确定干线线缆的容量。

在确定了干线线缆的类型后，便可以进一步确定每层楼的干线线缆的容量。一般而言，在确定每层楼的干线线缆的类型和容量时，都要根据楼层水平子系统中所有的语音、数据、图像等信息插座的数量来进行计算。

具体计算的原则如下。

① 干线子系统所需要的线缆总对数和光纤总芯数应满足工程的实际需求，并留有适当的备份容量。主干线缆宜设置电缆与光缆，并互相作为备份路由。

② 在同一层若干电信间之间宜设置干线路由。

③ 主干线缆所需的容量要求及配置应符合以下规定。

语音业务：大对数电缆的对数应按照每一个电话 8 位模块通用插座配置一对电缆，并在总需求线对的基础上至少预留约 10%的备用线对。

数据业务：应以交换机（SW）群（按 4 个 SW 组成一群）或以每个 SW 设备设置一个主干端口。每一群网络设备或每 4 个网络设备宜考虑一个备份端口。主干端口为电端口时，应按照 4 对线对的容量配置，主干端口为光端口时则按 2 芯光纤的容量配置。

当工作区至电信间的水平光缆延伸至设备间的光配线设备（BD/CD）时，主干光缆的容量应包括所延伸的水平光缆的容量。

（4）干线线缆的交接。

为了便于综合布线的路由管理，干线线缆的交接应不多于两次。楼层配线架到建筑群配线架之间只应通过一个配线架，即建筑物配线架（在设备间内）。当综合布线只用一级干线布线进行配线时，放置干线配线架的二级交接间可以并入楼层配线间。

（5）干线线缆的端接。

干线线缆既可采用点对点端接，也可采用分支递减端接及线缆直接连接。点对点端接是最简单、最直接的接合方法。干线线缆点对点端接方式如图 3-25 所示。干线子系统的每根干线线缆直接延伸到指定的楼层配线管理间或二级交接间。分支递减端接是用一根足以支持若干个楼层配线管理间或若干个二级交接间的大容量干线线缆，经过线缆接头交接箱分出若干根小容量干线线缆，再分别延伸到每个二级交接间或每个楼层配线管理间，最后端接到目的地的连接硬件上。干线线缆分支递减端接方式如图 3-26 所示。

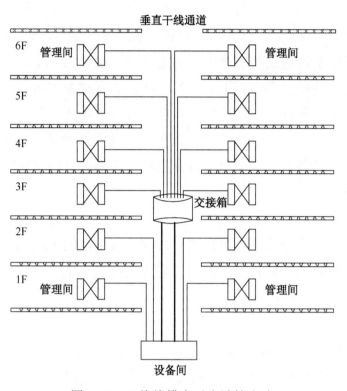

图 3-25　干线线缆点对点端接方式

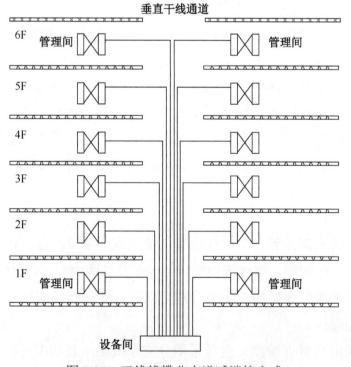

图 3-26　干线线缆分支递减端接方式

（6）确定干线子系统的通道规模。

干线子系统是建筑物内的主干线缆。在大型建筑物内，通常使用的干线子系统通道由一连串穿过配线间地板且垂直对准的通道组成，并穿过弱电间地板的线缆井和线缆孔，如图 3-27 所示。

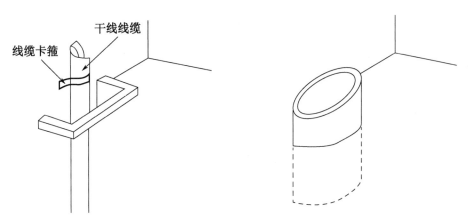

图 3-27 穿过弱电间地板的线缆井和线缆孔

确定干线子系统的通道规模主要是确定干线通道和配线间的数目。确定的依据就是综合布线系统所要覆盖的可用楼层面积。如果给定楼层的所有信息插座的范围都在配线间的 75 m 内，那么采用单干线接线系统。单干线接线系统就是采用一条垂直干线通道，每个楼层只设置一个配线间。如果有部分信息插座的范围超出配线间的 75 m，那么就要采用双通道干线子系统，或者采用经分支线缆与设备间相连的二级交接间。

如果同一幢大楼的配线间上下不对齐，那么可采用大小合适的线缆管道系统将其连通，如图 3-28 所示。

4．干线子系统的设计实例

（1）设计某学校综合楼的综合布线系统图。

综合布线由主配线架（BD）、分配线架（FD）和信息插座（IO）等基本单元设备用不同的子系统线缆连接而成。主配线架设置在设备间，分配线架设置在楼层配线间，信息插座设置在工作区。规模比较大的建筑物，在分配线架与信息插座之间也可设置中间交叉配线架，中间交叉配线架（IC）设置在二级交接间。连接主配线架和分配线架的线缆称为干线，连接分配线架和信息插座的线缆称为水平线。若有二级交接间，连接主配线架和中间交叉配线架的线缆称为干线，连接中间交叉配线架和信息插座的线缆称为水平线。干线是建筑物内综合布线楼层间的主馈线缆，配线架之间的线缆均属干线子系统的设计范畴。

某学校综合楼有五层，每层都有一定数量的数据点与语音点，四楼、五楼共用一个管理间，一楼的管理间与建筑管理间共用。设计干线子系统需要将综合布线系统的路由情况、线缆使用类型及使用数量在综合布线系统图中标识出来。某学校综合楼的综合布线系统图如图 3-29 所示。

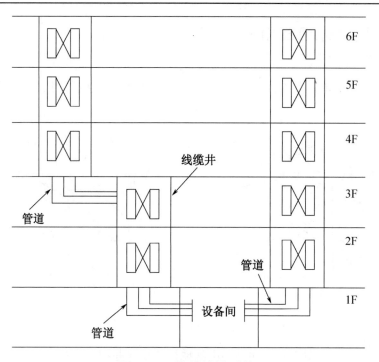

图 3-28　线缆管道系统

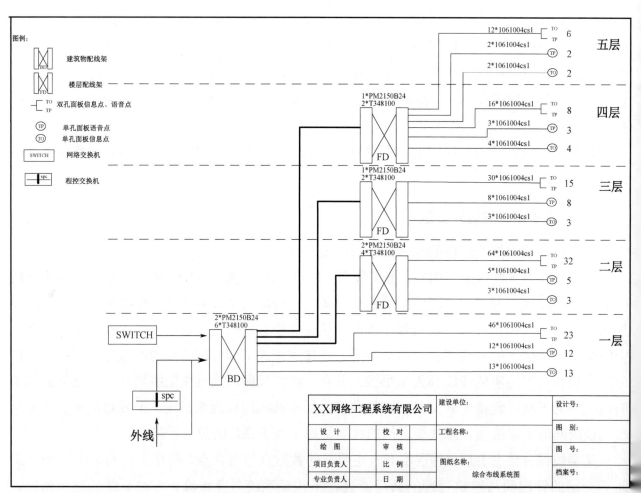

图 3-29　某学校综合楼的综合布线系统图

（2）设计干线线缆的容量。

某建筑物需要实施综合布线系统工程，根据用户需求分析得知，其中第四层有 60 个计算机网络信息点，各信息点要求接入的速率为 100 Mbit/s，另有 50 个电话语音点，而且第四层的楼层管理间到楼内设备间的距离为 10 m，请确定该建筑物第四层的干线线缆类型及线对数。

60 个计算机网络信息点要求该楼层配置三台 24 口交换机，交换机之间可通过堆叠或级联方式连接，最后交换机群可通过一根 4 对超 5 类非屏蔽双绞线连接到建筑物的设备间。因此计算机网络的干线线缆需配备一根 4 对超 5 类非屏蔽双绞线。

50 个电话语音点按照每个语音点配 1 个线对的原则，主干线缆应为 50 对。根据语音信号传输的要求，主干线缆可以配备一根 50 对 3 类非屏蔽大对数电缆。

小试牛刀

1. 设计干线子系统

某教学楼是六层建筑，每一层有 10 个教室，整体布局呈"匚"字形，前排有 5 个教室，中间有 2 个教室，后排有 3 个教室。要求每个教室有 1 个网络接入点，接入速率为 100 Mbit/s，1 个电话语音点（电话可以与网管中心通话），其余条件设计者自行设定，但是需要在方案中给出说明。请你为该教学楼设计干线子系统（提示：考虑拓扑结构、线缆类型、线缆容量、布线方案等内容）。

2. 设计综合布线系统图

某综合办公楼共五层，各层的层高均为 3.6 m，标准层平面布置图如图 3-30 所示，一、二、三、四、五层均为标准办公区，布局一样，请你为该办公楼设计网络布线。

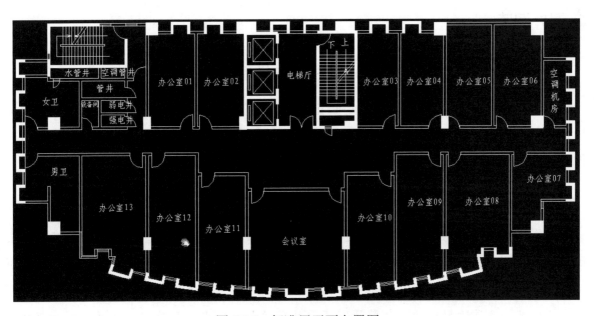

图 3-30　标准层平面布置图

（1）设备间设置在一层，各弱电井内设置管理间。在管理间内，数据点采用模块化配线架安装，语音点采用110系列配线架安装。

（2）各办公室按每个位置1个语音点、1个数据点来布置。每间会议室设置2～4个数据点，1～2个语音点。

（3）垂直干线子系统采用25对大对数电缆。

（4）在设备间数据点采用模块化配线架安装，语音点采用110系列配线架进行安装。

请按照国家标准《综合布线系统工程设计规范》（GB 50311—2016），设计综合布线系统图。

 ## 一比高下

1. 各小组选派一名代表向全班同学阐述干线子系统设计时的注意事项及设计要点。

2. 各小组在组内交流"小试牛刀第1题"的干线子系统设计方案，选派一名代表向全班同学介绍本组认为最优的设计方案，并阐述理由。

3. 各小组在组内交流"小试牛刀第2题"的设计方案，相互查找设计中的错误之处。

 ## 开动脑筋

1. 在一幢20世纪80年代中期建设的七层建筑中，没有留线缆走线通道，干线子系统该怎样设计？

2. 一幢大楼只有三层，每层楼的信息点数量不多，在布线设计时，可以不设计干线子系统吗？请说明理由。如果每层楼的信息点数量很多呢？

3. 综合布线工程中的系统图只包含干线子系统的内容吗？

4. 干线子系统使用的线缆通常有哪些？

课外阅读

水平型主干布线系统

垂直干线子系统的布线方式主要是垂直型的，但是在很多横向排列的建筑物中需要采用水平型的主干布线方式。这种水平型的主干布线方式不同于水平干线子系统的布线方式，主要采用以下两个布线方案。

1. 金属管道方法

金属管道方法是指在水平方向架设金属管道，水平线缆穿过这些金属管道，让金属管道对干线线缆起到支撑和保护的作用，如图3-31所示。

当相邻楼层的干线配线间存在水平方向的偏距时，就可以在水平方向布设金属管道，将干线线缆引入下一楼层的配线间。金属管道不仅具有防火的优点，而且它提供的密封和坚固空间使线缆可以安全地延伸到目的地。金属管道很难重新布置且造价较高，因此在建筑物设计阶段必须进行周密的设计。在土建工程阶段，需要将选定的金属管道预埋在地板中，并延伸到正确的交接点。金属管道方法适用于低矮而又宽阔的单层平面建筑物，如大型厂房、机场等。

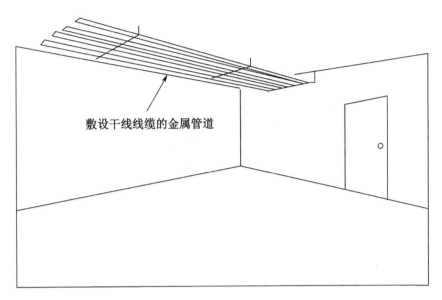

图 3-31 金属管道方法

2. 线缆托架方法

线缆托架是铝制或钢制的部件，外形很像梯子，既可以安装在建筑物墙面上、吊顶内，又可以安装在天花板上，供干线线缆水平走线。线缆托架方法如图 3-32 所示。线缆布放在托架内，由水平支撑件固定，必要时还要在托架下方安装线缆绞接盒，保证在托架上方已装有其他线缆的同时可以接入线缆。

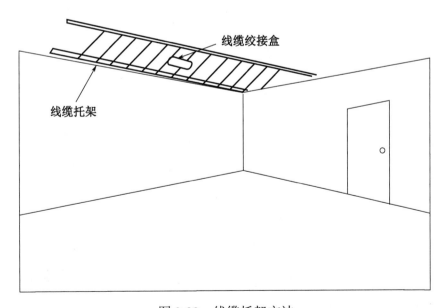

图 3-32 线缆托架方法

线缆托架方法适合线缆数量很多的布线需求场合，要根据安装的线缆粗细和数量决定托架的尺寸。由于托架及附件的价格较高，而且线缆外露，很难防火，又不美观，所以在综合布线系统中，一般推荐使用封闭式线槽来替代线缆托架。吊装式封闭式线槽如图3-33所示，主要应用于楼间距离较短且要求采用架空的方式布放干线线缆的场合。

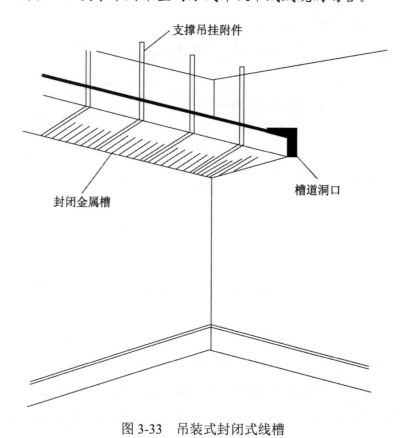

图 3-33 吊装式封闭式线槽

工作任务 6 设计管理间

1. 管理间的设计概述

管理间由楼层配线间、二级交接间、建筑物设备间的线缆、配线架及相关跳线等组成。管理间通常设置在楼层配线设备的房间内，用户可以在管理间中更改、增加、交接、扩展线缆，从而改变线缆路由。

现在，许多大楼在综合布线时都考虑在每一楼层设立一个管理间，用来管理该楼层的信息点，改变了以往几层楼共享一个管理间的做法，这也是综合布线的发展趋势。

管理间面积的大小一般根据信息点的多少来安排和确定，如果信息点多，那么就考虑单独设立一个管理间；如果信息点很少，那么可采用在墙面安装机柜的方式。

2. 管理间配线架的连接

管理间配线架的连接通过跳线连接确定线路的路由走向，以此来管理用户终端，从而实现综合布线系统的灵活性。管理间配线架的连接方式分为两种：互相连接和交叉连接。不同的管理间配线架的连接方式所采用的设备往往也会有所区别。

（1）互相连接。

所谓互相连接，是指水平线缆的一端连接至工作区的信息插座，另一端连接至管理间的配线架，配线架和网络设备通过接软跳线的方式进行连接，如图 3-34 所示。互相连接属于集中型管理。

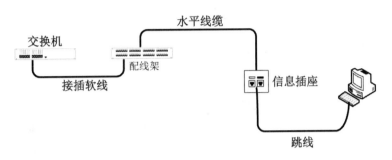

图 3-34　互相连接

互相连接使用的配线架前端面板通常为 RJ-45 接口，因此，网络设备与配线架之间使用 RJ-45-to-RJ-45 接插软线。

（2）交叉连接。

所谓交叉连接，简称交连，是指在水平链路中安装两个配线架，其中，水平线缆的一端连接至工作区的信息插座，另一端连接至管理间的配线架，通过接插软线连接至另一个配线架，然后通过多条接插软线将两个配线架连接起来，从而便于对网络用户的管理。交叉连接属于集中分散型管理。

交叉连接又分为单点管理单交连、单点管理双交连和双点管理双交连 3 种方式。

① 单点管理单交连。单点管理系统只有一个管理单元，负责各信息点的管理。单点管理单交连方式如图 3-35 所示。单点管理单交连通常用于整幢建筑内只设立一个设备间作为交叉连接区的场合，建筑内的信息点均直接点对点地与设备间连接，它适合楼层低、信息点较少的布线环境。

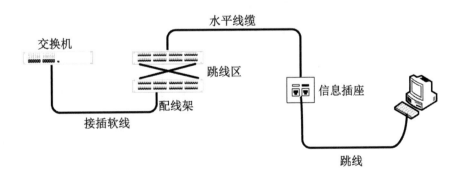

图 3-35　单点管理单交连方式

② 单点管理双交连。管理间宜采用这种方式。单点管理位于设备间内的交换设备或互联设备附近，通过的线路不进行跳线管理，而是直接连至工作区或配线间内的第二个接线交接区。如果没有配线间，那么第二个交连可放置在用户间的墙壁上。单点管理双交连方式如图 3-36 所示。该方式的优点是易于布线施工，适合楼层高、信息点较多的场所。

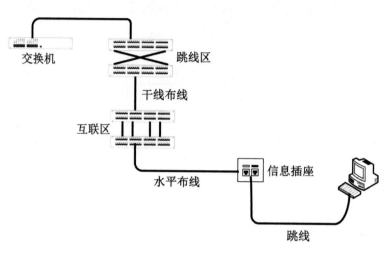

图 3-36 单点管理双交连方式

需要注意的是，如果采用超 5 类线在建筑物内布线，那么距离（离设备间最远的信息节点与设备间的距离）不能超过 100 m，否则将不能采用该方式。

③ 双点管理双交连。双点管理系统在整幢建筑中设有一个设备间，在各楼层还分别设有管理间，管理间负责该楼层信息节点的管理，各楼层的管理间均采用主干线缆与设备间进行连接。双点管理双交连方式如图 3-37 所示。由于每个信息节点有两个可管理的单元，因此被称为双点管理双交连，适合楼层高、信息点数多的布线环境。

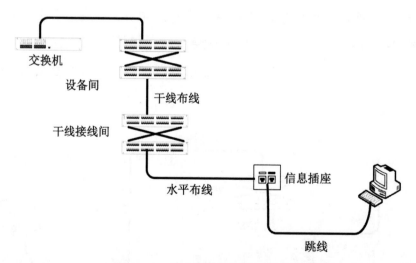

图 3-37 双点管理双交连方式

采用双点管理双交连方式布线，客户在交连场改变线路会非常简单，而且不必使用专门的工具或专业技术人员，只需进行简单的跳线，便可以完成复杂的变更任务。

3．管理间的设计内容

（1）管理间数量的确定。

每层楼应该至少设置一个管理间，在特殊情况下，如果每层信息点数量较少，且配线线缆长度不大于90 m，那么几个楼层应该合设一个管理间。

管理间数量的设置可以参照以下原则。

如果该楼层中信息点的数量不大于400个，且配线线缆长度范围在90 m内，那么应设置一个管理间，当超出这个范围时应设置两个或多个管理间。

在实际工程应用中，为了方便管理和保证网络传输速率，或者节约布线成本，如学生公寓信息点密集、使用时间集中、楼道很长，也可以按照100～200个信息点设置一个管理间，将管理间机柜明装在楼道。

（2）管理间面积要求。

管理间的使用面积部不应小于 5 m^2，也可根据工程中配线管理和网络管理的容量进行调整。一般新建楼房都有专门的垂直竖井，楼层的管理间基本都设置在建筑物竖井内，面积只能视建筑设计而定，但是在建设图纸审批时会有相应的规范。在一般的小型网络综合布线系统工程中，管理间也可能只是一个网络机柜。

一般在旧楼增加综合布线系统时，可以将管理间选择在楼道中间位置的办公室，也可以采用壁挂式机柜直接明装在楼道，作为楼层管理间。

管理间安装落地式机柜时，机柜前面的净空应不小于800 mm，机柜后面的净空应不小于600 mm，这样方便施工和维修。安装壁挂式机柜时，一般在楼道安装的高度应不小于1.8 m。

（3）管理间电源要求。

管理间应提供不少于两个220 V带保护接地的单相电源插座。

如果管理间安装电信管理或其他信息网络管理，那么管理间供电应符合相应的设计要求。

（4）管理间房门要求。

管理间应采用外开防火门，房门的防火等级应按照建筑物等级类别设定。房门的高度应不小于2.0 m，净宽应不小于0.9 m。

（5）管理间环境要求。

管理间内温度应为10～35℃，相对湿度宜为20%～80%。一般应该考虑网络交换机等设备发热对管理间温度的影响，在夏季必须保持管理间温度不超过35℃。

（6）标签的编制。

管理间是综合布线系统的线路管理区域，该区域往往安装了大量的线缆、管理器件及跳线，为了方便以后线路的管理工作，管理间的线缆、管理器件及跳线都必须做好标记，以标明位置、用途等信息。完整的标记应包含以下信息：建筑物名称、位置、区号、起始点和功能。

综合布线系统一般使用3种标记：线缆标记、场标记和插入标记。

① 线缆标记。

线缆标记主要用来标明线缆的来源和去处，在线缆连接设备前，线缆的起始端都应做好

图3-38 线缆标记

线缆标记。线缆标记由背面为压敏胶黏剂的白色材料制成，它可以直接贴到各种线缆的表面，其规格尺寸和形状根据需要而定，如图3-38所示。例如，如果一根线缆要从四楼402房间的第一个计算机网络信息点拉至楼层管理间，那么该线缆的两端应有"402-D1"的标记，其中"D"表示数据信息点。

② 场标记。

场标记又称区域标记，一般用于设备间、配线间和二级交接间的管理器件上，以区别管理器件连接线缆的区域范围。它也是由背面为压敏胶黏剂的材料制成的，可贴在设备醒目的平整表面上。

③ 插入标记。

插入标记一般用于管理器件上，如110系列配线架、BIX安装架等，如图3-39所示。插入标记是硬纸片，可以插在1.27 cm×20.32 cm的透明塑料夹里，这些塑料夹可安装在两个110接线块或两根BIX条之间。

图3-39 插入标记

（7）机柜内设备的布局。

机柜内设备的布局需要考虑进出线的方式（线缆从机柜顶部进出还是从机柜底部进出）、配线架和其他网络设备的排列顺序，应当遵循的原则是进出线方便；理线方便；各种线缆外观整齐；跳线方便，长度较短；占用空间小，留有扩展空间；发热量大的设备置于上层，以利于散热；经常操作的设备置于合理的位置，以利于管理人员操作。

4．管理间的设计实例

某学校女生宿舍楼有六层，竖井间设计在西楼梯旁，每间宿舍住学生 4 人，设电话一部，请你根据自己所学到的知识设计此宿舍楼的管理间。

该楼层信息点在 400 个以内，加之该楼层设有竖井间，可以考虑在每层楼设计一个管理间，整幢楼有 6 个管理间，然后在每个管理间内安装一个网络机柜。由于有竖井间，因此将管理间设计在此空间即可，面积上无特殊要求。竖井间有整幢楼的强电，可以满足管理间的电力要求。建筑物竖井间安装网络机柜示意图如图 3-40 所示。作为学生宿舍楼，暑期最热的时候是没有人居住的，所以管理间可以不考虑加装空调。

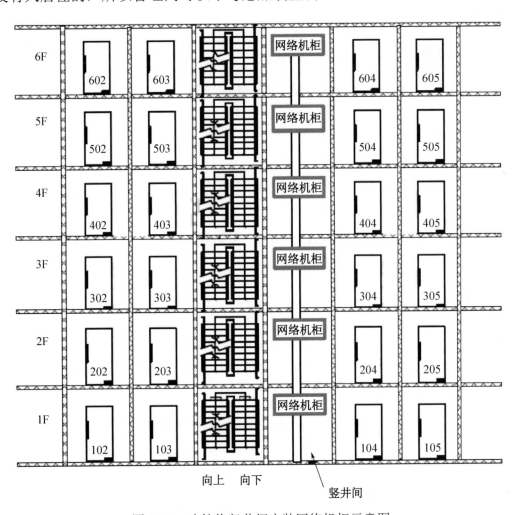

图 3-40 建筑物竖井间安装网络机柜示意图

如果宿舍楼在建筑设计时没有考虑竖井间，那么后期也可以在建筑物楼道以明装的方式安装网络配线柜。网络配线柜的位置可以综合考虑，便于施工与管理即可。网络配线柜设计安装在建筑中间位置，如图3-41所示。

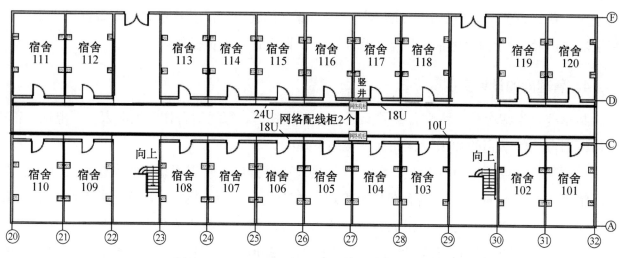

图 3-41 网络配线柜设计安装在建筑中间位置

小试牛刀

1. 设计某学校教工宿舍楼的管理间系统

某学校校园内有一幢青年教师宿舍楼，是一幢六层三个单元的建筑，请你为该宿舍楼设计管理间系统。

2. 计算管理间的配线架数量

（1）某学校综合实训楼的第五层有计算机网络信息点40个，语音点5个，请设计出该楼层管理间需要使用的配线架数量及型号。

（2）已知某幢建筑物的计算机网络信息点数为400个，且全部汇接到设备间，那么在设备间中应安装何种规格的数据配线架？数量多少？

一比高下

1. 各小组选派一名代表向全班同学阐述管理间设计时的注意事项及设计要点。

2. 各小组在组内交流"小试牛刀第1题"的设计方案，选派一名代表向全班同学介绍本组认为最优的设计方案，并阐述理由。

3. 各小组在组内交流"小试牛刀第2题"的配线架数量的计算结果，并说明理由。

 开动脑筋

1. 如果某幢大楼的一个楼层有信息点400个左右，那么需要为该楼层设计几个管理间？

2. 管理间可以两个楼层共用一个吗？

课外阅读

管理间的配线架

在管理间内一般有机柜、交换机或集线器、配线架和跳线等设备。配线架主要有 110 系列配线架和模块化配线架两类。110 系列配线架可用于电话系统和计算机网络系统，模块化配线架主要用于计算机网络系统。一些综合布线厂商也设计了一些较独特的配线架，如 IBDN 的 BIX 管理器件，常用于综合布线工程。

1. 110 系列配线架

综合布线各厂家的 110 系列配线架产品较为相似，有些厂家还根据应用特点的不同细分为不同类型的产品。例如，AVAYA 公司的 SYSTIMAX 综合布线产品将 110 系列配线架分为两大类，即 110A 和 110P。110A 配线架采用夹跳接线连接方式，可以垂直叠放，便于扩展，比较适合线路调整较少、线路管理规模较大的综合布线场合，AVAYA 110A 配线架如图 3-42 所示。110P 配线架采用接插软线连接方式，管理比较简单，但不能垂直叠放，比较适合线路管理规模较小的综合布线场合，AVAYA 110P 配线架如图 3-43 所示。

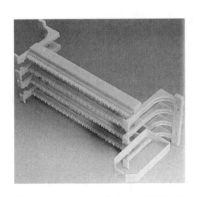

图 3-42　AVAYA 110A 配线架　　　图 3-43　AVAYA 110P 配线架

110A 配线架有 100 对和 300 对两种规格，可以根据系统安装要求使用这两种规格的配线架进行现场组合。110P 配线架有 300 对和 900 对两种规格，AVAYA 110P 配线架的结构如图 3-44 所示。

2. 模块化配线架

模块化配线架主要用于计算机网络系统，它根据传输性能的要求分为 5 类、超 5 类、6 类模块化配线架。配线架前端面板为 RJ-45 接口，可通过 RJ-45-to-RJ-45 接插软线连接到计算机或交换机等网络设备。配线架后端为 BIX 或 110 连接器，可以端接水平线缆或干线线缆。配线架一般宽度为 19 英寸，高度为 1 U～4 U，主要安装于 19 英寸机柜。模块化配线架的规格一般由配线架根据传输性能、前端面板接口数量及配线架高度决定，如AVAYA超5类24口1U模块化配线架和IBDN超5类48口2U模块化配线架。如图3-45所示为AVAYA24口1U模块化配线架。

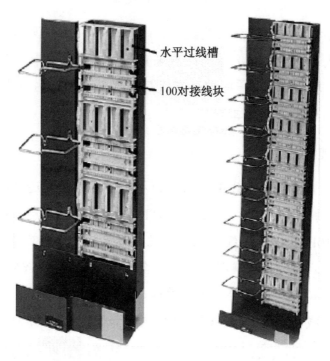

水平过线槽

100对接线块

（a）300对110P配线架　　　　（b）900对110P配线架

图3-44　AVAYA110P配线架的结构

（a）24口模块化配线架前端

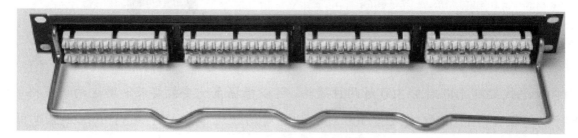

（b）24口模块化配线架后端

图3-45　AVAYA24口1U模块化配线架

3．光纤配线架/箱

光纤配线架适合规模较小的光纤互联场合，又分为机架式光纤配线架和墙装式光纤配线箱两种，如图3-46和图3-47所示。机架式光纤配线架宽度为19英寸，可直接安装于标准的机柜内；墙装式光纤配线箱体积较小，适合安装在楼道内。

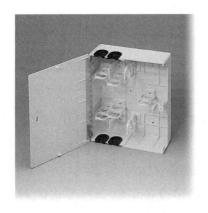

图 3-46 机架式光纤配线架

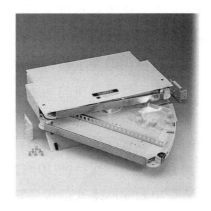

图 3-47 墙装式光纤配线箱

工作任务 7 设计设备间

1. 设备间的设计概述

设备间是指把设备间的线缆、连接器件和相关支撑硬件等各种公用系统设备互联起来，是线路管理的集中点，也是建筑物综合布线系统的线路汇聚中心，而且各房间内信息插座经水平线缆连接，再经干线线缆最终汇聚连接至设备间。设备间还安装了各应用系统相关的管理设备，为建筑物各信息点用户提供各类服务，并管理各类服务的运行状况。

设备间应至少具有以下 3 个功能：提供网络管理的场所、提供设备进线的场所、提供管理人员值班的场所。设备间是综合布线系统的关键部分，它是外界引入和楼内布线的交汇点，位置选择极为重要。

设计设备间时应注意以下要点。

（1）设备间内的所有进线终端设备宜采用色标来区分各类用途的配线区。

（2）设备间的位置及大小应根据设备的数量、规模和最佳网络中心等综合考虑确定。其理想位置应设于建筑物综合布线系统主干线路的中间，一般放置在第一、二层，并尽量靠近通信线路引入房屋建筑的位置，便于屋内外各种通信设备、网络端口及装置的连接。通信线路的引入端和设备及网络端口的间距一般不超过 15 m。设备间内应有足够大的空间来安装所有的设备，并有足够的施工和维护空间。

（3）设备间的布置应遵循"强弱电分排布放、系统设备各自集中、同类型机架集中"的原则。

2. 设备间的设计要点

设备间的设计主要考虑设备间的位置及设备间的环境，具体设计要点如下。

（1）设备间宜处于干线子系统的中间位置，并应考虑主干线缆的传输距离、敷设路由机数量。

（2）设备间宜靠近建筑物布放主干线缆的竖井位置。

（3）设备间宜设置在建筑物的首层或楼上层。当地下室为多层时，也可设置在地下一层。

（4）设备间应远离供电变压器、发动机和发电机、X 射线设备、无线射频或雷达发射机等设备，以及有电磁干扰源存在的场所。

（5）设备间应远离粉尘、油烟、有害气体，以及存有腐蚀性、易燃、易爆物品的场所。

（6）设备间不应设置在厕所、浴室或其他潮湿、易积水区域的正下方或毗邻场所。

（7）设备间室内温度应保持在 10～35℃，相对湿度应保持在 20%～80%，并有良好的通风。当室内安装有电源的网络通信设备时，应采取满足设备可靠运行要求的对应措施。

（8）设备间内梁下净高应不小于 2.5 m。

（9）设备间应采用外开双扇防火门，房门净高应不小于 2.0 m，净宽应不小于 1.5 m。

（10）设备间的水泥地面应高出本层地面，且不小于 100 mm，或设置防水门槛。

（11）室内地面应具有防潮措施。

（12）设备间应设置不少于 2 个单相交流 220V/10A 电源插座盒，每个电源插座盒的配电线路均应装设保护器。设备供电电源应另行配置。

3．设备间的设计内容

设备间的设计内容如下。

（1）设备间的位置及大小。

设备间的位置及大小应根据建筑物的结构、综合布线规模、管理方式及应用系统设备的数量等方面进行综合考虑，择优选取。

确定设备间的位置可以参考以下设计规范。

① 应尽量设置在干线子系统的中间位置，并尽可能靠近建筑物线缆引入区和网络端口，以方便干线线缆的进出。在高层建筑内，设备间也可以设置在第一、二层。

② 应尽量避免设置在建筑物的高层或地下室及用水设备的下层。

③ 应尽量远离强振动源和强噪声源。

④ 应尽量避开强电磁场的干扰。

⑤ 应尽量远离有害气体源及易腐蚀、易燃、易爆物。

⑥ 应便于接地装置的安装。

（2）设备间的使用面积。

设备间的使用面积不仅要考虑所有设备的安装面积，还要考虑预留工作人员管理操作设备的空间，设备间的使用面积不能小于 10 m²。

设备间的使用面积可按照下述两种方法之一确定。

方法一：已知 S_b 为设备所占面积（m²），S 为设备间的使用总面积（m²），那么

$$S=（5～7）\Sigma S_b$$

方法二：当设备尚未选型时，设备间使用总面积 S 为

$$S=KA$$

其中，K 为系数；A 为设备间的所有设备的总数，每台（架）的取值为 $4.5\sim5.5\text{m}^2$。

（3）设备间的洁净度。

设备间内的电子设备对尘埃有着严格的要求，尘埃颗粒的浓度过高会影响设备的正常工作，且降低设备的工作寿命。

设备间尘埃指标的要求见表 3-9。

表 3-9　设备间尘埃指标的要求

尘埃颗粒的最大直径（μm）	0.5	1	3	5
灰尘颗粒的最大浓度（粒子数/m³）	1.4×10^7	7×10^5	2.4×10^5	1.3×10^5

降低设备间尘埃颗粒的浓度需要定期清扫灰尘，工作人员进入设备间时应更换干净的鞋具。

此外，设备间的环境对安全性、内部装饰等项目有明确的要求，在设计时可以根据用户的需要加以考虑。

4．设备间内的线缆敷设方式

设备间内的线缆敷设方式主要有机架走线架方式和活动地板方式两种，设计时应根据设备间的设备布置和线缆走向的具体情况，分别选用不同的敷设方式。

（1）机架走线架方式。

机架走线架方式是在设备（机架）上沿墙安装走线架（或槽道）的敷设方式，如图 3-48 所示。走线架或槽道的尺寸根据线缆的需要设计，它不受建筑的设计和施工限制，可以在建成后安装，便于施工和维护，也有利于扩建。这种方式在层高较低的建筑中不宜选用。

图 3-48　机架走线架方式

（2）活动地板方式。

活动地板方式是线缆在活动地板下的空间敷设，由于地板下空间大，因此线缆容量和条

数多，路由自由短捷，也节省线缆费用，线缆敷设和拆除均简单方便，能适应线路增减变化，有较高的灵活性，便于维护管理。但这种方式造价较高，会减少房屋的净高，对地板表面材料也有一定要求，如耐冲击性、耐火性、抗静电、稳固性等。

此外，设备间还可以采用地板或墙壁内沟槽方式和预埋管路方式进行布线，但由于施工与后期的维护不方便，现使用得较少。

5．设备间的设计实例

某学校的网络中心设置在信息技术大楼的第三层，面积为 60 m^2，网络中心工作与管理人员有 4 名，请根据情况给出网络中心的施工方案。

通常情况下，在设计网络中心设备间与管理中心的布局时，一定要分开考虑安装设备区域和管理人员办公区域，这样不仅便于管理人员的办公还便于设备的维护。走线方式可以考虑机架走线架方式，环境可以考虑布放防静电地板，安装空气调节设备时要保证其空气的洁净度、温度与湿度。设备区域与办公区域使用玻璃隔断分开，为了防止噪声影响正常办公，玻璃隔断可以一直封装到房屋的顶部，布局图如图 3-49 所示，效果图如图 3-50 所示。

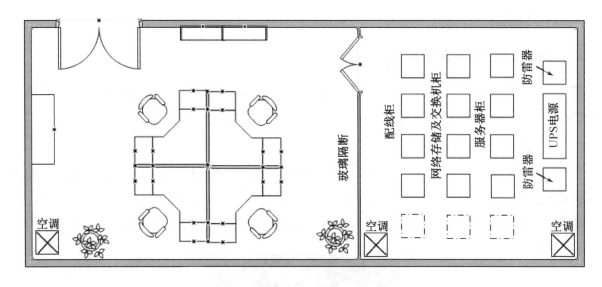

图 3-49　布局图

图 3-50　效果图

小试牛刀

1. 设备间方案设计

×××学校的综合布线工程主要是让该学校原有办公楼、教学楼和实验楼的综合布线能够实现数据的联网共享。办公楼共四层，计算机网络中心机房设置在办公楼二楼的网络控制中心，这是按照办公用途来设计的综合结构化布线。计算机网络服务器和交换机、主配线架均设置在办公楼二楼的计算机网络中心机房；教学楼共三层，每层楼的配线架布置在该层楼中间的杂物间内；图书馆共三层；实验楼共六层，配线架布置在办公室内。建筑群子系统线缆采用多模光纤，用于连接各个建筑，光纤布线采用架空敷设。

请根据上述综合布线工程的情况设计该学校网络布线方案中设备间的方案。

2. 设计设备间的布局图

一幢大楼共有 258 个信息点，设备间面积为 20 m²（4 m×5 m），请问设备间需要配置的设备有哪些？该设备间有管理人员 1 人，请使用 Visio Professional 2019 设计该设备间的布局图。

3. 读图

某幢楼网络布线示意图如图 3-51 所示，请你在图中标注出设备间、工作区及外网接入口的位置，并简要说明理由。

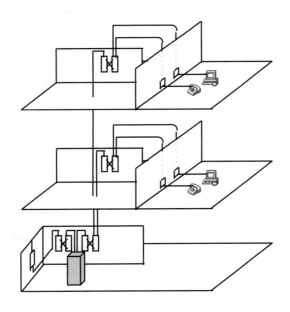

图 3-51 某幢楼网络布线示意图

一比高下

1. 各小组选派一名代表向全班同学阐述设备间设计时的注意事项及设计要点。

2. 各小组在组内交流"小试牛刀第 1 题"的设备间方案设计，选派一名代表向全班同学介绍本组认为最优的设计方案，并阐述理由。

3. 各小组在组内交流自己对图 3-51 的理解，并说明理由。

 开动脑筋

1. 设备间通常需要多大面积比较合适？

2. 在一个校园网中，每幢楼都需要设计设备间吗？

3. 设备间在设计时需要考虑防火与防盗吗？

4. 如果单位用房紧张，那么可以将网络管理人员的办公室与设备间设置在一起吗？

 课外阅读

设备间的安全要求及防火要求

1. 设备间的安全要求

设备间的安全要求分为 A、B、C 3 个类别，设备间的安全要求的具体规定见表 3-10。

表 3-10　设备间的安全要求的具体规定

安 全 项 目	A 类	B 类	C 类
场地选择	有要求或增加要求	有要求或增加要求	无要求
防火	有要求或增加要求	有要求或增加要求	有要求或增加要求
内部装修	要求	有要求或增加要求	无要求
供配电系统	要求	有要求或增加要求	有要求或增加要求
空调系统	要求	有要求或增加要求	有要求或增加要求
火灾报警及消防设施	要求	有要求或增加要求	有要求或增加要求
防水	要求	有要求或增加要求	无要求
防静电	要求	有要求或增加要求	无要求
防雷击	要求	有要求或增加要求	无要求
防鼠害	要求	有要求或增加要求	无要求
防电磁干扰	有要求或增加要求	有要求或增加要求	无要求

A 类：对设备间的安全有严格的要求，设备间要有完善的安全措施。

B 类：对设备间的安全有较严格的要求，设备间要有较完善的安全措施。

C 类：对设备间的安全有基本的要求，设备间要有基本的安全措施。

根据设备间的安全要求，设备间的安全可按某一类别执行，也可按某些类别综合执行。

综合执行是指一个设备间的某些安全项目可按不同的安全类别执行。例如，某设备间按照安全要求可选防电磁干扰 A 类，火灾报警及消防设施 B 类。

2. 设备间火灾报警及消防设施

在安全要求为 A 类、B 类的设备间内应设置火灾报警装置。在机房内、基本工作房间内、活动地板下、吊顶上方及易燃物附近都应设置烟感和温感探测器。

A 类设备间内应设置二氧化碳（CO_2）自动灭火系统，并备有手提式二氧化碳（CO_2）灭火器。

在条件许可的情况下，B 类设备间内应设置二氧化碳（CO_2）自动灭火系统，并备有手提式二氧化碳（CO_2）灭火器。

C 类设备间内应备有手提式二氧化碳（CO_2）灭火器。

A 类、B 类、C 类设备间除了禁止纸介质等易燃物质，还要禁止使用水、干粉或泡沫等易产生二次破坏的灭火器。

为了在发生火灾或意外事故时方便设备间工作人员迅速向外疏散，对于规模较大的建筑物，在设备间或机房应设置直通室外的安全出口。

工作任务8 设计进线间与建筑群子系统

1. 进线间的设计概述

进线间是建筑物之间、建筑物配线系统与电信运营商和其他信息业务服务商的配线网络互联互通及交接的场所，也是建筑物外部通信和信息管线的入口部位，并可作为入口设施和建设群配线设备的安装场地。进线间一般通过地埋管线进入建筑物内部，宜在土建阶段实施。

建筑群主干电缆、光缆、公用网和专用网电缆、光缆及天线馈线等室外线缆进入建筑物时，应将进线间成端转换成室内电缆、光缆，并在线缆的终端处由多家电信业务经营者设置入口设施，入口设施中的配线设备应按照引入的电缆、光缆容量配置，并应留有 2～4 孔的余量。

2. 进线间的设计内容

进线间主要作为室外电缆、光缆引入楼内的成端与分支及光缆的盘长存放空间位置。当室外电缆、光缆至大楼、至用户、至桌面的应用及容量日益增多时，进线间就显得尤为重要。

（1）进线间的位置。

一般一幢建筑物宜设置一个进线间，通常是给多家电信运营商和业务提供商共同使用的，进线间通常设置在便于与外界连通的地方或靠近设备间的地方。外线宜从两个不同的路由引入进线间，有利于与外部管道连通。

（2）进线间面积的确定。

进线间涉及的因素较多，因此难以统一提出具体所需面积，可根据建筑物的实际情况，并参照通信行业和国家现行标准的要求进行设计。

进线间应满足线缆的敷设路由、成端位置及数量，光缆的盘长空间和线缆的弯曲半径、维护设备、配线设备安装所需要的场地空间和面积。

进线间的大小应按照进线间的进线管道最终容量及入口设施的最终容量设计，同时应考虑满足多家电信业务经营者安装入口设施等设备的面积。

（3）入口管孔的数量。

进线间应设置管道入口，在进线间线缆入口处的管孔数量应留有充分的余量，以满足建筑物之间、建筑物弱电系统、外部接入业务及多家电信业务经营者和其他业务服务商对线缆接入的需求，建议留有 2～4 孔的余量。进线间入口管道口所有布放线缆和空闲的管孔应采用防火材料封堵，做好防水处理。

（4）进线间设计的相关规定。

进线间宜靠近外墙和在地下设置，以便于线缆引入。

进线间的设计应符合以下规定。

① 进线间应防止渗水，宜设有抽排水装置。

② 进线间应与布线系统垂直竖井连通。

③ 进线间应采用相应防火级别的防火门，门向外开，宽度不小于 1 000 mm。

④ 进线间应设置防有害气体的措施和通风装置，排风量按每小时不小于 5 次容积计算。

⑤ 进线间在安装配线设备和信息通信设施时，应符合设备安装设计的要求。

⑥ 与进线间无关的管道不宜通过。

3．建筑群子系统的设计概述

建筑群子系统也称楼宇子系统，主要实现楼与楼之间的通信连接，一般采用光缆并配置相应设备，它支持楼宇之间通信所需的硬件，包括线缆、端接设备和电气保护装置等。设计时应考虑布线系统周围的环境，确定楼间传输介质和路由，并使线路长度符合相关网络标准规定。

在建筑群子系统中，室外线缆的敷设方式一般有地下管道、直埋、架空 3 种，具体情况应根据现场的环境来决定。建筑群子系统线缆敷设方式的比较见表 3-11。

表 3-11　建筑群子系统线缆敷设方式的比较

方　　式	优　　点	缺　　点
地下管道	提供比较好的保护；敷设容易；扩充、更换方便；美观	初期投资高
直埋	有一定的保护；初期投资低；美观	扩充、更换不方便
架空	成本低、施工快	安全可靠性低；不美观；除非有安装条件和路径，一般不采用

4．建筑群子系统的设计内容

建筑群子系统的设计内容主要有以下几个方面：确定建筑群线缆的路由和布设方案，确定线缆的类型和规格，确定所需要的材料。

（1）布线线缆的选择。

建筑群子系统敷设的线缆类型及数量由综合布线连接应用系统的种类及规模来决定。一般来说，建筑群数据网基本采用光缆作为布线线缆，电话系统常采用3类大对数双绞线作为布线线缆，有线电视系统常采用同轴线缆或光缆作为布线线缆。

① 光缆。

光缆是由一捆光导纤维组成的，它的外表覆盖了一层保护皮层，纤芯外围还覆盖了一层抗拉线，可以适应室外布线的要求。在系统集成中，经常使用 62.5/125 μm（62.5 μm 是光纤纤芯的直径，125 μm 是纤芯包层的直径）规格的多模光纤，有时也使用 50/125 μm 和 100/140 μm 规格的多模光纤。户外布线大于 2 km 时可选用单模光纤。

光缆根据应用场合的不同，可以分为室内光缆和室外光缆。室内光缆的保护层较薄，主要用于设备间连接或光纤到桌面的布线系统。室外光缆采取了独特的缆芯设计，有带状的和束管式的，综合布线常采用束管式的光缆。室外光缆在保护层内填满相应的复合物，护套采用高密度的聚乙烯，光缆内有增强的钢丝或玻璃纤维，可以提供额外的保护，避免对它造成损害。

② 大对数双绞线。

大对数双绞线是由多个线对组合而成的电缆，为了适用于室外传输，电缆还覆盖了一层较厚的外层皮。3类大对数双绞线根据线对数量分为25对、50对、100对、250对和300对等规格，如图3-52所示，要根据电话系统的规模来选择3类大对数双绞线相应的规格及数量。5类大对数双绞线主要有25对、50对和100对等规格，如图3-53所示。超5类大对数双绞线主要有25对、50对和100对等规格。大对数双绞线也分为室内电缆和室外电缆两种类型，室外电缆主要增加了防水和防紫外线的设计。

图 3-52 3类大对数双绞线

图 3-53 5类大对数双绞线

（2）路由的选择。

路由的选择，主要是对网络中心位置的选择，网络中心应尽量位于各建筑物的中心位置或建筑物最集中的位置。在设计路由时，应尽量避免与原有的管道交叉；与原有管道平行时，应保持不小于 1 m 的距离，避免开挖与维护时相互影响。

（3）敷设方式的选择。

如果建筑群之间原有电信沟，可以直接将线缆敷设其中，也可以埋设 7 孔梅花管，将线缆敷设其中。建筑群子系统的线缆敷设方式有三种：架空布线法、直埋布线法和地下管道布线法。

① 架空布线法。

架空布线法通常应用于有现成电杆、对线缆的走线方式无特殊要求的场合。这种布线方式造价较低，但影响环境美观且安全性和灵活性不足。架空布线法要求用电杆将线缆在建筑物之间悬空架设，一般先架设钢丝绳，然后在钢丝绳上挂放线缆。

架空线缆通常穿入建筑物外墙上的 U 形钢保护套，然后向下（或向上）延伸，从线缆孔进入建筑物内部，架空布线法如图 3-54 所示。线缆入口的孔径一般为 5 cm，建筑物到最近处的电线杆的距离应小于 30 m。通信线缆与电力线缆之间的间距应遵守当地城管等部门的有关法规。

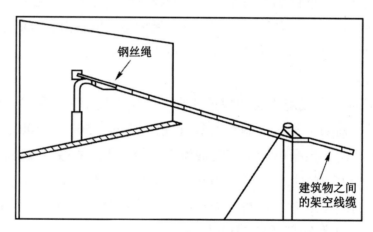

图 3-54　架空布线法

② 直埋布线法。

直埋布线法根据选定的布线路由在地面上挖沟，然后将线缆直接埋在沟内。直埋布线的线缆除了穿过基础墙那部分的线缆有管保护，线缆的其余部分直埋于地下，也没有保护，如图 3-55 所示。直埋线缆通常应埋在距地面 0.6 m 以下的地方，或按照当地城管等部门的有关法规进行施工。如果在同一沟内埋入了通信线缆和电力线缆，应设立明显的共用标志。

但是直埋布线法的路由选择会受到土质、公用设施、天然障碍物（如树木、石头）等因素的影响。直埋布线法具有较好的经济性和安全性，总体优于架空布线法，但更换和维护线缆不方便且成本较高。

③ 地下管道布线法。

地下管道布线法是一种由管道和入孔组成的地下系统，它把建筑群的各个建筑物进行互连，地下管道布线法如图 3-56 所示。地下管道对线缆起到很好的保护作用，因此线缆受损坏的概率减少，而且不会影响建筑物的外观及内部结构。

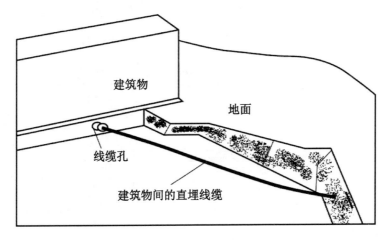

图 3-55　直埋布线法

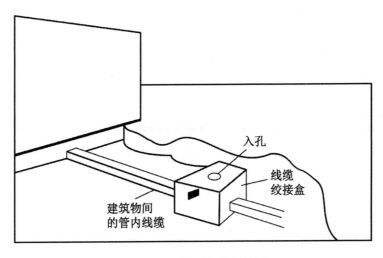

图 3-56　地下管道布线法

管道埋设的深度一般在 0.8～1.2 m，或符合当地城管等部门的有关法规规定的深度。为了方便日后的布线，管道安装时应预埋 1 根拉线，以供后期的布线使用。为了方便线缆的管理，地下管道应间隔 50～180 m 设立一个接合井，以方便施工人员维护。

小试牛刀

设计建筑群子系统

某学校的校园平面布局示意图如图3-57所示,将学校的互联网外接口设置在办公楼 A 中,因为学校需要建设校园网络布线系统,主干网络传输速率为 1 000 Mbit/s,各建筑物均需要接入互联网,校园内部可以进行土建施工。请你为该学校设计校园网络布线系统中的建筑群子系统,各楼宇间的距离自行设定。

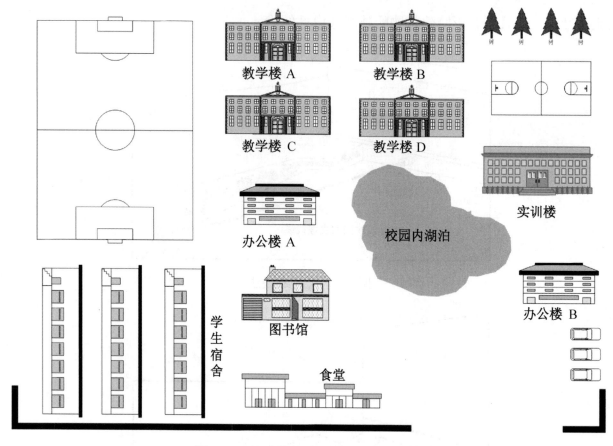

图 3-57　某学校的校园平面布局示意图

一比高下

各小组同学交换各自完成的"小试牛刀"设计方案，检查对方的设计情况并为其打分，评分要点如下。

（1）是否考虑到学校环境的美化要求。

（2）线缆路由选择是否合理。

（3）线缆选择是否正确。

（4）方案是否简便易行，方便施工，节省工时、材料。

每个小组根据小组成员的设计情况汇总成一个比较完善的方案在班级里交流。

开动脑筋

1．对于一般的校园网络或企业网络，建筑群子系统中通常使用什么线缆？

2．架空布线法是一种比较方便的布线方式，架空布线法中钢丝绳起什么作用？

3．地下管道布线法中预留的拉线在布线时起什么作用？

4．大对数双绞线在网络中是与什么相连的？

课外阅读

综合布线系统的标准

综合布线系统的标准常见的有三个。

一个是《商业建筑通信布线标准》，由美国电子工业协会（EIA）和电信工业协会（TIA）制定，并得到 ANSI 的认可，它是北美采用的标准，目前有 3 个版本：EIA/TIA-568，1991 年制定，已被 TIA/EIA-568-B 替代；TIA/EIA-568-A，1995 年通过（注意 EIA 与 TIA 的顺序颠倒了，表示由 EIA/TIA-568 修订而来，由于这些标准对 LAN 至关重要，因此一旦被修订，就颠倒组织名字）；TIA/EIA-568-B，2000 年通过，用于替代 TIA/EIA-568-A。

目前国内厂家和系统集成商主要使用 TIA/EIA-568-B 标准，TIA/EIA-568-B 标准主要包含以下几个部分。

（1）TIA/EIA-568-B.1 第 1 部分：一般要求。

（2）TIA/EIA-568-B.2 第 2 部分：100 Ω平衡双绞线布线标准。

（3）TIA/EIA-568-B.3 第 3 部分：光缆布线标准。

（4）TIA/EIA-568-B 附件 A 至附件 F。

作为双绞线布线的测试标准，尽管 TSB-67 已经被包含在 TIA/EIA-568-B 中，并进行了改进，它也经常被单独提到。

此外，EIA/TIA 相关标准在综合布线系统的设计施工中具有的参考价值见表 3-12。

表 3-12　EIA/TIA 相关标准在综合布线系统的设计施工中具有的参考价值

标准代号	标准名称
EIA/TIA-569-A	《商业建筑电信通路和空间标准》
EIA/TIA-570-A	《住宅通信线缆布线标准》
TIA/EIA-606	《商业建筑电信设施管理标准》
TIA/EIA-607	《商业建筑电信接地和连接要求》
TIA/EIA-758	《用户自有的外部设施通信线缆敷设标准》

除上述由 TIA/EIA 制定的标准，另一个常见的综合布线系统的标准是国际标准化组织和国际电工委员会制定的 ISO/IEC 11801（信息技术——用于用户建筑物的综合布线标准），也是于 1995 年通过的，欧盟国家采用该标准。实际上这两个标准大部分是一致的。

另外，我国也于 2000 年制定并公布实施了与综合布线系统相关的国家标准，主要是参照 EIA/ TIA-568-B 标准制定的。国家相关标准见表 3-13。计算机网络标准见表 3-14。

表 3-13　国家相关标准

标 准 代 号	标 准 名 称
GBT/T 50311—2007	《建筑与建筑群综合布线工程系统设计规范》
GBT/T 50312—2007	《建筑与建筑群综合布线系统工程施工与验收规范》
GBT/T 50314—2007	《智能建筑设计标准》

表 3-14　计算机网络标准

标 准 代 号	标 准 名 称
IEE802.3	《总线局域网络标准》
IEE802.5	《环形局域网络标准》
FDDI	光纤分布数据接口
CDDI	铜线分布数据接口
ATM	异步传输模式

不论哪个标准，都对以下几个方面制定了相应的规范。

（1）定义了认可的传输介质。

（2）定义了布线系统的拓扑结构。

（3）规定了各子系统的布线距离。

（4）定义了布线系统与用户设备的接口。

（5）定义了线缆和连接硬件性能。

（6）规定了安装实践所需的注意事项。

（7）定义了链路性能。

（8）电信布线系统要求有超过十年的使用寿命。

项目小结

本项目通过 8 个工作任务介绍了综合布线系统的组成及综合布线系统中各个子系统的设计方法与基本要求。在最新的国家标准中，综合布线系统是由 7 个子系统组成的，分别是工作区、配线子系统、干线子系统、管理间、设备间、进线间及建筑群子系统。各个子系统都有各自的特点，所以在综合布线系统设计时要根据各个子系统的特点进行设计，这样才能满足用户的要求。

思考与练习

1．工作区的划分原则是什么？

2．工作区的设计要点有哪些？

3．配线子系统的设计要点有哪些？

4．什么是干线子系统？

5．综合布线系统图表示了哪些含义？

6．管理间中的主要设备有哪些？

7．管理间通常设置在楼层的什么位置？

8．设备间的设计要点有哪些？

9．进线间设计的主要内容是什么？

10．建筑群子系统主要使用什么线缆？

项目 4　综合布线系统的施工

项目描述

　　某信息工程技术学校的所有建筑已经封顶，后期的弱电系统集成项目需要与之同步。因为涉及综合布线的所有系统，所以综合布线系统施工的工程量会比较大，其中工程量最大的是配线子系统，施工最困难的是建筑群子系统，施工最烦琐的是工作区。系统集成公司需要与学校的承建方有很好的合作，这样才能保证工程质量。

项目分析

　　作为一所新建的学校，弱电系统的施工可以和建筑工程同步进行，也可以和装修工作同步进行，这样整体布线工程才能保证美观、耐用。而综合布线系统的施工是将分散的设备、材料按照系统的设计要求和工艺要求安装起来，组成一个完整的信息传输系统，并经过测试和调试确保它们能满足用户的使用要求。一个成功的网络系统除了要采用优质的硬件、良好的设计，安装施工也是非常重要的因素，特别是安装的工艺，必须格外重视。网络系统的安装人员应具备良好的工艺素质和质量意识。综合布线系统的施工涉及桥架的安装、线管线槽的布放、线缆的布放与端接等项目。

项目分解

　　工作任务 1　施工前的准备工作
　　工作任务 2　敷设桥架与管槽
　　工作任务 3　敷设双绞线
　　工作任务 4　端接双绞线
　　工作任务 5　端接光缆系统

工作任务 1　施工前的准备工作

1. 对施工人员进行安全施工教育

网络布线施工涉及建筑知识和电动工具的使用，以及在危险环境中的操作等内容，安全问题必须格外重视。施工前一定要制定施工安全措施，做好安全措施检查，并填写安全措施检查记录，在施工中一定要注意安全防护，特别注意以下几点。

（1）穿着合适的工装。

穿着合适的工装可以保证工作中的安全。一般情况下，工装裤、衬衫和夹克即可满足需求。在某些操作中，除了这些服装，还需要以下装备。

① 防护眼镜。

操作中要始终佩戴防护眼镜，因为在诸如对铜缆进行端接或接续时，铜线有可能突然弹出来，从而伤及眼睛。在端接或接续光纤时，也必须佩戴防护眼镜。

② 安全帽。

在有危险的地方要始终佩戴安全帽。例如，在生产车间，若站在梯子高处工作，则位于你头顶上方工作的人就可能给你带来危险。

③ 手套。

安装操作时，手套可以保护施工人员的手。例如，在楼内拉缆或擦拭带螺纹的线杆时都可能会碰到金属刺，这时手套会起到保护作用，同时手套可以防止手掌上的汗渍对金属表面的腐蚀。

④ 防钉鞋。

网络布线的施工现场通常是比较复杂的，布线环境也是比较艰苦的，地面上可能会有施工遗留的各种各样锋利的锐器，普通的鞋对这些锐器不具有防护作用，进入施工现场，施工人员需要穿专用的防钉鞋。

（2）工作场所不得吸烟。

在工作场所吸烟是导致火灾的重要原因，因为施工现场存在许多易燃物品和器材。

（3）严防触电事故发生。

（4）确保在工作区域每个人的安全。

一旦工程范围确定，在布线区域要设置安全带和安全标记。

（5）在较高的地方作业时要系好安全带、安全绳。

2．熟悉施工环境

网络布线的施工环境通常情况下是比较复杂的，不同的网络布线项目之间，其施工环境有一定的共性，但更多的是不同之处。针对不同的网络布线施工，施工人员必须对施工环境有一定的了解，了解施工的房屋建筑物内部各个部位的具体情况、了解不同建筑之间线缆的布设路径、了解建筑物的基本建设情况等，以便解决在施工中铺设线缆和安装设备的具体技术问题。施工人员不仅应了解具体的内容，如地面、墙面、门的大小和位置，电源插座及接地装置，机房大小，预留孔洞大小及位置，施工电源、地板铺设情况等，还应了解消防器材的位置、危险物的堆放等方面的情况。

3．技术准备

图纸是工程语言、施工的依据，施工人员在网络布线时必须做到按图施工。开工前，施工人员应熟悉施工图纸，了解设计内容及设计意图，明确工程所采用的设备和材料，明确施工图提出的施工要求，明确综合布线工程和主体工程及其他安装工程的交叉配合，以便及早采取措施，确保在施工过程中不破坏建筑物的强度，不破坏建筑物的外观，不与其他工程发生位置冲突。

熟悉和工程有关的其他技术资料，如施工和验收规范、技术规程、质量检验评定标准及设备制造厂商提供的资料，如安装说明书、试验记录数据等。

在全面熟悉施工图纸的基础上，依据图纸并根据施工现场情况、技术力量及技术装备情况，综合做出合理的施工方案。

4．备料并制定施工进度表

系统集成的施工过程需要许多施工材料，这些材料有的必须在开工前备好，有的可以在开工过程中准备。

需准备的施工材料如下。

（1）钢管、管接头、膨胀螺栓、桥架、桥架弯头、吊筋等材料，不同规格的塑料槽板、PVC 防火管、蛇皮管、自攻螺钉等布线用料就位。

（2）线缆、插座、信息模块、服务器、稳压电源、网络设备等落实购货厂商，并确定提货日期。线缆、光纤、配线架、模块、面板等材料可以在管路敷设进行到 2/3 时再进场。

（3）制定施工进度计划表。施工进度计划表样表如图 4-1 所示（要留有适当的余地，施工过程中意想不到的事情随时可能发生，并要求立即协调）。

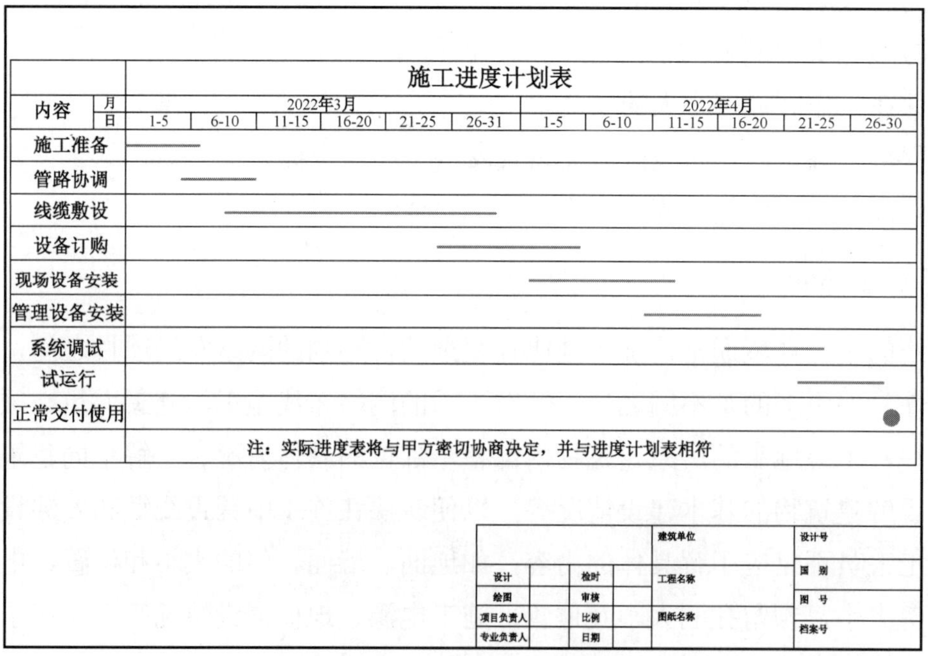

图 4-1　施工进度计划表样表

5．准备施工工具

网络布线的现场施工分为线缆布放、线缆剪裁、线缆终端加工等，在工程建设的每个环节中均应使用适当的工具，以保证施工质量，从而确保网络运行的效果。

6．向工程建设单位提交开工报告

向工程建设单位提交开工报告，开工报告的格式如下。

开工报告

项目名称		施工地点	
建设单位		施工单位	
施工负责人		手机号码	
计划开工日期		计划竣工日期	

_____公司：

　我方承担的贵单位_____弱电系统集成工程，设备、材料、施工队伍均已到位，图纸等设计资料和现场情况均已熟悉，现拟进入现场准备施工，特致函贵单位，希望贵单位能派专人协助管理施工，使工程能早日顺利完工。

　施工人员、材料、施工器具已经按时到位，施工现场具备施工条件。
　申请本工程于_____年_____月_____日正式开工，特此报告。

施工单位：（盖章）

项目经理：

日　　期：

　建设单位意见：
　经审核，我方认为你方已经完成了_____弱电系统集成项目工程实施前的准备工作，满足了开工条件，同意你方于_____年____月____日起开始实施_____的项目建设。

建设单位：（盖章）

负　责　人：

日　　期：

7．施工过程中的注意事项

（1）在现场施工，项目经理要认真负责，及时处理施工进程中出现的各种情况，协调处理各方意见。

（2）如果现场施工中遇到不可预见的问题，就应及时向工程单位汇报，并提出解决办法，供工程单位当场研究解决，以免影响工程进度。

（3）针对工程单位计划不周的问题，要及时妥善解决。

（4）对工程单位新增加的施工要及时在施工图中反映出来，并填写工程增项申请表，请工程建设方相关人员签字确认。如果是以货物形式招标的，那么将不能对项目进行增补，若有变动，则只能请甲方将变动融入另外的标段进行招标。工程增项申请表的格式如下。

工程增项申请表　　　　　　　　编号：

致_____（工程建设方） 由我方承建的_____工程，应你方要求需要增加工程项目，特此需要申请增加： 工程量_____人工费（金额）_____ 总计：工程款（金额）_____包括（机械费、材料费、人工费）
所增加工程项目_____ 增项内容：
工程量：
需要完成时间： 施工开始_____年____月____日至施工结束_____年____月____日

建设单位审批意见： 负责人： 年　月　日	施工单位申请人： 项目经理： 年　月　日

（5）对部分场地或工段要及时进行阶段检查验收，从而确保工程质量。

（6）制定工程进度表。在制定工程进度表时，要留有余地，还要考虑其他工程施工可能对本工程带来的影响，避免出现不能按时完工、交工的问题。

小试牛刀

（1）请仔细阅读图 4-2，并说明此图中的线缆是如何布放的？

（2）网络布线工具种类非常多，请每位同学根据自己对网络布线施工的理解，收集各种施工工具的情况，并简要说明收集到工具的使用方法与应用场合。

一比高下

1. 分小组识读施工布线图和教室布线设计图，如图 4-2 和图 4-3 所示，每个小组选派一名代表，谈一谈对这两个图的理解。

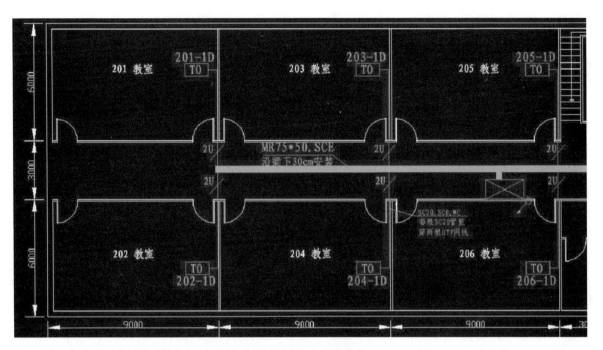

图 4-2　施工布线图

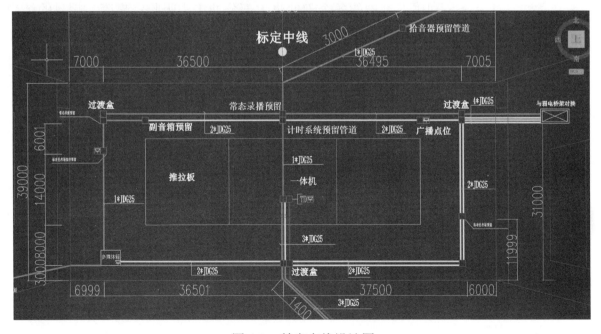

图 4-3　教室布线设计图

2. 每个小组选派一名代表谈一谈对安全施工的认识。

开动脑筋

1. 为什么说在网络布线施工中安全是最重要的？
2. 有人说网络布线是没有技术含量的活，你是怎样认为的呢？
3. 系统集成项目中监理公司的作用是什么？
4. 为什么在编制施工进度计划表时需要留有一定的余量？

课外阅读

网络布线施工安全防护用品

1. 安全帽

对人体头部受坠落物及其他特定因素引起的伤害起防护作用的帽子称为安全帽，如图4-4所示。安全帽由帽壳、帽衬、下颏带及其他附件组成。帽壳由壳体、帽舌、帽檐、顶筋等组成；帽衬是帽壳内部部件的总称，由帽箍、吸汗带、衬带及缓冲装置等组成；下颏带是系在下巴上、起固定作用的带子，由系带和锁紧卡组成。

安全帽的防护作用在于，当作业人员头部受到坠落物的冲击时，安全帽帽壳、帽衬瞬间将冲击力分解到头盖骨的整个面积上，然后利用安全帽的各个部件将大部分冲击力吸收：帽壳、帽衬的结构、材料和所设置的缓冲结构（插口、拴绳、缝线、缓冲垫等）的弹性变形、塑性变形和允许的结构破坏，将大部分冲击力吸收，使最后作用到人员头部的冲击力降低到4 900 N 以下，从而起到保护作业人员的头部不受到伤害或降低伤害的作用。

图4-4 安全帽

2. 防钉鞋

防钉鞋是一种劳保鞋，通常将鞋底用聚氨酯经流水线发泡后连鞋帮一次注射成型，成型后侧面再线缝加固。防钉鞋如图 4-5 所示。防钉鞋鞋底包含一层防钉层，该防钉层由金属片串接而成，可有效地防止铁钉等利物扎脚，具有防针扎、绝缘、防静电、耐酸碱的功能。

图4-5 防钉鞋

工作任务 2　敷设桥架与管槽

网络布线工程中所有的线缆全部布放在桥架、线管或线槽中，工程施工时，需要将桥架、线管或线槽布放到位，然后再布放线缆。

1. 桥架施工

（1）桥架的类型及安装方式。

桥架在综合布线系统中通常用于配线子系统和干线子系统。桥架的主要类型有槽式桥架、网格式桥架、梯式桥架和托盘式桥架，如图 4-6 所示。

（a）槽式桥架　　　　　　　　　　　　（b）网格式桥架

（c）梯式桥架　　　　　　　　　　　　（d）托盘式桥架

图 4-6　桥架的主要类型

槽式桥架是一种全封闭型桥架，它适用于敷设计算机线缆、通信线缆、热电偶线缆及其他高灵敏系统的控制线缆等。槽式桥架在控制线缆的屏蔽干扰和重腐蚀环境中对线缆的防护有较好的效果。

梯式桥架具有重量轻、成本低、安装方便、易散热、通风性好等优点。它一般适用于直径较大的线缆的敷设，特别是适用于高、低压动力线缆的敷设。

托盘式桥架是石油、化工、轻工、电视、电信等方面应用较广泛的一种。它具有重量轻、载荷大、造型美观、结构简单、安装方便等优点。它既适用于动力线缆的安装，又适用于控制线缆的敷设。

网格式桥架是一种开放结构型桥架，它不仅能让线缆最大幅度地通风散热、节约能耗、优化线缆性能，还能防止水、灰尘、碎屑的聚积，更加洁净，降低发生火灾或其他安全危害的风险。网格式桥架比传统桥架轻 30%～60%，适合在各种环境下应用。

此外，还有大跨距桥架，桥架的跨度很大，主要适用于室内外大跨度的场所。它具有载荷大、跨度大，强度高、结构轻便、施工简便的特点。

桥架的安装方式主要有以下几种：沿天花板或管道支架安装，如图 4-7 所示；沿墙水平托装或垂直固定，如图 4-8 所示；沿竖井或地面安装，如图 4-9 所示。

图 4-7　沿天花板或管道支架安装

图 4-8　沿墙水平托装或垂直固定

图 4-9　沿竖井或地面安装

（2）桥架的施工方法。

桥架安装的施工顺序为测量定位→支架制作安装→桥架安装→接地处理。

① 测量定位。

用弹线法标识桥架的安装位置，确定好支架的固定位置，并做好标记。竖井内桥架定位应先用悬钢丝法确定安装基准线，如预留洞不合适，可及时调整，并做好修补。

② 支架制作安装。

依据施工图的设计标高及桥架规格进行定位，然后依照测量尺寸制作支架，支架进行工厂化生产。在无吊顶处，沿梁底吊装或靠墙支架安装；在有吊顶处，在吊顶内吊装或靠墙支架安装。在无吊顶的公共场所需要结合结构构件并考虑建筑美观及检修方便，采用靠墙、柱支架安装或屋架下弦构件上安装的方式。靠墙支架安装采用膨胀螺栓固定，支架间距不超过 2.5 m。在直线段和非直线段的连接处、跨越建筑物变形缝处和弯曲半径大于 300 mm 的非直线段中部应增设支吊架，支吊架的安装应保证桥架的水平度或垂直度符合要求。

③ 桥架安装。

对于特殊形状的桥架，将现场测量的尺寸交于材料供应商，由材料供应商依据尺寸制作，减少现场加工。桥架材质、型号、厚度及附件应满足设计要求。

桥架安装前，必须与各专业协调，避免与大口径消防管、喷淋管、冷热水管、排水管，以及空调、排风设备发生冲突。

将桥架举升到预定位置，采用螺栓与支架固定，在转弯处需仔细校核尺寸，桥架宜与建筑物坡度一致，在圆弧形建筑物墙壁的桥架，其圆弧宜与建筑物一致。桥架与桥架之间用连接板连接，连接螺栓采用半圆头螺栓，半圆头在桥架内侧。桥架之间的缝隙须达到设计要求，确保一个系统的桥架连成一体。

跨越建筑物变形缝的桥架应按企业标准《钢制电缆桥架安装工艺》做好伸缩缝处理，钢制桥架直线段超过 30 m 时，应设热胀冷缩补偿装置。

桥架安装应横平竖直、整齐美观、距离一致、连接牢固，同一水平面内水平度偏差不超过 5 mm/m，直线度偏差不超过 5 mm/m。

④　接地处理。

镀锌桥架之间可利用镀锌连接板作为跨接线，把桥架连成一体。在连接板两端的两根连接螺栓上加镀锌弹簧垫圈，桥架之间利用不小于 4 mm^2 的软铜线进行跨接，再将桥架与接地线相连，形成电气通路。桥架整体与接地干线应有不少于两处的连接。

多层桥架安装，先安装上层，后安装下层，上、下层之间的距离要留有余量，有利于后期的线缆敷设和检修。水平相邻桥架净距不宜小于 50 mm，层间距离应根据桥架宽度不小于 150 mm，与弱电线缆桥架距离不小于 0.5 m。

2．线管与线槽的施工

（1）管材的要求。

在网络布线工程中，布线的管材通常使用的是 PVC 管材。使用 PVC 管材不仅可以降低成本，而且施工也比较方便。但是以下下列情况应使用金属管材。

①　管道附挂在桥梁上或跨越沟渠，有悬空跨度。

②　需要采用顶管施工方法施工。

③　埋管过浅或路面载荷过重。

④　地基特别松软或有可能遭受强烈震动。

⑤　有强电危险或干扰影响，需要防护。

⑥　建筑物的综合布线需要引入管道。

（2）金属管的暗敷要求。

①　预埋在墙体中间的金属管内径不宜超过 50 mm，楼板中的管径宜为 15～25 mm，直线布管 30 mm 处设置暗线盒。

②　敷设在混凝土、水泥里的金属管，其地基应坚实、平整，不应有沉陷，以保证敷设后的线缆安全运行。

③　金属管连接时，管孔应对准，接缝应严密，不得有水泥、砂浆渗入。管孔对准、无移位，以免影响管、线、槽的有效管理，保证敷设线缆时穿设顺利。

④　金属管道应有不小于 0.1% 的排水坡度。

⑤　建筑群之间金属管的埋设深度应不小于 0.7 m，在人行道下面敷设时应不小于 0.5 m。

⑥　金属管内应放置牵引线或拉线。

⑦　金属管的两端应有标记，表示建筑物、楼层、房间和长度。

⑧ 光缆与电缆同管敷设时，应在金属管内预置塑料子管。将光缆敷设在子管内，使光缆和电缆分开布放，子管的内径应为光缆外径的 2.5 倍。

（3）金属管的明敷要求。

金属管应用卡子固定，这种固定方式较为美观，且在需要拆卸时方便拆卸。对于金属的支持点间距，有设计要求时应按照规定设计，无设计要求时应不超过 3 m。在距接线盒 0.3 m 处，用管卡将管子固定，在弯头的地方，弯头两边也应用管卡固定。

（4）PVC 管材的切割与弯曲。

PVC 管材主要有两种类型：线管和线槽。线管的切割可以使用锯弓，也可以使用专用的切管器。使用锯弓切割线管是将线管锯断，这种方式通常用于管径比较大的情况，锯过的线管会有一些毛刺，在施工中需要将这些毛刺去除。使用切管器切割时，将 PVC 线管放入刀口中，一直按压手柄，可以将线管切断。如果线管的质量较差，当刀口可以切割到线管时，一边按压手柄，一边转动线管，这种方式切割线管的切面可能会不平整，需要进行修复。线槽的切割一般使用锯弓锯，如果线槽的质量较差，可以用剪刀剪。

直径在 25 mm 以下的 PVC 管工业品弯头、三通，一般不能满足铜缆布线曲率半径的要求。因此，一般使用专用弹簧弯管器对 PVC 线管进行弯曲，PVC 线管弯曲的操作流程如图 4-10 所示。

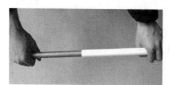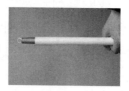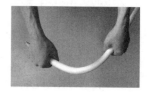

图 4-10　PVC 线管弯曲的操作流程

当安装线槽布线施工中遇到拐弯的情况时，一般有两种方法：第一种方法是使用成品的弯头、三通、阴角、阳角等材料，使用成品弯头如图 4-11 所示；另一种方法就是根据现场情况自制弯头，使用自制弯头如图 4-12 所示。

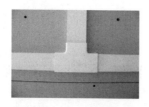

图 4-11　使用成品弯头

图 4-12　使用自制弯头

（5）金属管材的切割与连接。

在网络布线工程中使用的金属管应符合设计文件的要求，表面不能有穿孔、裂缝和明显的凹凸不平，内壁应该非常光滑，没有锈蚀。在容易受机械损伤的地方和受力较大处直埋时，应使用足够强度的管材。

在配管时，需要根据实际长度对管子进行切割。管子的切割可以使用钢锯、管子切割刀等，现在使用的基本上都是电动切管机，如图 4-13 所示。使用电动切管机切割的管子切口很平整，便于套丝操作。

布线管与布线管的连接，布线管与接线盒、配线箱的连接，都需要在布线管端部进行套丝。套丝就是用板牙在圆杆管子外径切削出螺纹的一种操作，套丝使用的板牙如图 4-14 所示。

图 4-13　电动切管机

图 4-14　套丝使用的板牙

套丝时，首先将布线管在管钳上固定压紧，将板牙与布线管垂直安放，旋转板牙，板牙就会在布线管处切削出螺纹，手动套丝如图 4-15 所示。套丝完毕后应立即清扫管口，将管口端面和内壁的毛刺锉光，使管口保持光滑。

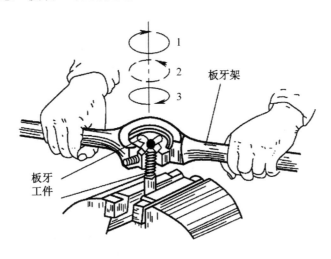

图 4-15　手动套丝

套丝也可以使用电动套丝机，电动套丝机有便携式的，使用起来比较方便，价格大约为1 000 元。

布线管在敷设时，应尽量减少弯头，每根管的弯头不能超过 3 个，直角弯头应不超过 2

个，且不能出现 S 弯。

金属线管的弯曲一般都用弯管器进行。先将布线管需要弯曲部位的前段放在弯管器内，焊缝放在弯曲方向背面或侧面，以防管子弯扁。然后用脚踩住管子，用手扳弯管器，便可得到所需要的弯度。如果在两个钢管连接处需要弯曲，那么可以使用如图 4-16 所示的金属线管弯管连接器进行连接，以改变布线走向。

金属线管的连接多采用短套接，或使用金属线管接头螺纹连接，金属线管接头如图 4-17 所示。短套接时，施工简单方便。采用金属线管接头螺纹连接则较为美观，可以保证金属线管连接后的强度。套接的短套管或带螺纹的金属线管接头的长度，应不小于金属线管外径的 2.2 倍。

图 4-16　金属线管弯管连接器

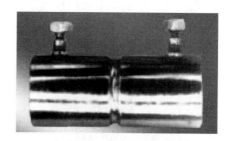

图 4-17　金属线管接头

金属线管进入信息插座的接线盒后，暗埋管可用焊接固定，管口进入盒内的露出长度应小于 5 mm。明设管应利用锁紧螺母或带丝扣管帽固定，露出锁紧螺母的丝扣为 2～4 扣。

（6）线管的敷设。

① 读施工图纸，确定布线管路的安装位置，特别是要确定电力线缆的位置。例如，在安装插座之前，应该知道附近电力线缆的位置，这样就不会在钻孔时碰到它。即使是在天棚里布线，也要清楚哪些电力线缆与通信线路相交，并采取适当措施，以保证它们不会互相接触。当在一个新的建筑物中施工时，应和电工一起核查可能的不安全区域。而在旧的建筑物中，维护人员可以帮助了解哪些区域是不安全的。当无法确定某一电线是否有电时，在核准之前应把它作为有电的电线来对待。

② 为了管道安装后的美观，从始端到终端（先干线后支线）找出水平和垂直段，用粉线袋沿墙壁或顶棚、地面等处在管道的线路中心线上弹线定位，画出如图 4-18 所示的水平线、如图 4-19 所示的垂直线，按设计要求均匀标出支撑位置。

图 4-18　水平线

图 4-19　垂直线

③ 若是明管，则要沿线在支撑位置上用木桩或塑料膨胀螺钉固定管卡；若是暗管，则需要在墙上凿槽。

④ 布线的走向与布放管道如图 4-20～图 4-22 所示。

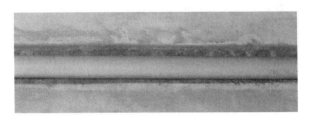

图 4-20　单管的布放

图 4-21　多管的布放

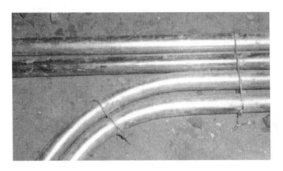

图 4-22　金属线管的布放

小试牛刀

（1）在综合布线实训室内，分组完成如图 4-23 所示的自制弯头的线管布放练习。

（2）在综合布线实训室内，分组完成使用成品接头的线槽布放练习，如图 4-24 所示。

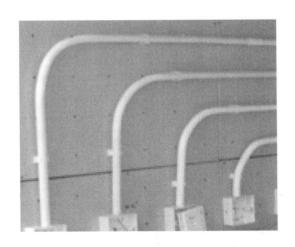

图 4-23　自制弯头的线管布放练习

图 4-24　使用成品接头的线槽布放练习

（3）在综合布线实训室内，分组完成使用自制接头的线槽布放练习，如图 4-25 所示。

（4）在综合布线实训室内，小组合作完成如图 4-26 所示的线槽布放练习。

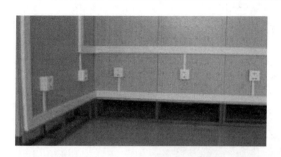

图 4-25　使用自制接头的线槽布放练习

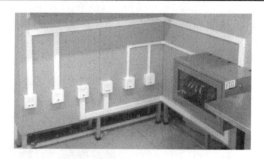

图 4-26　线槽布放练习

 一比高下

1. 每个"小试牛刀"的练习项目完成后，各小组之间相互进行比较、相互评分，评分标准由教师根据情况确定。4 个练习项目的成绩作为小组的成绩。

2. 每个小组选派一名代表谈一谈桥架布线主要用于什么场合。

 开动脑筋

1. 布设暗线时，为什么使用线管而不使用线槽？

2. PVC 线槽和金属线槽固定在墙面上的方法有区别吗？

3. 桥架布线为什么使用金属线槽而很少使用 PVC 线槽？

4. 如果网络布线工程中需要有 90° 的弯，那么使用线管怎么处理？使用线槽又怎么处理？

课外阅读

攻丝与套丝

攻丝是使用丝锥在管道的内壁上切削出内螺纹的过程，使用的工具是丝锥，如图 4-27 所示，攻丝的操作方法如图 4-28 所示。

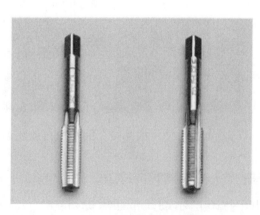

图 4-27　丝锥

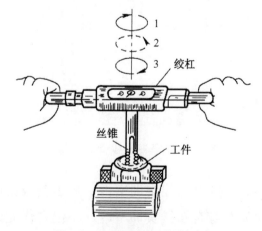

图 4-28　攻丝的操作方法

套丝是使用板牙在圆柱形金属的外径切削出螺纹的一种操作，使用的工具是板牙，板牙固定在板牙架中。板牙架外形如图 4-29 所示。

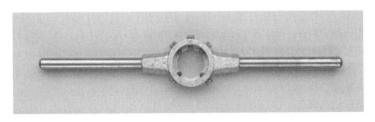

图 4-29　板牙架外形

工作任务 3　敷设双绞线

1．线缆布放的一般要求

（1）线缆布放前应核对规格、程序、路由及位置是否与设计规定相符合。

（2）布放的线缆应平直，不得产生扭绞、打圈等现象，不应受到外力挤压和损伤。

（3）在布放前，线缆两端应贴有标签，标明起始位置和终端位置及信息点的标号，标签书写应清晰、端正和正确。

（4）信号线缆、电源线、双绞线、光缆，以及建筑物内其他弱电线缆应分离布放。

（5）布放的线缆应有冗余。在二级交接间、设备间双绞线的预留长度一般为 3～6 m，工作区为 0.3～0.6 m，有特殊要求的应按设计要求预留。

（6）在布放线缆在牵引过程中吊挂线缆的支点相隔间距应不大于 1.5 m。

（7）线缆布放过程中为了避免受力和扭曲，应制作合格的牵引端头。如果采用机械牵引，那么应根据线缆的布放环境、牵引的长度、牵引张力等因素选用集中牵引或分散牵引等方式。

2．线缆的敷设步骤

（1）将装有线缆的线缆箱放在管路的一端，使线缆箱的出线口向上，再将线缆与拉线用胶带缠绕捆扎起来（如果穿多根线缆，将多个线缆箱并排放在一起，然后将这些线缆端头对齐，用胶带或电工胶带缠绕捆扎牢固），抖动线缆使其成流线型。如果拉缆时要求的拉力较大，那么要把线缆外护套去除，使用套内的线缆对。以 6 条 4 线对线缆为例，除去电线外套大约 200 mm，将电线对分成两组，两组电线对系成一个环，再将拉绳系在环上，这头沿着拉绳用胶带缠好，以使其结实且平滑。

（2）在每根线缆上做好标识，同时在对应的线缆箱上做好相应的标识。

（3）在管道的另一端牵拉拉线，将线缆一起穿过管道，并留出冗余线缆，在管理间双绞线的预留长度一般为 3～6 m，工作区铜缆的预留长度为 1.5 m，线缆的余长部分不包括在所需的工作长度内，特殊要求的应按设计要求预留。

（4）在线缆箱端留出冗余线缆后将线缆截断，并在该端将线缆箱上的标识复制到线缆这一端上。

拉线工序结束后，两端留出的冗余线缆要整理好、保护好，盘线时要顺着原来的旋转方向操作，线圈直径不要太小，有条件的话用废线头固定在吊顶上或纸箱内，做好醒目的标志，以提醒其他人员勿动勿踩。

如果在线槽中铺设线缆，那么可在线缆做好标识后直接将线缆安放在底槽中，在转弯处用胶带或尼龙扎带松弛地捆扎，布放好后，扣上槽盖。也可以像在管道中穿线一样，用拉线牵引。拉线时，为防止在拐角处或管道的入口等处损伤线缆，一个简单有效的办法是用 PVC 管材自制一个 45°或 90°的保护装置。该保护装置的制作方法其实很简单，取一截长约 30 cm 的合适直径的 PVC 管材，沿纵向锯成两半，取其中一半放入约 80℃的热水中弯曲成需要的弧度，然后取出即可。将这种装置放在拐角处和管道的入口处，就可以对牵拉的线缆进行保护。

铺设水平线缆时，在难以通过的位置要使用通条，这样的位置包括墙、导管和管道，通条一般 30 cm 长，但也有更长的。在使用通条时，管路的连接端必须是开通的，使通条能够被伸到需要的那一端（如柜子或连接盒）。线缆或拉绳可以系在通条上，然后将它拉回到原来的那一端。但是这些步骤可能需要重复多次。

3．管道布线

管道布线是在浇筑混凝土时把管道预埋在地板中，管道内有牵引线缆的牵引线，施工时只需要通过管道图纸了解地板管道，然后就可以做出施工方案。

对于没有预埋管道的新建筑物，布线施工可以与建筑物装潢同步进行，这样既便于布线，又不影响建筑的美观。

管道一般从配线间埋到信息插座安装孔，施工时只要将双绞线固定在信息插座的接线端，从管道的另一端牵引拉线就可以将线缆引到配线间。

4．墙上布明线

墙上布明线通常是使用金属线槽或 PVC 线槽。金属线槽一般用在主干道或距离较长的地方，线槽固定在墙壁上，牢固可靠；PVC 线槽一般不适合较长距离的布线，多用在主干连接各信息点的路径上。PVC 线槽容量比较小，通常是多条线槽排列布线，所以不够美观。PVC 线槽一般都用钢钉固定在墙壁上，牢固度不够，布线之后，对线缆进行检修或增加线缆都比较困难，很容易出现线槽脱离墙壁的现象，影响用户的使用。但是 PVC 线槽布线的最大优点是费用低、施工容易。

墙上布明线的线槽盖是可拆卸的，如果线槽内预留足够的空间，那么在以后增设通信线缆是相当方便的。明线布线原理图如图 4-30 所示。

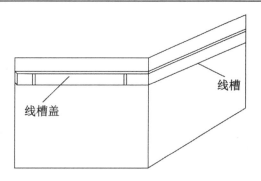

图 4-30 明线布线原理图

5. 线缆的牵引

使用牵引线将线缆牵引穿过墙壁管路、天花板或地板管路，以实现通信线缆布放的操作。线缆牵引的难易程度不仅取决于要完成作业的类型、线缆的质量、布线路由的难度，还与管道中要穿过线缆的数目有关，在已有线缆拥挤的管道中穿线要比空管道难。

不管在哪种场合，对线缆进行牵引都应遵循一条规则：拉线与线缆的连接点应尽量平滑，因为在施工中通常采用电工胶带紧紧地缠绕在连接点外面，所以需要保证平滑和牢固。在牵引过程中，牵引力的大小通常是一根 4 对双绞线的拉力为 100 N、两根 4 对双绞线的拉力为 150 N、三根 4 对双绞线的拉力为 200 N，不管多少根线对线缆，最大拉力不能超过 400 N。

（1）牵引"4 对"线缆。

标准的"4 对"线缆很轻，通常不要求做更多的准备，只需将它们用电工胶带与拉绳捆扎在一起即可。如果牵引多条"4 对"线缆穿过一条管路，可以使用以下方法。

① 将多条线缆聚集成一束，并使它们的末端对齐。

② 用电工胶带或胶布紧绕在线缆束外面，在末端外绕 5～10 cm 长的距离，如图 4-31 所示。

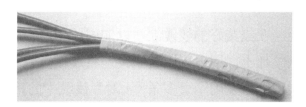

图 4-31 用电工胶带在线缆末端外绕 5～10 cm

③ 将拉绳穿过电工胶带缠好的线缆，并打好结以固定拉绳，如图 4-32 所示。

图 4-32 固定拉绳

如果布线管道情况比较复杂，担心在线缆牵引过程中出现散脱的现象，可以按下列方法进行线缆的牵引。

① 将线缆分成两组，去除每根线缆的 PVC 保护层，然后暴露出 5～10 cm 的裸线，如图 4-33 所示。

② 将两组线缆互相缠绕起来形成环，如图 4-34 所示。

图 4-33　去除每根线缆的 PVC 保护层

图 4-34　将两组线缆缠绕成环

③ 将牵引绳穿过此环，并打结，然后将电工胶带缠到连接点周围，如图 4-35 所示。用电工胶带可以将其缠得结实而又平滑。

（2）牵引 25 对双绞线。

对于单根 25 对双绞线，可使用下列方法。

① 将线缆向后弯曲以便建立一个环，并使线缆末端与线缆本身绞接成环，如图 4-36 所示。

图 4-35　电工胶带缠到连接点周围

图 4-36　线缆末端与线缆本身绞接成环

② 用电工胶带紧紧地缠在绞接好的线缆上，以加固此环。

③ 把索引拉绳拉接到缆环上，用电工胶带紧紧地将连接点包扎起来。

对于多根 25 对双绞线，可以采用牵引多条"4 对"线缆中的第二种方法来牵引。但需要将线缆的线芯剪去一部分，以方便线缆的绞接和牵引。

由于现在布线施工时一管穿多线的现象比较少，因此通常从桥架引出线缆后，基本上是单根走线，暗管中都会留置牵引钢丝，因此线缆的布放比较方便。

小试牛刀

1. 线管中线缆的布放练习

按照如图 4-37 所示的路由，在每一根线管中布放 2 根双绞线。

图 4-37   线管中线缆的布放练习

2．线槽中线缆的布放练习

按照如图 4-38 所示的路由，在每个线槽中布放 1～3 根不等的线缆。

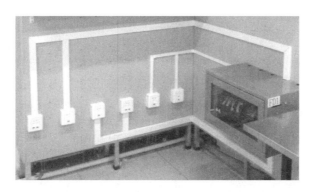

图 4-38   线槽中线缆的布放练习

 一比高下

1．每个小组选派 2 名选手，完成"小试牛刀第 1 题"线管中线缆的布放练习，各小组之间相互检查与监督，并进行点评，指出选手操作中的不当之处或可以改进之处。

2．每个小组选派另外 2 名选手，完成"小试牛刀第 2 题"线槽中线缆的布放练习，各小组之间相互检查与监督，并进行点评，指出选手操作中的不当之处或可以改进之处。

 开动脑筋

1．如果布线管道中忘记预留牵引绳，那么此时线缆该怎样穿过管道呢？

2．如果布线管道非常长，那么使用什么布线方式比较方便？为什么？

课外阅读

线缆布线中的注意事项

1．线缆拉伸张力

不要超过线缆制造商规定的线缆拉伸张力，张力过大会使线缆中的线对绞距变形，严重影响线缆抑制噪声（包括近末端交扰、远端串音及其衍生物）的能力及线缆的结构化回波损

157

耗性能，进而改变线缆的阻抗，损害线缆的整体回波损耗性能，影响高速局域网（如吉位以太网）的传输性能。此外，张力过大还可能导致线对散开，损坏导线。

线缆最大允许的拉力如下：

一根 4 对双绞线，拉力为 100 N；

两根 4 对双绞线，拉力为 150 N；

三根 4 对双绞线，拉力为 200 N；

N 根 4 对双绞线，拉力为 $N \times 5 + 50$ N；

不管多少根 4 对双绞线，最大拉力不能超过 400 N。

2．线缆弯曲半径

首先要避免线缆过度弯曲，因为这可能导致线对散开，引起阻抗不匹配及不可接受的回波损耗。另外，过度弯曲还会影响线缆中的线对绞距，线缆内部线对绞距的改变将会导致噪声抑制问题的出现。一般情况下，线缆制造商都建议，安装后的线缆弯曲半径不得低于线缆直径的 8 倍。对于典型的 6 类线，弯曲半径应大于 50 mm。

在安装过程中，最可能出现线缆弯曲的区域是配线柜。大量的线缆引入配线架，为保持布线整洁，可能将某些线缆压得过紧、弯曲过度，而这种情况通常是看不见的，因而常常被忽略，从而降低了综合布线系统的性能。如果制造商提供了背面线缆管理设备，那么就要根据制造商的建议使用这些设备。

3．线缆压缩

要避免因线缆扎线带过紧而压缩线缆，在大的成捆线缆或线缆设施中最可能发生这个问题，其中成捆线缆外面的线缆会比内部的线缆承受更多的压力。压力过大会使线缆内部的绞线变形，影响其性能，使回波损耗处于不合格状态，而且回波损耗的效应会积累起来。例如，在挂在悬挂线上的长走线线缆中，每隔 300 mm 就要使用一条线缆扎线带，如果挂在悬挂线上的线缆长 40 m，那么扎线次数为 134 次，其中每个过紧的线缆扎线所引起的回波损耗都会积累起来，提高总损耗。因此在使用线缆扎线带时，要特别注意扎线带使用的压力大小。扎线带的强度只要能够支撑成捆线缆即可，捆扎对照图如图 4-39 所示。

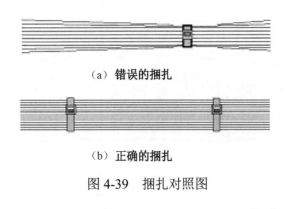

（a）错误的捆扎

（b）正确的捆扎

图 4-39　捆扎对照图

4．线缆重量

在使用悬挂线支撑线缆时，必须考虑线缆重量。线缆的重量因制造商而异，如 Molex 企业布线网络部 23 号（直径为 0.6 mm）6 类线的重量大约是 5 类线的两倍。如果采用 1 m 长的

24 条这种 6 类线，那么其重量接近 1 kg，而相同数量的 5 类或超 5 类线的重量仅 0.6 kg，因此，每个悬挂线支撑点每捆最多支撑 24 条线缆。

5．线缆打结

从卷轴上拉出线缆时，线缆可能会打结。如果线缆打结，就应视为损坏，需更换线缆。因为即使弄直线缆结，损坏也已经发生，这一点可以通过对线缆的测试得到验证。尽管一个线缆结不会导致测试不合格，但是这些效应会累积在一起，当它们与线缆扎线带引起的性能下降等其他因素综合在一起时，就会导致系统测试不合格。

6．成捆线缆中的线缆数量

当任意数量的线缆以很长的平行长度捆扎在一起时，其中具有相同绞距的不同线缆的线对电容耦合（如蓝线对到蓝线对）会使串扰明显提高，这称为"外来串扰"，但这一指标还有待布线标准的规范或精确定义。消除外来串扰不利影响的最佳方式是最大限度地降低并行线缆的长度，以随机方式安装成捆线缆。长期采用的方法是在走线中使用"梳状"布线方式（以保持整洁），把线缆捆在一起是避免不同线缆的任何两个线对在有效长度内存在平行敷设可能性的最佳方式，这一点没有捷径或其他有效方法。

7．环境温度

环境温度在 5 类和超 5 类布线中已经是一个问题了，在 6 类布线中，它更为严重。环境温度会影响线缆的传输特点，所以应尽量避免可能遇到的高温环境，如大于 60℃。如果天花板上的屋顶处于阳光直射下，就很容易发生这种情况。一般来说，在温度提高时，线缆的衰减也会提高，从而对长链路的影响可能会导致参数勉强合格或不合格。

工作任务 4　端接双绞线

1．信息模块的端接

通常信息模块标注有双绞线的颜色标号，与双绞线压接时，注意颜色标号配对就能够正确地压接，安装方法如下。

（1）把双绞线从布线底盒中拉出，剪至合适的长度，使用线缆工具剥除外层绝缘皮，穿线与剥线如图 4-40 所示，然后用剪刀剪掉抗拉线。

（2）将信息模块的 RJ-45 接口向下，置于桌面、墙面等较硬的平面上。

（3）分开网线中的 4 对线对，但线对之间不要拆开，按照信息模块上所指示的线序进行理线，稍稍用力将导线一一置入相应的线槽内，理线如图 4-41 所示。

（4）将打线工具的刀口对准信息模块上的线槽和导线，垂直向下用力，听到"喀"的一声，模块外多余的线会被剪断，这一过程称为压线，如图 4-42 所示。重复这一操作，可将 8 条芯线一一打入相应颜色的线槽中。

（5）将信息模块的塑料防尘片沿缺口插入模块，并牢牢固定在信息模块上，即可完成模块端接。

（6）将信息模块插入信息面板中相应的插槽内，如图 4-43 所示。再用螺钉将面板牢牢地固定在信息插座的底盒上，即可完成信息插座的端接。

图 4-40　穿线与剥线

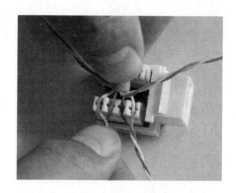

图 4-41　理线

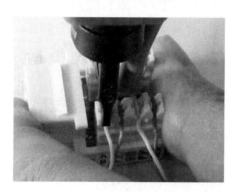

图 4-42　压线

图 4-43　插入信息面板中

2．配线架的安装与端接

（1）按照机柜布局设计图纸，机柜的反面方向安装 1 U 高度的机柜方螺母，如图 4-44 所示，再用配套螺钉固定网络配线架。

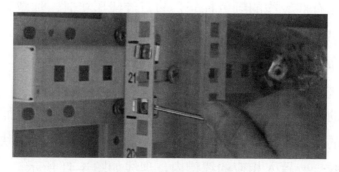

图 4-44　安装机柜方螺母

（2）把要端接的线缆放到机柜里，线缆一般从柜底或柜顶进线，为了方便将来维护和管理，按照双绞线的标识单双编号分开，理好线，整理整齐后，分两边扎在机柜前端支柱槽里，如果有扎线环就扎在环上。

（3）双绞线的端接。使用剥线器将双绞线的外层胶皮剥除至合适的长度，将双绞线按白蓝、蓝、白橙、橙、白绿、绿、白棕、棕的顺序依次按压在配线架的 V 字槽内，双绞线的端接如图 4-45 所示。一般 8 条网络线为一个单元。

（4）使用打线刀将双绞线打压在配线架的模块上，并将多余的线缆打断，如图 4-46 所示。

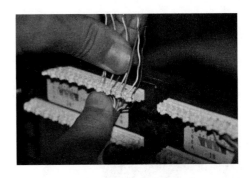 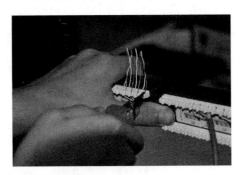

图 4-45　双绞线的端接　　　　　　　　图 4-46　打压双绞线

（5）完成打压之后，使用绑扎带整理线缆，将线缆整齐地排列到机柜的垂直理线区域，注意应美观有序。所有线缆端接后，使用绑扎带整理到机柜的垂直理线区域，理线如图 4-47 所示。

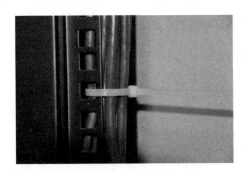

图 4-47　理线

3. 110 系列配线架的端接

一般语音系统使用 110 系列配线架和大对数电缆，110 系列配线架的安装与网络配线架的安装方法相同，用配套螺钉将配线架固定到机柜的对应位置。

（1）将大对数电缆布放到 110 系列配线架的前端，如图 4-48 所示。

图 4-48　将大对数电缆布放到 110 系列配线架的前端

（2）使用美工刀将大对数电缆的外表皮割开，剥去其外表皮，如图 4-49 所示。

图 4-49　剥去外表皮

（3）将大对数电缆按照主色加配色排序，以 25 对大对数电缆为例，主色为白、红、黑、黄、紫，配色为蓝、橙、绿、棕、灰。排列方式为白、蓝、白、橙、白、绿、白、棕、白、灰、红、蓝、红、橙、红、绿，以此类推。大对数电缆的排序如图 4-50 所示。

图 4-50　大对数电缆的排序

（4）大对数电缆卡入配线架内槽后，使用 5 对打线刀将 110 系列配线架 5 对连接块卡入，如图 4-51 所示，再使用剪刀剪去多余线头，即可完成 110 系列配线架的端接。

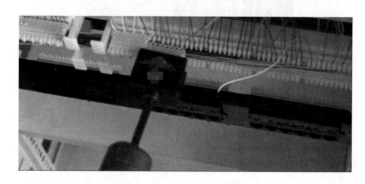

图 4-51　5 对连接块卡入

🛠 小试牛刀

将班级学生分为若干个小组，各小组在网络布线实训室完成以下练习

（1）在开放式配线实训架上安装网络配线架和 110 系列配线架，两个配线架之间间隔 1 U，配线架安装示意图如图 4-52 所示。

（2）在安装好的配线架上完成如图 4-53 所示的复杂链路端接练习。

（3）使用简易线缆测试仪测试通断情况。

要求：每个小组成员均要完成一组复杂链路的端接，每个成员完成的链路不要拆除，全部完成后，再在全班进行比较。

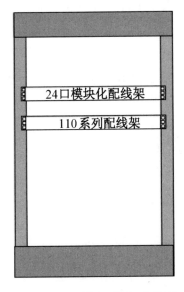

图 4-52 配线架安装示意图

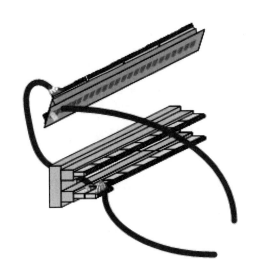

图 4-53 复杂链路端接练习

一比高下

1. 以小组自评与小组之间交叉打分为评价方式给"小试牛刀"的各小组打分，复杂链路练习评分表见表 4-1，每一个链路 50 分，分项分值由教师根据情况确定。

表 4-1 复杂链路练习评分表

组员	自评			交叉评价 1			交叉评价 2			交叉评价 3			交叉评价 4		
	通畅	正确	质量	通畅	正确	质量	通畅	正确	质量	通畅	正确	质量	通畅	正确	质量

2. 每个小组推荐一位同学，在规定的时间内完成 2 个复杂链路的端接展示，以这位同学的成绩作为小组的附加成绩，每位同学的成绩是个人成绩和附加成绩之和。

 开动脑筋

1. 信息模块可以重复使用，网线配线架可以吗？水晶头呢？

2. 110 系列配线架在网络布线工程中的作用是什么？

3. 如果网络配线架是安装在机柜中的，那么线缆的端接与配线架的安装顺序是怎样的？

![课外阅读]

双绞线端接的工艺要求和常见错误

1. 双绞线端接的常见错误

线缆安装是一个以安装工艺为主的工作，很难做到完全无误。这里列出一些常见的安装错误，以帮助施工人员在实际工作中避免或方便查找故障原因。

（1）反接。

同一对线对在两端针位接反，如一端为1-2，另一端为2-1。

（2）错对。

将一对线对接到另一端的另一对线对上，如一端接在1-2，另一端接在5-5上。

（3）串绕。

所谓串绕，是指将原来的两对线对分别拆开后又重新组成新的线对。由于出现这种故障时端对端的连通性并未受影响，因此通过普通的万用表不能判断出故障原因，只有通过专用的线缆测试仪才能检查出来。

2. 线架安装的工艺要求

（1）配线架位置应与线缆上的线孔相对应。

（2）各直列垂直倾斜误差每米应不大于3 mm，底座水平误差每米应不大于2 mm。

（3）接线端子各种标记应齐全。

（4）安装机架、配线设备接地体应符合设计要求，并保持良好的电器连接。

（5）尽可能保持双绞线线对的扭绞形状，使线缆中每个线对的绞距尽可能靠近模块接线夹，减少扭绞的长度，扭绞的长度不能大于12 mm。配线架打线要求如图4-54所示。

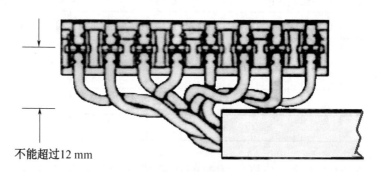

不能超过12 mm

图4-54　配线架打线要求

（6）保留的双绞线长度要合适，要留有足够的余量，既要防止留下的线缆过短导致线缆变形或超出最小弯曲半径，又不要过长导致线缆在配线架通道四周卷曲。

（7）在线缆端接点上，双绞线的外套不能剥离过多。剥离的目的只是为了可以轻松地把导线接到模块接线夹上，剥开的护套长度尽量小一点，以便更好地保持线缆内部的线对绞距，以实现最有效的传输通路。

（8）线缆扣不能扣太紧。

（9）线缆弯曲半径不能小于允许的最小弯曲半径。双绞线端接的工艺要求如图 4-55 所示。

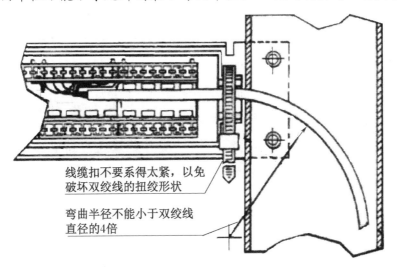

线缆扣不要系得太紧，以免
破坏双绞线的扭绞形状

弯曲半径不能小于双绞线
直径的4倍

图 4-55　双绞线端接的工艺要求

工作任务 5　端接光缆系统

1．光纤的端接

在结构化布线项目中，双绞线都是简洁地使用压线工具端接到配线架和信息模块上，不区分类别或厂商的差异。相比之下，光纤端接的方式要复杂一些，它会受到光连接器类型、供应厂商所能够提供的产品线的影响。

（1）纤对纤。

纤对纤指铺设光纤与在工厂已端接了一端光连接器的尾纤相连接，这种情况分两种方式：熔接和机械接续。

熔接是相对较快的光纤端接方式，先使用辅助工具将铺设的光纤与尾纤均剥去外层胶皮、切割、清洁，再使用光纤熔接机在熔接保护套的保护下将两段光纤"熔"为一体。在光纤熔接机中，两段光纤靠近并对准后，在电极产生的电弧加热下，纤芯熔化连接在一起。熔接的优点是稳定可靠，损耗很低，失败率在 1%以下，缺点是在现场要有光纤熔接机，并且设备价格相对较高。

机械接续是将铺设光纤与尾纤均剥去外层胶皮、切割、清洁后，插入接续匹配盘中对准、相切并锁定。机械接续过程可逆，速度也较快，失败率略高于熔接的，工具简易，但接续匹配盘通常不便宜。

这两种纤对纤方式共同的好处是光纤端接方式不受光连接器类型的影响，并且尾纤上的光连接器是在工厂组装成的，经过了检验，性能有保障。

（2）纤对接头。

纤对接头指铺设光纤与光连接器直接相连接。将铺设好的光纤剥去外层胶皮、清洁后穿入光连接器，光纤与连接器之间由黏合剂接合。常用的黏合剂是环氧树脂，需要在烘炉上加热 15～20 min 后固化（也有使用催化剂"冷"固化的，时间较短），再沿光连接器末端面切割并按一定的程序手工打磨（在工厂环境下制作尾纤或跳线则用机器成批打磨）。最后研磨成端面形状，端面分为 FC 型和 PC 型两种，FC 型的端面是平面形的，容易受微小灰尘影响而产生反射；PC 型的端面是拱形的，性能较好。不过光纤冷接方式现在采用得比较少了。

光纤纤芯和连接器要用黏结剂牢固地连接在一起，这是为了防止光纤在连接器中松动，导致线路中断，甚至损坏（目前还出现了一种不使用黏结剂而是使用工具将套管打上褶皱卷边的办法来固定纤芯的连接器，是否能够被市场接受并普及还有待观察。此外，有些厂家还提供一些预研磨光的连接器，不需在现场对插头研磨，但对光纤截断的断面质量要求较高，需使用更好的工具）。

图 4-56　国产的迪威普光纤熔接机

2．光纤的熔接（以迪威普光纤熔接机为例说明）

光纤的熔接需要专业的工具——光纤熔接机，它主要用于对光通信中光缆的施工和维护，其工作原理是利用放出的电弧将两根光纤接头处熔化，以达到连接光纤的目的。国产的光纤熔接机厂家主要有中电 41 所、南京吉隆、南京迪威普、深圳瑞研、上海祥和、南京天信通等，品牌比较多。国外品牌的熔接机主要是日本和韩国的，价格比较高，质量与国产熔接机相比并没有特别的优势。国产的迪威普光纤熔接机如图 4-56 所示。

迪威普光纤熔接机的操作键盘分为左右两个部分。右键盘有 3 个控制键，如图 4-57 所示，其功能见表 4-2。

图 4-57　右键盘

表 4-2　右键盘的功能

KEY	名　　称	功　　能
	加热键	热缩管加热器开关
	开始键	开始光纤熔接程序
	复位键	熔接机复位

左键盘由 7 个功能键组成，如图 4-58 所示，其功能见表 4-3。

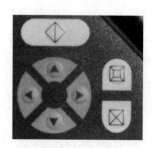

图 4-58　左键盘

表 4-3　左键盘的功能

KEY	名　称	功　能
◇	左右转换键	手动方式下转换左右操作
回	菜单键	①进入菜单设置程序；②确认菜单
回	退出键	①退出菜单设置程序；②退回上一级菜单
▼	向下键	①菜单方式下向下滚动菜单条；②手动方式下控制电机调芯方向
▲	向上键	①菜单方式下向上滚动菜单条；②手动方式下控制电机调芯方向
▶	向右键	①修改程序值，向上递增；②手动方式下控制电机推进方向
◀	向左键	①修改程序值，向下递增；②手动方式下控制电机推进方向

　　光纤熔接工作不仅需要专业的熔接工具，还需要很多普通的工具辅助完成这项任务，如剪刀、光纤切割刀、光纤剥线钳、酒精棉花和热缩套管等。光纤切割刀和热缩套管如图 4-59 和图 4-60 所示。

　　工具准备完成后，要打开光纤熔接机，设置成需要熔接的光纤类型模式，如图 4-61 所示。

图 4-59　光纤切割刀

图 4-60　热缩套管

图 4-61　设置光纤类型模式

　　使用光纤剥线钳的外口在光纤的水平和垂直方向各剪一刀，将光纤外表皮剥去，使用剪刀将凯夫拉线剪断，如图 4-62 所示。将选定的需要熔接的光纤套入热缩套管，如图 4-63 所示。

　　使用光纤剥线钳的小口在垂直方向上剪下，再将光纤剥线钳逆时针旋转一定角度，一只手拉紧光纤，慢慢将光纤剥线钳向外剥线，直到光纤外层胶皮和涂敷层全部剥去，如图 4-64 所示。

　　光纤外层胶皮和涂敷层全部剥去后，用酒精棉蘸取酒精将剥好的光纤擦拭。然后使用光纤切割刀切割光纤，打开左右两个压片，将切割滑块从下方移动到上方，将剥好的光纤放入切割刀。最后将光纤的外层胶皮放在切割刀 16 到 20 刻度之间的位置，把压片压下，如图 4-65 所示。

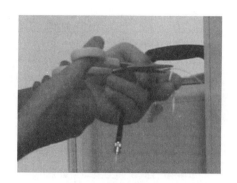

图 4-62　剪断凯夫拉线

图 4-63　套入热缩套管

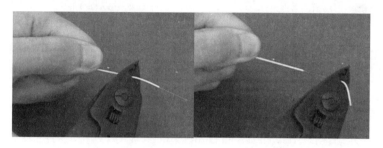

图 4-64　剥去光纤外层胶皮和涂敷层

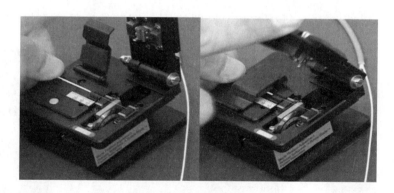

图 4-65　切割光纤

图 4-66　将光纤放入熔接机

将切割滑块从下方推至上方，打开切割刀的两个压片，此时光纤纤芯已经切割完成。打开光纤熔接机的防风罩，再打开中央区域两个电极边的压板，将切割好的光纤小心翼翼地放入一个压板下的 V 字槽内（注意光纤不能接触其他任何东西），将光纤放入熔接机，如图 4-66 所示，此时光纤纤芯的位置应该在上下两个电极的左侧或右侧，压上压板。利用同样方法制作另一根光纤，并放入光纤熔接机内，盖上防风罩。

按熔接键，屏幕显示 X、Y 轴两个方向的摄影情况，熔接机自动对准纤芯放电熔接，光纤熔接过程的屏幕显示如图 4-67 所示，待熔接完成后，打开防风罩，再打开压板，将光纤小心取出。

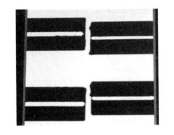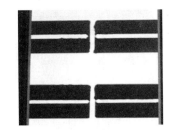

图 4-67　光纤熔接过程的屏幕显示

将热缩管慢慢地移入被熔接区域，再将光纤放入熔接机的加热槽，加热热缩管如图 4-68 所示。按加热键，对热缩管进行加热，加热指示灯熄灭后，打开加热槽，将光纤取出并冷却，两根光纤就熔接在一起了。

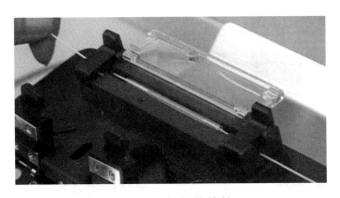

图 4-68　加热热缩管

3．光纤配线架的安装

光纤需要被端接在光纤配线箱或配线架上，光纤配线箱和配线架的区别不大。常见的光纤配线架如图 4-69 所示。

常见的 24 口光纤配线架按照以下步骤安装。

（1）将光纤耦合器（又称光纤适配器）安装在光纤配线架上，要注意光纤耦合器的类型与光纤上端接的连接器的类型一致，常见的光纤耦合器如图 4-70 所示。

图 4-69　常见的光纤配线架

（2）将连接光纤的光纤连接器插在光纤配线架的光纤适配器上，再使用光纤跳线接到相应的网络设备上。

（3）多余的备用光纤盘在接线箱内的线盘上，备用的光纤不要留得太长，盘两圈多一点就可以了。端接好的光纤配线架示意图如图 4-71 所示，端接完成后，盖上光纤配线架的盒盖，将光纤配线架安装到机柜中即可。

图 4-70　常见的光纤耦合器

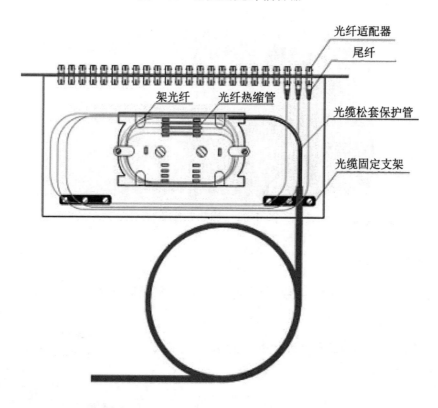

图 4-71　端接好的光纤配线架示意图

小试牛刀

将班级学生分为若干个小组，各小组在网络布线实训室中完成以下练习（在条件许可的情况下）。

材料准备如下。

长 2 m 左右的 8 芯光缆若干根，12 芯的法兰盘（光纤配线架）若干个，0.5 m 长的光纤尾纤若干根（或光纤跳线），光纤熔接机若干台（一台以上），光纤工具箱若干件。

分组完成以下练习。

（1）光纤尾纤的熔接。

将光纤跳线切断，再使用光纤熔接机将切断的光纤熔接起来，光纤跳线可以被多位同学重复使用。

（2）盘纤。

将 8 芯光缆外层胶皮剥除，在光纤配线架上进行盘纤练习。

 一比高下

1．以小组自评打分为评价方式，为"小试牛刀"的各小组打分，熔接主要从衰减度情况（能测量的情况）来评定，不能测量衰减度的情况下，可以评价其操作的规范性。盘纤主要评价其规范性、美观度及速度。

2．每个小组推荐一位同学，在规定的时间内完成盘纤与光纤熔接练习的展示，以这位同学的成绩作为小组的附加成绩，每位同学的成绩是个人成绩和附加成绩之和。（在条件许可的情况下，可以对熔接后的光纤进行衰减测量，以此作为评定成绩的依据）

 开动脑筋

1．单模光纤和多模光纤可以熔接在一起使用吗？

2．不同芯径的光纤可以熔接在一起使用吗？

3．光纤熔接后，信号一定会衰减吗？

课外阅读

光纤的熔接损耗

光纤传输具有传输频带宽、通信容量大、损耗低、不受电磁干扰、光缆直径小、重量轻、原材料来源丰富等优点，因而成为新的传输媒介。光在光纤中传输时会产生损耗，这种损耗主要是由光纤自身的传输损耗和光纤接头处的熔接损耗组成的。光缆一经定购，其光纤自身的传输损耗也基本确定，而光纤接头处的熔接损耗则与光纤的本身及现场施工有关。努力降低光纤接头处的熔接损耗，可增大光纤中继传输距离，提高光纤链路的衰减裕量。

1. 影响光纤熔接损耗的主要因素

影响光纤熔接损耗的因素较多，大体可分为光纤本征因素和非本征因素两类。

（1）光纤本征因素指光纤自身因素，主要有以下 4 点。

① 光纤模场直径不一致。

② 两根光纤芯径失配。

③ 纤芯截面不圆。

④ 纤芯与包层同心度不佳。

其中光纤模场直径不一致影响最大，根据 CCITT（国际电报电话咨询委员会）的建议，单模光纤的容限标准如下。

模场直径：（9～10 μm）±10%，即容限约±1 μm。

包层直径：125±3 μm。

模场同心度误差≤6%，包层不圆度≤2%。

（2）影响光纤接续损耗的非本征因素，即接续技术。

① 轴心错位：单模光纤纤芯很细，两根对接光纤轴心错位会影响接续损耗。当错位为 1.2 μm 时，接续损耗达 0.5 dB。

② 轴心倾斜：当光纤断面倾斜 1° 时，约产生 0.6 dB 的接续损耗，如果要求接续损耗≤0.1 dB，那么单模光纤的倾角应≤0.3°。

③ 端面分离：活动连接器的连接不好，很容易产生端面分离，连接损耗会比较大。当熔接机放电电压较低时，也容易产生端面分离，此情况一般在有拉力测试功能的熔接机中可以发现。

④ 端面质量：光纤端面的平整度差时也会产生损耗，甚至气泡。

⑤ 接续点附近光纤物理变形：光缆在架设过程中的拉伸变形、接续盒中夹固光缆压力太大等，都会对接续损耗有影响，甚至熔接几次都不能改善。

（3）其他因素的影响。

接续人员操作水平、操作步骤、盘纤工艺水平、熔接机中电极清洁程度、熔接参数设置、工作环境清洁程度等均会影响熔接损耗的值。

2. 降低光纤熔接损耗的措施

（1）一条线路上尽量采用同一批次的优质名牌裸纤。

对于同一批次的光纤，其模场直径基本相同，光纤在某点断开后，两端间的模场直径可视为一致，因而在此断开点熔接可使模场直径对光纤熔接损耗的影响降到最低。所以要求光缆生产厂家用同一批次的裸纤，按要求的光缆长度要连续生产，在每盘上顺序编号并分清 A、B 端，不得跳号。敷设光缆时必须按照编号沿着确定的路由顺序布放，并保证前盘光缆的 B 端和后一盘光缆的 A 端相连，从而保证接续时能在断开点熔接，并使熔接损耗值达到最小。

（2）光缆架设按要求进行。

在光缆敷设施工中，严禁光缆打小圈及折、扭曲，3 km 的光缆必须 80 人以上施工，4 km

必须 100 人以上施工，并配备 6～8 部对讲机。另外"前走后跟，光缆上肩"的放缆方法能够有效地防止打背扣的发生。牵引力不超过光缆允许的 80%，瞬间最大牵引力不超过 100%，牵引力应加在光缆的加强件上。敷设光缆应严格按照光缆施工要求，从而最低限度地降低光缆施工中光纤受损伤的概率，避免光纤芯受损伤导致的熔接损耗增大。

（3）挑选经验丰富、训练有素的光纤接续人员进行接续。

现在熔接大多是使用光纤熔接机自动熔接，但接续人员的水平直接影响接续损耗的大小。接续人员应严格按照光纤熔接工艺流程图进行接续，并且熔接过程中应一边熔接一边用 OTDR 测试熔接点的接续损耗。不符合要求的应重新熔接，对熔接损耗值较大的点反复熔接，次数以 3～4 次为宜，多根光纤熔接损耗都较大时，可剪除一段光缆重新开缆熔接。

（4）接续光缆应在整洁的环境中进行。

严禁在多尘及潮湿的环境中露天操作，光缆接续部位及工具、材料应保持清洁，不得让光纤接头受潮，准备切割的光纤必须清洁，不得有污物。切割后光纤不得在空气中暴露时间过长，尤其是在多尘潮湿的环境中。

（5）选用精度高的光纤端面切割器来制备光纤端面。

光纤端面的好坏直接影响熔接损耗的大小，切割的光纤应为平整的镜面、无毛刺、无缺损。光纤端面的轴线倾角应小于 1°，高精度的光纤端面切割器不仅可以提高光纤切割的成功率，还可以提高光纤端面的质量。这对 OTDR 测试不着的熔接点（OTDR 测试盲点）和光纤维护及抢修尤为重要。

（6）光纤熔接机的正确使用。

光纤熔接机的功能就是把两根光纤熔接到一起，所以正确使用光纤熔接机也是降低光纤接续损耗的重要措施。根据光纤类型正确合理地设置熔接参数、预放电电流、时间及主放电电流、主放电时间等，并且在使用中和使用后及时去除光纤熔接机中的灰尘，特别是去除夹具、各镜面和 V 形槽内的粉尘和光纤碎末。每次使用前应使光纤熔接机在熔接环境中放置至少 15 分钟，特别是在放置与使用环境差别较大的地方（如冬天的室内与室外），根据当时的气压、温度、湿度等环境情况，重新设置光纤熔接机的放电电压和放电位置，以及使 V 形槽驱动器复位等。

光缆的布放

现在的光缆布放通常是走通信井，通过预留的通道进行穿管布放，如果没有预留管道，就需要在地面开挖，光缆的布放操作如图 4-72 所示，其操作过程如下。

（1）埋入深度。

由于光缆要直接埋在地面下，因此必须与地面有一定的距离，借助于地面的张力，使光览不被损坏，同时，还应保证光缆不被冻坏。

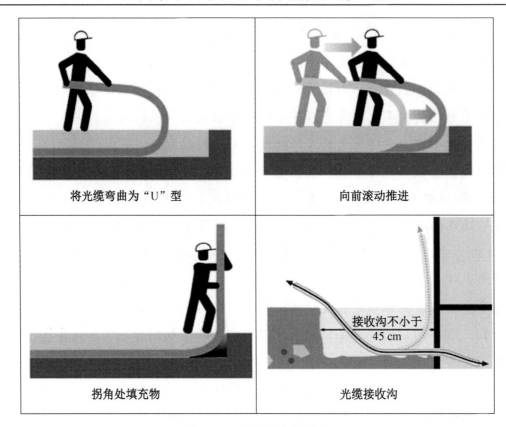

图 4-72　光缆的布放操作

（2）光缆沟的清理和回填。

沟底应保证平整，无碎石和硬土块等有碍于光缆敷设的杂物。例如，若沟槽为石质或半石质，则在沟底应铺垫 10 cm 厚的细土或砂土并抄平。光缆敷设后，应先回填 30cm 厚的细土或沙土作为保护层，严禁将碎石、砖块、硬土块等混入保护土层。保护层应采用人工方式轻轻踏平。

（3）光缆敷设。

同沟敷设光缆或电缆时，应同期分别牵引敷设。如果与直埋电缆同沟敷设，那么应先敷设电缆，后敷设光缆，并在沟底平行排列。如果同沟敷设光缆，那么应同时分别布放，在沟底不得交叉或重叠放置。光缆应平放于沟底或自然弯曲，以释放光缆应力，若有弯曲或拱起，则应设法放平，但绝对不可以采用脚踩等强硬方式。

（4）进行标识。

直埋光缆的接头处、转弯点、预留长度处或与其他管线的交汇处，应设置标志，以便日后的维护检修。标志既可以使用专制的标识，也可借用光缆附近的永久性建筑，要测量该建筑某部位与光缆的距离，并进行记录以备查考。由于光缆的硬度比较大，因此选择水平方式将光缆推放置地面，可以尽可能地增大光缆的弯曲半径，保证光纤在弯曲中不会被损坏，同时也避免了线路推拉时的摩擦损坏。

如果在建筑物内，光缆的布放是从高处向低处布放的，可以利用其自身的重力沿弱电井进行施工，光缆沿弱电井布放的示意图如图 4-73 所示。

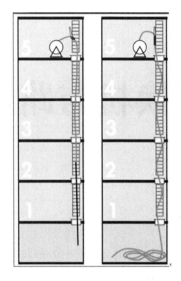

图 4-73　光缆沿弱电井布放的示意图

项目小结

　　本项目通过 5 个工作任务介绍了综合布线系统施工的主要技术，主要内容有施工前的安全教育、线管与线槽的敷设技术、双绞线的布放技术、双绞线的端接技术及光缆的熔接与布放方法等。本项目的教学内容基本上都需要在综合布线实训室内完成，学生学习与掌握的重点内容是双绞线的布放与端接技术，光缆的熔接技术可以根据学校的硬件配置情况有选择地学习。通过本项目的学习，使学生能够对综合布线系统施工的基本技术有所了解与掌握，为今后适应工作岗位的技术要求打下基础。

思考与练习

1．工程施工前，为什么要对施工人员进行安全教育？

2．要做到安全施工，需要注意哪些方面的事项？

3．桥架的安装方式主要有哪几种？常见的是什么方式？

4．金属管明敷有什么要求？

5．线缆布线时需要注意什么？

6．线槽敷设的支撑保护要求是什么？

7．安装信息模块时，线缆的顺序是怎么排列的？

8．光纤的切割可以使用平时使用的剪刀吗？为什么？

9．光纤熔接完成后，为什么要套上热缩管？

10．综合布线系统中的线管管径非常大时，还可以使用弯管器吗？

项目 5　交换机与路由器的配置

项目描述

某信息工程技术学校的校园网络将采用传统的以太网三层架构：核心层、汇聚层和接入层，考虑到布线成本，汇聚层到核心层采用光缆连接，网络采用双核心架构。因为信息点较多，网络系统中有大量的交换机需要配置，同时由于有跨网段数据通信，因此路由设备的使用必不可少。掌握交换机和路由器的基本配置是每一个网络工程师最基本的技术要求。

项目分析

如果抛开技术层面的内容，单纯从物理连接的角度考虑，系统集成是由传输介质、网络互联设备和资源设备三大块组成的。不同的组网工程其实就是这三大块设备不同的排列组合。而这三大块中，作为网络核心的是网络互联设备中的交换机或路由器，从某种意义上说，核心交换机或核心路由器的性能决定着一个网络的整体性能。对于一个新建学校来说，有大量的设备需要配置，特别是接入层的交换机数量非常多，需要对每台交换机进行配置，虽然配置内容基本相同，但是工作量比较大。

项目分解

工作任务 1　认识交换机
工作任务 2　Packet Tracer 模拟器的使用
工作任务 3　对交换机进行基本配置
工作任务 4　认识路由器
工作任务 5　对路由器进行基本配置

工作任务 1　认识交换机

1. 交换与交换机

交换是根据通信两端传输信息的需要，使用人工或设备自动完成的方式将需要传输的信息发送到符合要求的相应路由的技术统称。交换与交换机最早起源于电话通信系统，交换机示意图如图 5-1 所示，中间的交换如果是人工进行的就是人工交换机。这种场面在现在放映的我国早期的电影中还能看到，一方拿起话筒一阵猛摇，局端是一排插满线头的机器，戴着耳麦的话务员接到连接邀请后，将线头插在相应的出口，为两个用户端建立连接，直至通话结束。不过现在早已普及程控交换机，像图中的交换过程可以自动完成。

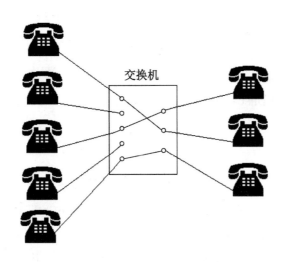

图 5-1　交换机示意图

在计算机网络系统中，交换概念的提出主要是为了改进共享工作模式。集线器就是一种共享设备，一般集线器对数据包的处理是简单地将数据包复制并重制后，送往目前连接该集线器的各种设备上，因此数据包充斥在整个连通的网络中，而且同时仅有一组数据交换的信号。如果整个网络内部数据传输的负载相当大，那么将造成整个区域内的带宽被各式各样的数据包所占据，容易发生冲突，同时将导致网络传输的速率明显降低与不足。

交换机又称网络开关，是通过专门的设计，使计算机能够相互高速通信的独享带宽的网络设备，常见的交换机外形如图 5-2 所示。如果想拥有一条带宽很高的背部总线和内部交换矩阵，那么所有的端口都要挂接在这条背部总线上，控制电路接收到数据包后，处理端口会查找内存中的地址对照表，从而确定目的地址挂接在哪个端口上，通过内部交换矩阵迅速地将数据包传送到目的端口，如果目的地址在地址表中不存在，那么就要将数据包发往所有的端口，接收端口回应后，交换机将把它的地址添加到内部地址表中。

图 5-2　常见的交换机外形

2．交换机的接口类型

图 5-3　交换机的 RJ-45 接口

（1）RJ-45 接口。

这种接口是现在较为常见的网络设备接口，专业术语为 RJ-45 连接器，属于双绞线以太网接口类型，交换机的 RJ-45 接口如图 5-3 所示。RJ-45 插头只能沿固定方向插入，并设置一个塑料弹片与 RJ-45 插槽卡住，以防止脱落。

这种接口在 10 Base-T 以太网、100 Base-TX 以太网和 1 000 Base-TX 以太网中都可以使用，传输介质都是双绞线，不过根据带宽的不同对介质也有不同的要求。特别是当 1 000 Base-TX 千兆位以太网连接时，至少要使用超 5 类线，如果需要保证稳定的高速，那么还要使用 6 类线。

（2）SC 光纤接口。

光纤接口的类型很多，SC 光纤接口主要用于局域网的交换环境，在一些高性能千兆位交换机和路由器上提供这种接口。该接口通常不是交换机的标准配置，需要通过外接光纤模块才能使用，SC 光纤模块如图 5-4 所示。它与 RJ-45 接口看上去很相似，只不过 SC 光纤接口显得更扁些，其明显区别还是里面的触片，若是 8 条细的铜触片，则是 RJ-45 接口；若是一根铜柱，则是 SC 光纤接口。

（3）Console 接口。

可进行网络管理的交换机上一般都有一个 Console 接口，它是专门对交换机进行配置和管理的。通过 Console 接口连接并配置交换机是配置和管理交换机必须经过的步骤，Console 接口是最常用的、最基本的交换机管理和配置接口。

不同类型的交换机 Console 接口所处的位置并不相同，有的位于前面板，有的位于后面板。通常是模块化交换机的 Console 接口位于前面板，固定配置交换机的 Console 接口位于后面板。在该接口的上方或侧方都会有"Console"字样的标识。

除了位置不同，Console 接口的类型也有所不同，绝大多数交换机都采用 RJ-45 接口，但也有少数采用 DB-9 串口或 DB-25 串口。DB-9 串口如图 5-5 所示。

图 5-4　SC 光纤模块

图 5-5　DB-9 串口

无论交换机是采用 DB-9 串口或 DB-25 串口，还是采用 RJ-45 接口，都需要通过专门的 Console 线连接至配置方计算机的串行接口，与交换机上不同的 Console 接口相对应。Console 线也分为两种：一种是串行线，即两端均为串口（两端均为母头），两端可以分别插入计算机的串口和交换机的 Console 接口，串行线及接口形状如图 5-6 所示；另一种是两端均为 RJ-45 接头（RJ-45 to RJ-45）的扁平线。由于扁平线两端均为 RJ-45 接头，无法直接与计算机串口进行连接，因此必须同时使用一个 RJ-45 to DB-9（或 RJ-45 to DB-25）适配器，如图 5-7 所示。通常情况下，在交换机的包装箱中都会随机赠送一条 Console 线和相应的 RJ-45 to DB-9 或 RJ-45 to DB-25 适配器。

现在有些网络设备厂商为了方便用户，制作了配置线提供给用户，此配置线一头为 RJ-45 接口，另一头为串行 DB-9 接口，用户可以直接使用。配置线如图 5-8 所示。

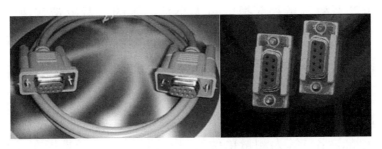

图 5-6　串行线及接口形状

图 5-7　RJ-45 to DB-9 适配器　　　　　　　图 5-8　配置线

3. 交换机的主要技术指标

交换机的基本技术指标较多，这些技术指标全面地反映了交换机的技术性能及其主要功能，是用户选购产品时的重要参考依据，其中主要的技术指标如下。

（1）端口数量。

端口是指交换机连接网络传输介质的接口部分。目前交换机的端口大多数都是 RJ-45 接口，外观上与集线器的端口一样，交换机的端口主要有 8 端口、16 端口、24 端口及 48 端口。

（2）端口速率。

千兆位交换到桌面已经是网络发展的一个趋势，因此用户应尽量选择 10/100/1 000 Mbit/s 自适应的交换机。每个端口独享 10 Mbit/s 或者 100 Mbit/s 或者 1 000 Mbit/s 带宽。端口的实际速率不仅取决于交换机，还取决于与之连接的网卡连接速度。

（3）机架插槽数和扩展槽数。

机架插槽数是指机架式交换机所能安插的最大模块数；扩展槽数是指固定配置式带扩展槽交换机所能安插的最大模块数。

（4）背板带宽。

背板带宽代表着交换机总的数据交换能力，单位为 G，也称交换带宽。只有模块交换机（拥有可扩展插槽，可灵活改变端口数量）才有这个概念，固定端口交换机是没有这个概念的，并且固定端口交换机的背板容量和交换容量大小是相等的。背板带宽决定了各板卡（包括可扩展插槽中尚未安装的板卡）与交换引擎间连接带宽的最高上限。由于模块化交换机的体系结构不同，因此背板带宽并不能完全有效代表交换机的真正性能。

（5）包转发率。

整机包转发率也称为吞吐量，是指网络、设备、端口或其他设施在单位时间内成功地传送数据的数量（以比特、字节等为测量单位），也就是说吞吐量是指在没有帧丢失的情况下，设备能够接收并转发的最大数据速率。吞吐量是一个极限指标，即网络设备在所有端口满配，并工作在端口的最高线速的情况下的一个指标。以城市的高速公路交通系统来比喻的话，一台交换机的吞吐量相当于进出这个系统的所有城市的交通流量之和，即交换机所有端口的双向（双工）包转发率之和。吞吐量的大小主要由网络设备的内外网接口硬件、程序算法的效率决定，尤其是程序算法，对于需要进行大量运算的设备来说，算法的低效率会使通信量大打折扣。

（6）MAC 地址表大小。

连接到局域网上的每个端口或设备都需要一个 MAC 地址，其他设备要用此地址来定位特定的端口及更新路由表和数据结构。一个交换机的 MAC 地址表的大小反映了连接到该设备时能支持的最大节点数。

（7）可网管。

可网管是指网络管理员通过网络管理程序对网络上的资源进行集中化的管理，包括配置管理、性能和记账管理、问题管理、操作管理和变化管理等。一般交换机厂商会提供管理软件或第三方管理软件来远程管理交换机。

可网管交换机是指符合 SNMP 协议（简单网络管理协议），能够通过软件手段进行诸如查看交换机的工作状态、开通或封闭某些端口等管理操作的交换机。网络管理界面分为命令行方式（CLI）与图形用户界面（GUI）方式，不同的管理程序反映了该设备的可管理性及可操作性。

（8）缓冲区大小。

缓冲区大小有时又称包缓冲区大小，是一种队列结构，是交换机用来协调不同网络设备之间的速度匹配问题的。突发数据可以存储在缓冲区内，直到被慢速设备处理为止。缓冲区的大小要适度，过大的缓冲空间会影响正常通信状态下数据包的转发速度（因为过大的缓冲空间需要相对多一点的寻址时间），并增加设备的成本；而过小的缓冲空间在发生拥塞时又容易丢包出错，所以适当的缓冲空间加上先进的缓冲调度算法是解决缓冲问题的合理方式。

4．交换机的工作原理

当交换机控制电路从某一端口收到一个数据帧后，会立即在其内存的地址表中进行查找，以确认该目的地址的网卡连接在哪一个端口，然后将该帧转发至该端口。如果在地址表中没有找到该物理地址，也就是说，该目的物理地址是首次出现，那么要将其广播到所有端口。拥有该物理地址的网卡在接收到该广播帧后，将会立即做出应答，从而使交换机将其端口号物理地址添加到交换机中的地址表中。

在交换机刚刚打开电源时，地址表是一片空白。那么，交换机的地址表是怎样建立起来的呢？交换机是根据以太网帧中的源物理地址来更新地址表的。当一台计算机接通电源后，安装在该计算机中的网卡会定期发出空闲包或信号，交换机可据此得知它的存在及其物理地址。因为交换机能够自动根据收到的以太网帧中的源物理地址更新地址表的内容，所以交换机使用的时间越长，地址表中存储的物理地址越多，未知的物理地址就越少，因而广播包就越少，速度就越快。

交换机不会永久性地记住所有的端口号物理地址，毕竟交换机中的内存有限，因此，能够记忆的物理地址数量也是有限的。在交换机内有一个忘却机制，当某一物理地址在一定时间内不再出现（该时间由系统集成师设定，默认为 300 秒），交换机自动将该地址从地址表中清除；当下一次该地址重新出现时，交换机将其作为新地址处理，重新记入地址表中。

小试牛刀

1．了解交换机的品牌

现在市场上交换机的品牌有很多种，请各小组利用业余时间收集交换机的品牌信息，并按照表 5-1 的格式编写"交换机品牌信息表"。

2．认识交换机的端口

教师准备几款交换机，或收集多种交换机的清晰图片制作成电子文稿演示给学生看，请学生认真观察交换机的端口情况，按照表 5-2 的格式填写"交换机端口情况表"。

表 5-1　交换机品牌信息表

品　　牌	主要产品型号	主要端口类型	端 口 速 率
……			

表 5-2　交换机端口情况表

品　　牌	型　　号	端 口 类 型	端 口 特 征
……			

3．某品牌交换机的性能指标

查找锐捷、神州数码、新华三三款交换机的性能指标资料，并填写表 5-3。

表 5-3　三款交换机的性能指标资料

性 能 指 标	品　　牌		
	锐捷 S5310-24GT4XS-E	神州数码 DCRS-ES320-26C	新华三 H3C LS-E528C-H1I
端口数量			
端口速率			

一比高下

1．每小组选派一名代表或教师指定一名代表谈一谈对交换机的认识。

2．每小组选派一名代表介绍某国产品牌交换机的情况（含公司的发展、现在的规模、主要的市场空间、主要的产品等）。

开动脑筋

1．交换机在网络中是一种什么设备？交换机主要应用于局域网还是广域网？

2．没有配置过的交换机能使用吗？

3．平时所说的三层交换机、二层交换机是什么意思？有没有五层交换机？

4．所有的交换机都有 Console 接口吗？

5．交换机在网络中的主要作用是什么？

课外阅读

防火墙

防火墙是设置在内部网络与互联网之间用来强制执行内网安全策略的一个系统，它是可以防止外部网络用户以非法手段进入内部网络、访问网络资源，保护内部网络操作环境的特殊网络互联设备。防火墙实物图如图 5-9 所示。

图 5-9　防火墙实物图

防火墙主要用于保护安全网络，免受不安全网络的侵害，典型情况是安全网络为企业内部网络，不安全网络为 Internet。当然，防火墙也可以用于企业内部网络中不同部门之间的网络。

防火墙的作用主要可分为以下几点。

（1）过滤信息，保护网络上的服务。防火墙过滤掉一些先天就不安全的服务，它能够极大地增强内部网络的安全性，降低内部网络中主机被攻击的危险性。

（2）控制对网络中系统的访问。防火墙具有控制访问网络系统的能力。例如，来自外部网络的请求可以到达内部网络的指定机器，而无法到达内部网络的其他机器，保证了内部网络的安全。

（3）集中和简化安全管理。使用防火墙可以使网络管理无须对内部网络的每台主机专门配置安全策略，只需要对防火墙做合理的配置，就可以实现对整个网络的保护。当安全策略需要调整时也只需修改防火墙，从而实现了对内部网络的集中安全管理和简化安全管理。

（4）方便监视网络的安全性。对一个内部网络而言，重要的问题并不是网络是否受到攻击，而是何时会受到攻击。防火墙可以在受到攻击时通过 E-mail、短信等方式及时通知网络管理员，管理员得到响应，并及时处理。

（5）增强网络的保密性。所谓保密性是指保证信息不会被泄露与扩散。保密性在一些网络中是首先要考虑的问题，因此通常被认为是无害的信息实际上包含着对攻击者有用的线索。某些防火墙会配置用来阻止某些服务的功能。

（6）对网络存取和访问进行监控、审计。例如，防火墙会将内外网络之间的数据访问加以记录，并提供关于网络使用有价值的统计信息，供网络管理员分析。

（7）强化网络安全策略。防火墙提供了实现和加强网络安全策略的手段。实际上，防火墙向用户提供对服务的访问控制，起到了强化网络对用户访问控制策略的作用。

防火墙的部署

一般来说，企业内连网常采用局域网技术，外部网常为广域网，需要用路由器来互联内连网和外部网，因此路由器所在的位置也是防火墙的位置，有时路由器也具有防火墙的功能。防火墙设施通常具有 2 个或者 1 个端口，双端口时分别接外部网和内连网。防火墙还能通过提供 DMZ 接口和提供外网主机对内网进行特定主机的访问，如挂载于内网上的电子邮件服务器与 WWW 服务器。防火墙的典型部署方式如图 5-10 所示。

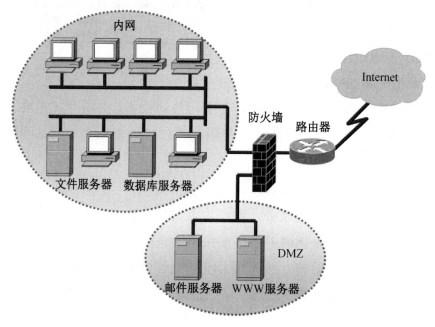

图 5-10 防火墙的典型部署方式

工作任务 2 Packet Tracer 模拟器的使用

1. Packet Tracer

Packet Tracer 是由 Cisco 公司开发的一款辅助学习工具，为希望掌握 Cisco 网络设备使用的网络初学者设计、配置、排除网络故障提供了网络模拟环境。学习者可以在软件的图形用户界面上直接使用拖曳方法建立网络拓扑、模拟配置网络设备，并可提供数据包在网络中传输时的详细处理过程，观察网络实时运行情况。虽然这款软件中的设备和命令只针对 Cisco 网络设备，但是学习者可以举一反三，对学习和掌握其他品牌的网络设备同样有很大的借鉴价值。

2．初识 Packet Tracer

启动 Packet Tracer 7.2.1，选择 guest login 后等待 10 秒，进入如图 5-11 所示的 Packet Tracer 7.2.1 的工作界面。

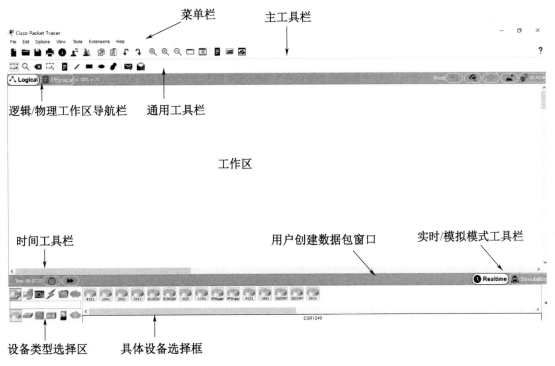

图 5-11　Packet Tracer 7.2.1 的工作界面

（1）菜单栏。

菜单栏由文件、编辑、选项、视图、工具、扩展和帮助菜单构成。用户既可以在这些菜单中使用诸如打开、保存、属性配置等基本命令，也可以使用扩展菜单中的"Activity Wizard"。它为学习者搭建了一个具体的网络环境，能够完成具体的搭建和配置，从而了解用户的技能掌握情况并给予具体的分值评价。

（2）主工具栏。

主工具栏提供了文件、编辑等菜单命令的快捷按钮，可以进行保存、打印、复制、粘贴、撤销、重做、缩放等操作。

（3）通用工具栏。

通用工具栏列出了一些常见的操作，如对象的选择、移动、删除、创建注释、创建图形、用户创建数据包窗口等，让用户使用起来更加方便。

（4）工作区。

工作区是用户创建网络、配置网络的主要区域，还可以查看各种信息和统计结果。

（5）实时/模拟模式工具栏。

Packet Tracer 提供了两种模式：实时模式和模拟模式。实时模式也就是真实模式，即所有操作的效果和真实的环境是一致的。例如，ICMP 数据包从 PCA 主机发出，到达 PCB 主机 4 应 4 答的正常响应的时间，这就是实时模式；而模拟模式可以让时间暂停，当 PCA 主机发出 ICMP 数据包时，数据包的每一跳、每一个动作都可以通过手动控制来查看，可以显示数据包的封装结构及数据通信过程，便于用户的学习和理解。

（6）设备类型选择区和具体设备选择框。

这是创建网络时所必须进行选择的内容，在设备类型选择区中可以选择要拖曳到工作区网络设备的类型，可以选择的类型有路由器、交换机、集线器、无线网络设备、线缆、各种终端设备和广域网设备等，单击某一类型后，在其右边的特定设备选择框中会出现具体的该类型的 Cisco 设备的型号。例如，单击交换机按钮后，在其右侧会显示各种 Cisco 交换机的具体设备，如 2960、3560-24PS、3650-24PS 等。

（7）用户创建数据包窗口。

在此区域，用户可以在模拟模式中通过创建简单和复杂 PDU，查看数据包中更多的信息。

3．Packet Tracer 的使用

熟悉了 Packet Tracer 的工作界面后，接下来可以创建一个最简单的网络拓扑来熟悉软件的使用，该网络拓扑如图 5-12 所示。

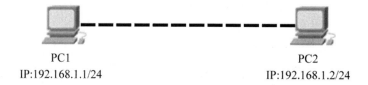

PC1
IP:192.168.1.1/24

PC2
IP:192.168.1.2/24

图 5-12　网络拓扑

（1）新建 Packet Tracer 文档。

启动程序后，程序会默认新建一个 Packet Tracer 文档，也可以通过执行 "File" 菜单的 "New" 命令来新建文档。

（2）拖放网络设备。

在左下方的设备类型选择区中，单击图标 ，即选中终端设备类型，在右侧的具体设备选择框中，选中第一个图标 ，即普通的 PC，将其拖曳到工作区，完成第一台 PC 的放置，使用同样的方法再放置一台 PC。

（3）连接设备。

在设备类型选择区中，单击图标 ，选中线缆类型。在右侧出现的具体设备选择框中，单击交叉线图标 。在 PC 上单击，在弹出的快捷菜单中执行"FastEthernet0"命令，移动鼠标指针到另一台 PC 上并单击，仍旧执行"FastEthernet0"命令，选择 PC 的端口，如图 5-13 所示，完成两台 PC 设备的连接。

（4）设置显示选项。

在菜单栏中，执行"Options"菜单中的"Preferences"命令，出现如图 5-14 所示的"Preferences"对话框。在"Interface"选项卡中，不勾选"Show Link Lights""Show Device Model Labels"复选框，勾选"Always Show Port Labels in Logical Workspace"复选框，意为不显示连接指示灯、隐藏设备标签和显示端口标签，其余执行默认命令。

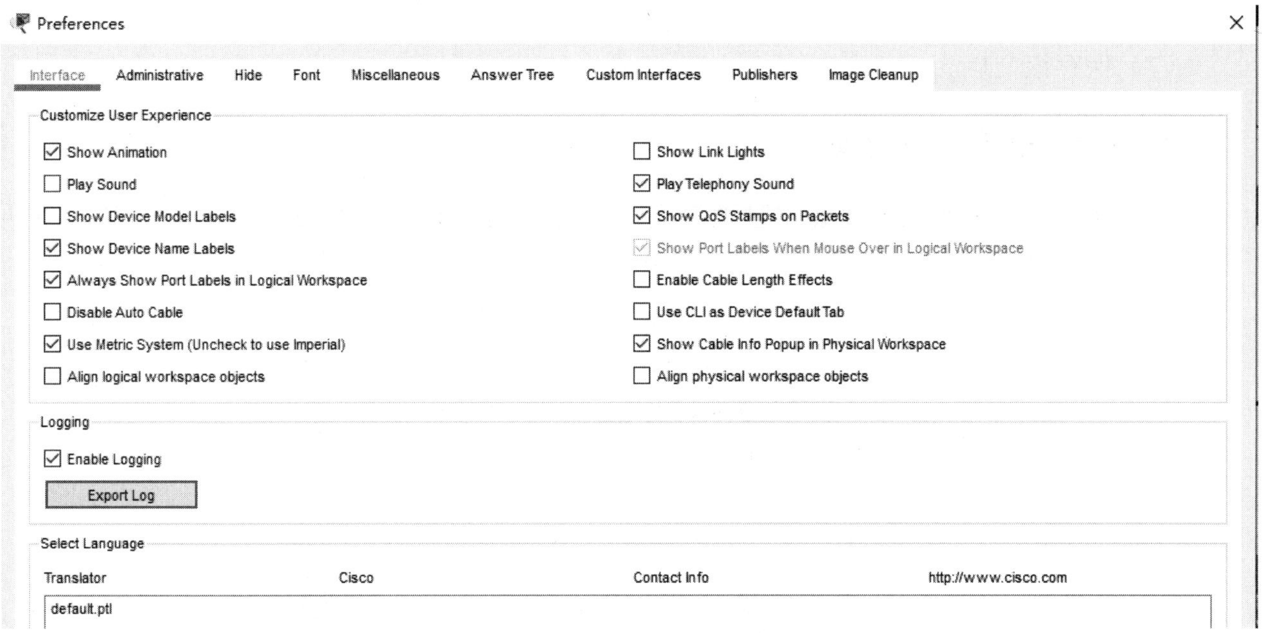

图 5-13　选择 PC 的端口

图 5-14　"Preferences"对话框

（5）为设备添加文本标签。

在右侧的常用工具栏中，单击图标 ，在工作区需要放置文本的地方单击，输入 PC 的显示名称和 IP 地址等文本内容。

（6）配置 PC 的 IP 地址和子网屏蔽。

在工作区内，双击 PC 图标，会出现 PC1 的配置对话框，单击"Desktop"选项卡，再单击"IPv6 Configuration"，然后分别输入 PC1 的 IP 地址和子网屏蔽，配置 PC1 的 IP 地址和子网屏蔽如图 5-15 所示。使用同样的方法，完成 PC2 的 IP 地址的配置。

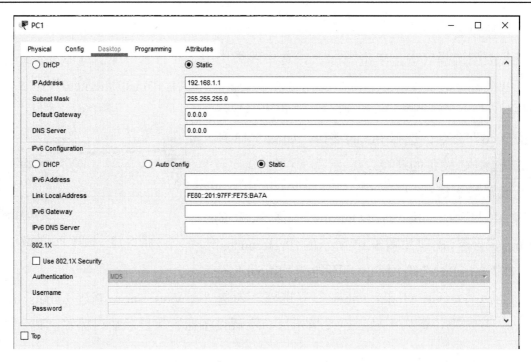

图 5-15　配置 PC1 的 IP 地址和子网屏蔽

（7）保存该文档。

4．创建一个网络拓扑模型

熟悉了 PC 和交换机等设备的管理界面后，再次利用 Packet Tracer 创建一个图 5-16 所示的网络拓扑模型。

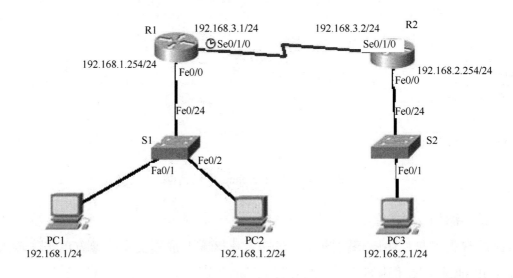

图 5-16　网络拓扑模型

（1）拖曳设备。

单击设备类型选择区中左边第一个路由器的图标，选择 1841 路由器，将其拖曳到工作区。双击该图标，进入"Router0"对话框，单击"Physical"选项卡，关闭电源，再单击左侧的"WIC-2T"选项，添加路由器的串口模块如图 5-17 所示，从下方将模块的图标拖曳到设备模块放置处，修改设备，显示名称为"R1"，接通电源。使用同样的方法，放置 R2。

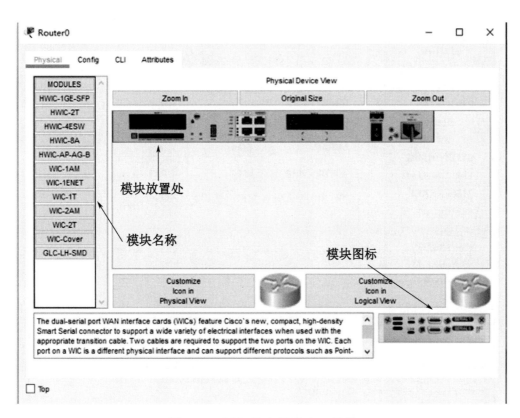

图 5-17　添加路由器的串口模块

单击设备类型选择区中的交换机，选择"2950T"，拖曳两台 PC 到工作区的相应位置，修改名称分别为"S1""S2"。使用类似的方法放置三台 PC，显示名称命名为"PC1""PC2""PC3"。

（2）连接设备。

单击线缆图标，选择图标 🖋，即 DCE 串口线缆，然后在 R1 上单击，在弹出的菜单中选择"Serial0/1/0"端口。移动鼠标指针到 R2，同样选择"Serial0/1/0"端口。

单击线缆图标，选择图标 ✏，即直通电缆。使用类似的方法，连接相应设备的相应端口。

（3）设置选项。

在菜单栏中执行"Options"菜单中的"Preferences"命令，显示连接指示灯、显示端口标签、隐藏设备标签。

（4）设置端口的 IP 地址。

对路由器等网络设备来说，它们都是多端口的转发设备，其 IP 地址是针对端口设置的。列如，此处路由器的 IP 地址设置就需要对其 Serial0/1/0 端口与 FastEthernet0/0 端口分别设置，设置端口的 IP 地址如图 5-18 所示。当然此处路由器 IP 地址的设置只是模拟设置的方法，在真实的交换机配置中，是通过"CLI"选项卡来实现的，后面的章节会进行学习。

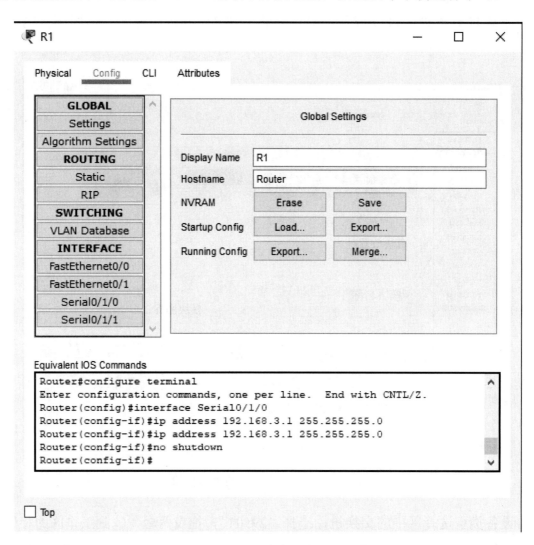

图 5-18　设置端口的 IP 地址

双击 PC 的图标，单击"Desktop"选项卡，再单击"IPv6 Configuration"，设置 PC 的 IP地址。

（5）添加标签及说明。

使用"文本标签"工具，在相应的位置标明设备的名称和端口的 IP 地址。

小试牛刀

（1）使用 Packet Tracer 创建图 5-19 所示的网络拓扑结构，将 3 台 PC 共同连接在 1 台集线器上，要求显示设备标签，然后输入相应的文本标签，最终保存文档。

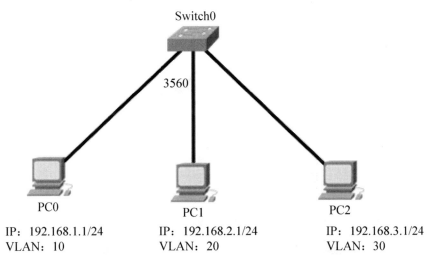

图 5-19　网络拓扑结构

（2）使用 Packet Tracer 创建图 5-20 所示的拓扑结构，修改设备名称，添加必要的标签说明，并保存为 PKT 文件。

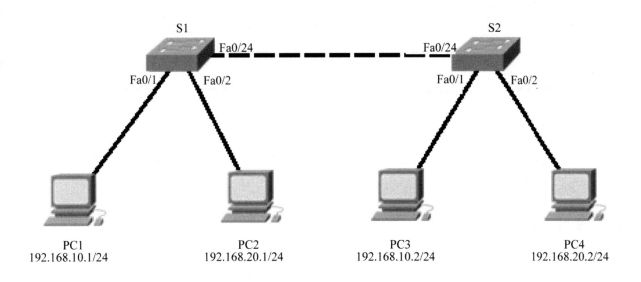

图 5-20　拓扑结构

一比高下

1. 各小组选派一名代表谈一谈对 Packet Tracer 的认识。

2. 各小组在规定的时间内完成复杂的网络拓扑的绘制，如图 5-21 所示。

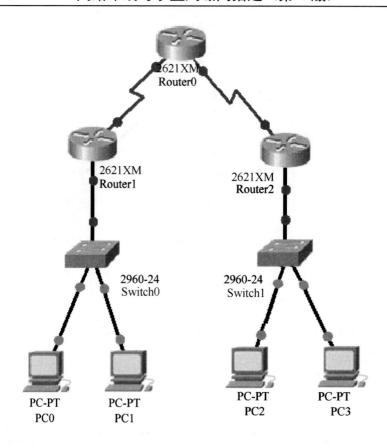

图 5-21　复杂的网络拓扑

 开动脑筋

1．Packet Tracer 可以模拟所有的网络设备吗？

2．Packet Tracer 有自我检查功能吗？

 课外阅读

Packet Tracer 中的设备管理

1．PC 的管理

在设备类型选择区中单击图标⬜，在具体设备选择框中执行第一项"PC-PT"命令，将设备拖曳到工作区，然后双击该设备，进入 PC 的管理界面，如图 5-22 所示。系统对同类型的设备编号是默认从"0"开始的，所以该 PC 的默认名称为"PC0"。

在 PC 的管理界面有 3 个选项卡，分别是"Physical"（物理）、"Config"（配置）和"Desktop"（桌面）。

在"Physical"选项卡中，用户可以更改该设备拥有的网络模块，支持的模块有无线网卡模块、以太网网卡模块、快速以太网网卡模块和光纤模块等。更改时，首先在模拟的计算机面板上关闭电源按钮，将面板下方已有的网络模块移走，再从下方将已选择的添加的网络模块拖曳到面板下方的空白位置，即可完成模块的更改。

在"Config"选项卡中，用户可以修改该设备的基本配置。选择左侧的"GLOBAL"选项，可以进行 PC 的全局性设置，如修改 PC 的默认名称、设置 PC 的网关和 DNS 等。"INTERFACE"选项列出了这台 PC 现有的网络端口，选择后可以进行该网络端口的设置，如 IP 地址、子网屏蔽等，PC 网络端口的设置如图 5-23 所示。

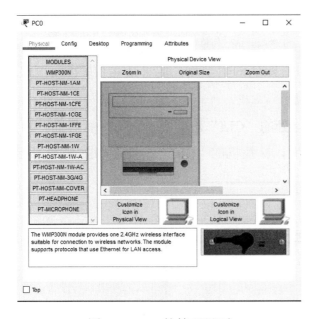

图 5-22　PC 的管理界面

图 5-23　PC 网络端口的设置

在"Desktop"选项卡中，用户可以模拟 PC 操作系统中常见的网络功能，包括拨号、终端、命令行、Web 浏览器和无线网络功能，如图 5-24 所示。

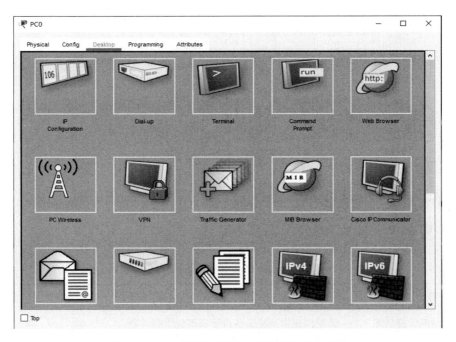

图 5-24　PC 操作系统中常见的网络功能

2．交换机的管理

在工作区放置交换机的图标后，双击进入交换机的管理界面，与 PC 类似，也有 3 个选项卡，交换机没有虚拟桌面的网络功能，但是具有特有的 IOS，所以第 3 个选项卡被换成了"CLI"（命令行界面）选项卡。在"Physical"选项卡中，用户可以更改交换机的硬件，为交换机添加或者删除不同的网络端口；在"Config"选项卡中，除了修改名称等一些常见的配置，还可以单击"SWITCH"，再选择下方出现的"VLAN Database"选项，这时在右侧允许为该交换机添加和删除 VLAN。选择"INTERFACE"选项，因为这台交换机是一台 24 口的快速以太网交换机，所以会逐步列出 24 个快速以太网的网络端口，编号从 0/1 至 0/24，单击某一个网络端口就可以查看该网络端口的具体信息。

为了方便操作，Packet Tracer 允许用户通过此处的"CLI"选项卡进入命令行界面，用户可以在此输入各种命令，完成对交换机的各项配置，交换机的"CLI"选项卡如图 5-25 所示。

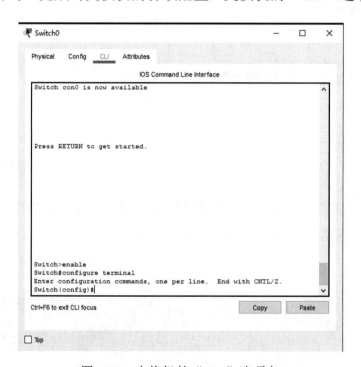

图 5-25　交换机的"CLI"选项卡

3．线缆选择

在 Packet Tracer 的设备类型选择区中单击图标，在其右侧出现支持的线缆类型，Packet Tracer 中支持的线缆类型的图标及作用见表 5-4。

表 5-4　Packet Tracer 中支持的线缆类型的图标及作用

图　标	线　缆	作　用
	自适应选择线缆	系统能根据两端设备自己调整线缆的类型
	Console 配置线缆	用来连接设备的 Console 接口与计算机的 RS232 串口

续表

图 标	线 缆	作 用
	铜质直通线缆	用来连接交换机与计算机、交换机与路由器等不同设备之间的普通 RJ-45 接口
	铜质交叉线缆	用来连接交换机与交换机、计算机与计算机等相同设备之间的普通 RJ-45 接口
	光纤	用来实现光缆端口之间的连接
	电话线缆	用来实现语音电话模块的连接
	同轴电缆	用来实现 BNC、AUI 等同轴电缆端口之间的连接
	串行 DCE 线缆	用来连接两台路由器的串行端口，当选择该项时，先连接这根线缆的路由器端口为 DCE 端口，需要对其配置时钟频率
	串行 DTE 线缆	用来连接两台路由器的串行端口，当选择该项时，可以对任意一端的路由器的串口配置时钟频率，配置后，即为 DCE 端口
	八爪线缆	俗称八爪鱼，1 转 8 线，常使用路由器 2911 和配合 HWIC-8A 模块使用，多用于试验环境中终端控制器的线缆。
	自定义线缆	物联网 Lot 微控制器设备连接线缆
	USB 线缆	用来实现两台有 USB 接口的设备之间的连接

工作任务 3　对交换机进行基本配置

1．交换机的组成

交换机相当于一台特殊的计算机，交换机也由硬件和软件两部分组成，同样有 CPU、存储介质和操作系统，只不过这些都与 PC 有些差别。

软件部分主要是 IOS 操作系统，硬件主要包含 CPU、端口和存储介质。交换机的端口主要有以太网端口（Ethernet）、快速以太网端口（Fast Ethernet）、吉比特以太网端口（Gigabit Ethernet）和控制台端口。存储介质主要有 ROM（Read-Only Memory，只读存储设备）、FLASH（闪存）、NVRAM（非易失性随机存储器）和 DRAM（动态随机存储器）。

其中，ROM 相当于 PC 的 BIOS，交换机加电启动时，将首先运行 ROM 中的程序，以实现对交换机硬件的自检，并引导启动 IOS。该存储器在系统掉电时程序不会丢失。

FLASH 是一种可擦写、可编程的 ROM，FLASH 包含 IOS 及微代码。FLASH 相当于 PC 的硬盘，但速度要快得多，可通过写入新版本的 IOS 来实现对交换机的升级。FLASH 中的程序在掉电时不会丢失。

NVRAM 用于存储交换机的配置文件，该存储器中的内容在系统掉电时也不会丢失。

DRAM 是一种可读写存储器，相当于 PC 的内存，其内容在系统掉电时将完全丢失。

2．终端仿真程序

通过终端仿真程序可以与嵌入式系统交互，使终端仿真程序成为嵌入式系统的"显示器"。其原理是将用户输入随时发向串口，但并不显示输入，它显示的是从串口接收到的字符。而嵌入式系统的相应程序是将自己的启动信息、过程信息主动发到运行有终端仿真程序的主机，然后接收到字符返回主机，同时发送需要显示的字符（如命令的响应等）到主机。这样在主机端看来，既有输入命令，又有命令运行状态信息。终端仿真程序成了嵌入式系统的显示器，常见的终端仿真程序有 SecureCRT、Putty、XShell 等。

3．终端会话的建立

交换机在没有使用时，内部只有自身的一些信息，需要用户进行相应的设置，可以借助 SecureCRT、Putty、XShell 等终端仿真程序。使用 SecureCRT 连接交换机，首先要准备好交换机、配置线、USB 转 COM 口线缆（若计算机上有 COM 口，则不需要），然后在计算机上安装 SecureCRT 及 USB 转 COM 口的驱动。

具体操作方法如下。

（1）将 USB 转 COM 口线缆与配置线相连，配置线的另一头插入交换机控制台端口（Console），将 USB 转 COM 口线缆的 USB 接口与计算机 USB 接口相连。

（2）启动计算机，进入系统。将交换机加电自检，自检后如果电源指示灯显示为绿色，交换机就进入正常工作状态。

（3）打开计算机的设备管理器，若在串口中显示感叹号，则需要安装 USB 转 COM 口驱动，确认 COM 口的序号。计算机通过 Console 接口与交换机连接，如图 5-26 所示。

（4）在计算机上安装并启动 SecureCRT，选择协议为 Serial，端口选择设备管理器中的相应端口，波特率、数据位、奇偶位等参数依据厂家设备的相应参数选择。新建超级终端连接如图 5-27 所示。

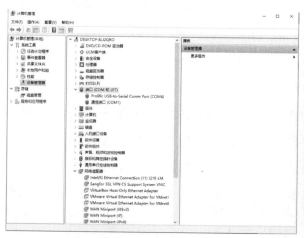

图 5-26　计算机通过 Console 接口与交换机连接

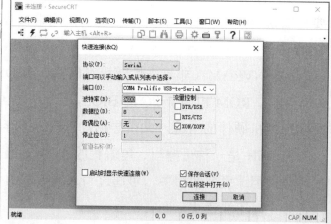

图 5-27　新建超级终端连接

（5）系统启动完成后，会出现相应的提示，提示形式为"主机名>"，表明此时交换机已经启动完成，可以进行设置了。交换机启动信息如图 5-28 所示。用户可以通过单击"断开"按钮或执行"文件"菜单中的"退出"命令来中断会话，也可以单击"呼叫"按钮，重新开始一个会话。执行"文件"菜单中的"保存"命令，可以保存该会话。

图 5-28　交换机启动信息

4．交换机的基本命令

Cisco IOS 提供了用户 EXEC 模式和特权 EXEC 模式两种基本的命令执行级别，同时还提供了全局配置、接口配置、Line 配置和 VLAN 数据库配置等多种级别的配置模式，方便用户对交换机的资源进行配置和管理。

（1）用户 EXEC 模式。

当用户通过交换机的控制台端口或 Telnet 会话连接并登录到交换机时，此时所处的命令执行模式就是用户 EXEC 模式。在该模式下，只执行有限的一组命令，这些命令通常用于查看显示系统信息、改变终端设置和执行一些最基本的测试命令，如 Ping、Traceroute 等。

用户 EXEC 模式的命令状态行如下。

```
Switch1>
```

其中的 Switch1 是交换机的主机名，对于未配置的交换机默认的主机名是 Switch。在用户 EXEC 模式下，直接输入"？"，并按【Enter】键，可获得在该模式下允许执行的命令帮助。

```
Switch1>?
```

（2）特权 EXEC 模式。

在用户 EXEC 模式下，执行"enable"命令，进入特权 EXEC 模式。在该模式下，用户能够执行 IOS 提供的所有命令。特权 EXEC 模式的命令状态行如下。

```
Switch1#
```

```
Switch1>enable
Password:
Switch1#
```

在启动配置中，如果设置了登录特权 EXEC 模式的密码，系统会提示输入用户密码，密码输入时不回显，输入完毕按【Enter】键，密码校验通过后，即进入特权 EXEC 模式。若进入特权 EXEC 模式的密码未设置，则不会要求用户输入密码。

```
Switch1>enable
Switch1#
```

若要设置或修改进入特权 EXEC 模式的密码，则配置命令如下。

```
enable secret
```

在特权 EXEC 模式下输入"？"，可获得允许执行全部命令的提示。离开特权 EXEC 模式，返回用户 EXEC 模式，可执行"exit"命令或"disable"命令。

```
Switch1#?
Switch1# disable  或 exit
Switch1>
```

重新启动交换机，可执行"reload"命令。

```
Switch1#reload
```

（3）全局配置模式。

在特权 EXEC 模式下，执行"config terminal"命令，即可进入全局配置模式。在该模式下，只要输入一条有效的配置命令并按【Enter】键，内存中正在运行的配置就会立即改变生效。该模式下的配置命令的作用域是全局性的，对整个交换机起作用。

全局配置模式的命令状态行如下。

```
Switch1#config terminal
Switch1(config)#
```

在全局配置模式，还可进入接口配置、Line 配置等子模式。从子模式返回全局配置模式，执行"exit"命令；从全局配置模式返回特权 EXEC 模式，执行"exit"命令；若要退出任何配置模式，直接返回特权 EXEC 模式，则直接执行"end"命令或按"Ctrl+Z"组合键。

若要设置或修改进入特权 EXEC 模式的密码为"123456"，则在全局配置模式下执行"enable secret"命令或"enable password"命令。

```
Switch1>enable
Switch1#config terminal
Switch1(config)#enable secret 123456
```

或

```
Switch1(config)#enable password 123456
```

其中，"enable secret"命令设置的密码在配置文件中是加密保存的，强烈推荐采用该方式；而"enable password"命令设置的密码在配置文件中是采用明文保存的。

此时，用户再进入特权 EXEC 模式就需要输入密码了。

```
Switch1>enable
Password:
Switch1#
```

若要设置交换机名称为 Switch 2，则使用全局配置模式下的"hostname"命令，其配置命令如下。

```
Switch1(config)#hostname Switch2
Switch2(config)#
```

对配置进行修改后，为了使配置在下次掉电重启后仍生效，需要将新的配置保存到 NVRAM 中，其配置命令如下。

```
Switch1(config)#exit
Switch1#write
```

（4）接口配置模式。

在全局配置模式下，执行"interface"命令，即进入接口配置模式。在该模式下，可对选定的端口进行配置，并且只能执行配置交换机端口的命令。接口配置模式的命令行提示符如下。

```
Switch1(config-if)#
```

若要设置 Cisco Catalyst 2950 交换机 0 号模块上的第 3 个快速以太网端口的端口通信速度为 100 Mbit/s、全双工方式，则配置命令如下。

```
Switch1(config)#interface  fastethernet 0/3
Switch1(config-if)#speed 100
Switch1(config-if)#duplex full
Switch1(config-if)#end
Switch1#write
```

（5）Line 配置模式。

在全局配置模式下，执行"line vty"或"line console"命令，将进入 Line 配置模式。该模式主要对虚拟终端（VTY）和控制台端口进行配置，其配置主要是设置虚拟终端和控制台的用户级登录密码。

Line 配置模式的命令行提示符如下。

```
Switch1(config-line)#
```

交换机有一个控制端口（Console），其编号为 0，通常利用该端口进行本地登录，以实现对交换机的配置和管理。为安全起见，应为该端口的登录设置密码，设置方法如下。

```
Switch1#config terminal
Switch1(config)#line console 0
Switch1(config-line)#?
exit        exit from line configuration mode
login       Enable password checking
password    Set a password
```

从帮助信息可知，设置控制台登录密码的命令是"password"，若要启用密码检查，即让所设置的密码生效，则还应执行"login"命令。退出 Line 配置模式，可执行"exit"命令。

若设置控制台登录密码为"654321"，并启用该密码，则配置命令如下。

```
Switch1#config terminal
Switch1(config)#line console 0
Switch1(config-line)#password  654321
Switch1(config-line)#login
Switch1(config-line)#end
Switch1#write
```

设置了该密码后，以后利用控制台端口登录访问交换机时，就会首先询问并要求输入该登录密码，密码校验成功后，才能进入交换机的用户 EXEC 模式。

交换机支持多个虚拟终端，一般为 16 个（0～15）。设置了密码的虚拟终端，就允许登录，没有设置密码的，则不能登录。如果对 0～4 条虚拟终端线路设置了登录密码，那么交换机就允许同时有 5 个 Telnet 登录连接，其配置命令如下。

```
Switch1(config)#line vty 0 4
Switch1(config-line)#password  123456
Switch1(config-line)#login
Switch1(config-line)#end
Switch1#write
```

若要设置不允许 Telnet 登录，则取消对终端密码的设置，为此通过可执行"no password"和"no login"命令来实现。

在 Cisco IOS 命令中，若要实现某条命令的相反功能，只需在该条命令前加 no，并执行前缀有 no 的命令即可。

为了防止空闲的连接长时间地存在，通常还应给通过 Console 端口的登录连接和通过 VTY 线路的 Telnet 登录连接设置空闲超时的时间，默认空闲超时的时间是 10 分钟。

设置空闲超时时间的配置命令如下。

```
exec-timeout 分钟数 秒数
```

例如，要将 vty 0-4 线路和 Console 的空闲超时时间设置为 3 分钟 0 秒，则配置命令如下。

```
Switch1#config t
Switch1(config)#line vty 0 4
Switch1(config-line)#exec-timeout 3 0
Switch1(config-line)#line console 0
Switch1(config-line)#exec-timeout 3 0
Switch1(config-line)#end
Switch1#
```

（6）VLAN 数据库配置模式。

在特权 EXEC 模式下执行"vlan database"命令，即可进入 VLAN 数据库配置模式，此时的命令行提示符如下。

```
Switch1(vlan)#
```

在该模式下可实现对 VLAN（虚拟局域网）的创建、修改或删除等配置操作。退出 VLAN 配置模式，返回到特权 EXEC 模式，可执行"exit"命令。

① 设置主机名。

设置交换机的主机名，可通过在全局配置模式中执行"hostname"命令来实现，其用法如下。

```
hostname自定义名称
```

在默认情况下，交换机的主机名默认为"Switch"。当网络中使用了多个交换机时，为了以示区别，通常应根据交换机的应用场地为其设置一个具体的主机名。例如，若要将交换机的主机名设置为"Switch1-1"，则设置命令如下。

```
Switch (config)#hostname Switch1-1
Switch1-1(config)#
```

② 配置管理 IP 地址。

在二层交换机中，IP 地址仅用于远程登录管理交换机，对于交换机的正常运行不是必需的。若没有配置管理 IP 地址，则交换机只能采用控制端口进行本地配置和管理。在默认情况下，交换机的所有端口均属于 VLAN 1，VLAN 1 是交换机自动创建和管理的。每个 VLAN 只有一个活动的管理地址，因此为二层交换机设置管理地址之前，首先应选择 VLAN 1 接口，然后再执行"ip address"命令，设置管理 IP 地址，其配置命令如下。

```
Switch (config)#interface vlan vlan-id
Switch (config-if)#ip address address netmask
```

参数说明如下。

vlan-id 代表要选择配置的 VLAN 号。

address 代表要设置的管理 IP 地址，netmask 代表子网屏蔽。

"Interface""vlan"命令用于访问指定的 VLAN 端口。二层交换机，如 2900/3500XL、2950 等没有三层交换功能，运行的是二层 IOS，VLAN 间无法实现相互通信，VLAN 端口仅作为管理端口。若要取消管理 IP 地址，则可执行"no ip address"命令。

（7）配置默认网关。

为了使交换机能与其他网络通信，就需要给交换机设置默认网关。网关地址通常是某个三层端口的 IP 地址，该端口充当路由器的功能。设置默认网关的配置命令如下。

```
Switch1(config)#ip default-gateway gatewayaddress
```

在实际应用中，三层交换机的默认网关通常设置为交换机所在 VLAN 的网关地址。若 Switch1 交换机为192.168.168.0/24网段的用户提供接入服务，该网段的网关地址为192.168.168.1，则设置交换机的默认网关地址的配置命令如下。

```
Switch1(config)#ip default-gateway 192.168.168.1
Switch1(config)#exit
Switch1#write
```

对交换机进行配置修改后，不能忘记在特权 EXEC 模式下执行"write"命令或"copy run

start"命令，并对配置进行保存。若要查看默认网关，则可执行"show ip route default"命令。

（8）查看交换机信息。

查看交换机信息，可执行"show"命令。

① 查看 IOS 版本。

查看命令如下。

```
show version
```

② 查看配置信息。

若要查看交换机的配置信息，则需要在特权 EXEC 模式下执行"show"命令，查看命令如下。

```
Switch1#show running-config        ! 显示当前正在运行的配置
Switch1#show startup-config        ! 显示保存在NVRAM中的启动配置
```

例如，若要查看当前交换机正在运行的配置信息，则查看命令如下：

```
Switch1#show run
```

（9）选择多个端口。

对于 Cisco 2950、Cisco 3560 和 Cisco 3650 等交换机，支持使用"range"关键字来指定一个端口范围，从而实现选择多个端口，并对这些端口进行统一的配置。同时选择多个交换机端口的配置命令如下。

```
interface range typemod/startport - endport
```

"startport"代表要选择的起始端口号，"endport"代表结尾的端口号，用于代表起始端口范围的连字符"-"的两端应保留一个空格，否则命令将无法识别。

例如，若要选择交换机的第 1 至第 24 口的快速以太网端口，则配置命令如下。

```
Switch1#config t
Switch1(config)#interface range fa0/1 - 24
```

🗡 小试牛刀

1．建立终端连接（在条件许可的情况下，也可以使用模拟器进行）

每个小组分配交换机一台（型号根据学校实训条件定），配置线一根，计算机一台，要求如下。

（1）仔细观察配置线的结构，特别是 RJ-45 接口，观察线序是否与平时使用的双绞线线序相同，然后记录下线序。

（2）将交换机与计算机通过配置线实现物理连接。

（3）在计算机上，每位小组成员建立以自己名字命名的超级终端，并接入交换机，查看交换机的启动情况。

2．交换机的基本配置（建议使用模拟器）

在学生计算机上安装 Packet Tracer 7.2.1 模拟器，启动该模拟器，完成以下操作。

（1）将一台计算机和一台 2950T 交换机拖曳到工作窗口，并使用配置线连接，配置实训环境，如图 5-29 所示。单击交换机图标，打开模拟器中交换机的配置窗口，如图 5-30 所示。

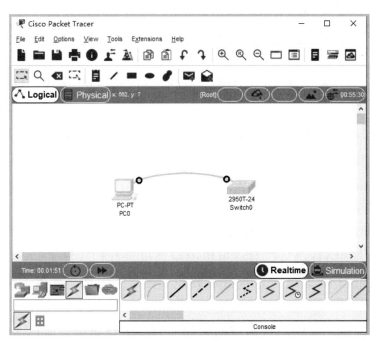

图 5-29　配置实训环境

图 5-30　模拟器中交换机的配置窗口

（2）将交换机的工作模式由用户 EXEC 模式切换到特权 EXEC 模式。

（3）将交换机的工作模式由特权 EXEC 模式切换到全局配置模式。

（4）设置交换机的主机名为"Cisco 2950T"。

（5）设置进入特权 EXEC 模式的密码为"ABC123"。

（6）将交换机 0 号模块上第 13 个快速以太网端口的端口通信速率设置为 100 Mbit/s，全双工方式。

（7）将交换机 0 号模块上第 20 个快速以太网端口的端口通信速率设置为 100 Mbit/s，全双工方式。

（8）设置控制台的登录密码为"abc123"，验证控制台的登录密码。

 一比高下

以下有 3 种实际的工作需求情况，请各小组根据情况自行设计方案，并进行交换机的配置，以实现实际需求，可以使用 Packet Tracer 完成。

1．假设某单位的网络管理员在对该单位的交换机进行初次配置后，希望以后在办公室或出差时也可以对设备进行远程管理，现在需要在交换机上做适当配置，请问他可以实现这一愿望吗？

2．假设某一交换机是宽带小区城域网中的一台楼道交换机，住户 PC1 连接在交换机的 0/4 口；住户 PC2 连接在交换机的 0/17 口，现在需要实现各家各户的端口隔离。

3．假设某企业有 2 个主要部门：销售部和技术部。其中，销售部的个人计算机系统分散连接在 2 台交换机上，它们之间需要相互进行通信，但为了数据安全起见，销售部和技术部需要进行相互隔离，现在需要在交换机上做适当配置来实现这一目标。

各小组在规定的时间内完成任务后，选派一名代表在班级进行展示。

 开动脑筋

1．交换机的 Console 接口的作用是什么？

2．以下命令的最后一条"write"命令是将配置内容存储到交换机的什么地方？

```
Switch1(config)#interface  fastethernet 0/13
Switch1(config-if)#speed 100
Switch1(config-if)#duplex full
Switch1(config-if)#end
Switch1#write
```

3．在特权 EXEC 模式下，可以修改交换机的名称吗？

4．交换机的配置线的线序与普通网线有区别吗？

课外阅读

虚拟局域网技术

虚拟局域网又称 VLAN（Virtual Local Area Network），是指在交换局域网的基础上，采用网络管理软件构建的可跨越不同网段、不同网络的端到端的逻辑网络，如图 5-31 所示。一个 VLAN 可以组成一个逻辑子网，即一个逻辑广播域，它可以覆盖多个网络设备，允许处于不同地理位置的网络用户加入一个逻辑子网中。VLAN 是建立在物理网络基础上的一种逻辑子网，因此建立 VLAN 需要相应地支持 VLAN 技术的网络设备。当网络中的不同 VLAN 间进行相互通信时，需要路由的支持。要实现路由功能，可采用路由器，也可采用三层交换机。

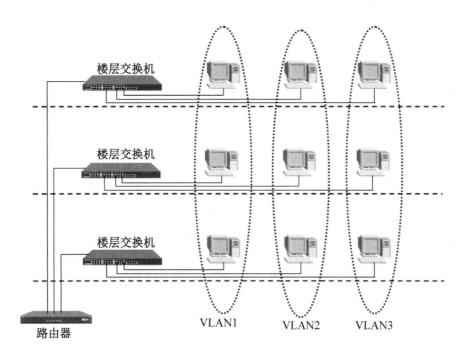

图 5-31　虚拟局域网

使用 VLAN 具有以下优点。

（1）控制广播风暴。

一个 VLAN 就是一个逻辑广播域，通过对 VLAN 的创建，隔离了广播，缩小了广播范围，也可以控制广播风暴的产生。

（2）提高网络整体安全性。

通过路由访问列表和 MAC 地址分配等 VLAN 划分原则，可以控制用户访问权限和逻辑网段大小，将不同用户群划分在不同 VLAN 中，从而提高交换式网络的整体性能和安全性。

（3）网络管理简单、直观。

对于交换式以太网，如果对某些用户重新进行网段分配，就需要网络管理员对网络系统的物理结构重新进行调整，甚至需要追加网络设备，增大网络管理的工作量。而对于采用 VLAN 技术的网络来说，一个 VLAN 可以根据部门职能、对象组或者应用将不同地理位置的网络用户划分为一个逻辑网段。在不改动网络物理连接的情况下可以任意地将工作站在工作组或子网之间移动。利用虚拟网络技术，大大减轻了网络管理和维护工作的负担，降低了网络维护费用。在一个交换网络中，VLAN 提供了网段和机构的弹性组合机制。

从技术角度讲，VLAN 的划分可依据不同的原则，一般有以下 3 种划分方法。

（1）基于端口的 VLAN 划分。

这种划分是把一个或多个交换机上的几个端口划分为一个逻辑组，这是最简单、最有效的划分方法。该方法只需网络管理员对网络设备的交换端口进行重新分配即可，不用考虑该端口所连接的设备。

（2）基于 MAC 地址的 VLAN 划分。

MAC 地址其实就是指网卡的标识符，每一块网卡的 MAC 地址都是唯一且固化在网卡上的。MAC 地址由 12 位十六进制数表示，前 8 位为厂商标识，后 4 位为网卡标识。网络管理员可按 MAC 地址把一些站点划分为一个逻辑子网。

（3）基于 IP 子网的 VLAN 划分。

拥有多种业务时，如 IPTV、VoIP、Internet 等，每种业务使用的 IP 地址网段各不相同。同一种类型业务划分到同一 VLAN 中，不同类型的业务划分到不同 VLAN 中，通过不同的 VLAN ID 分流到不同的远端服务器上，以实现业务互通。

工作任务 4　认识路由器

1. 路由与路由器

路由是路径的选择，路由概念一般用在计算机网络中，是把信息从源地址穿过网络传递到目的地址的行为，在传递过程中至少遇到一个中间节点。在网络中这种行为的实现是要通过路由器这一网络设备来完成的。路由器的外形如图 5-32 所示。

路由器的概念出现于 20 世纪 70 年代，由于当时的计算机网络都是非常简单的网络，因此路由器并没有引起很大的重视。随着网络技术的发展，尤其是最近二十年，由于大规模的计算机互联网络迅速发展，路由器在计算机网络互联应用领域得到了很好的应用，为互联网的普及做出了应有的贡献。

图 5-32　路由器的外形

路由器是一种可以在速度不同的网络和不同媒体之间进行数据转换的设备，是基于在网络层协议上保持信息、管理局域网至局域网的通信，能够较好地适用于运行多种网络协议的大型网络中使用的互联设备。

路由器具有判断网络地址和选择网络路径的功能，它能在多网络互联环境中建立灵活的连接，可使用完全不同的数据分组和介质访问方法连接各种子网。它只接收源站或其他路由器的信息，而不关心各子网所使用的硬件设备，但是它要求运行与网络层协议相一致的软件。作为网络层设备，它的功能比网桥强，它除了具有网桥的全部功能，还具有路由选择的功能。

2．路由器的功能

路由器最主要的功能是路径选择。关于路径选择问题，路由器是在支持网络层寻址的网络协议及其结构上进行的，其工作就是要保证把一个进行网络寻址的报文传送到正确的目的网络中。完成这项工作需要路由信息协议的支持。

路由信息协议简称路由协议，其主要目的是在路由器之间保证网络连接。每个路由器通过收集其他路由器的信息，建立起自己的路由表，以决定如何把其所控制的本地系统的通信报表传送到网络中的其他位置。

路由器的功能还包括过滤、存储转发、流量管理等，其基本功能如下。

（1）连接功能。

路由器能支持单段局域网间的通信，并可提供不同网络类型(如局域网或广域网)、不同速率的链路或子网端口。例如，在连接广域网时，路由器可提供 X.25、FDDI、帧中继、SMDS 和 ATM 等端口。另外，通过路由器可以在不同的网段之间定义网络的逻辑边界，从而将网络分成各自独立的广播网域。路由器也可用来做流量隔离，以实现故障的诊断，并将网络中潜在的问题限定在某一局部，避免扩散到整个网络。

（2）网络地址判断、最佳路由选择和数据处理功能。

路由器为每一种网络层协议建立并维护路由表。路由表可以由人工静态配置，也可以利用距离向量、链路状态和其他路由协议来动态产生。路由表生成后，路由器要判别每帧的协议类型，取出网络层的目的地址，并按指定协议路由表中的数据决定数据的转发与否。

路由器还可根据链路速率、传输开销、延迟和链路拥塞情况等参数来确定最佳的数据包转发路由。

在数据处理方面，其加密和优先级等处理功能可有效地利用宽带网的带宽资源。它的数据过滤功能可阻止对特定数据的转发和传播信息等，从而起到了防火墙的作用。但由于路由器转发需要频繁查找路由表，这样就增加了传输延时，与相对简单的交换机相比，路由器在数据传输的实时性方面的性能要相对差些。

（3）设备管理功能。

由于路由器工作在 OSI 第三层，因此可以了解更多的高层信息。路由器可以通过软件协议本身的流量控制参量来控制所转发的数据的流量，以解决拥塞问题，还可以支持网络配置管理、容错管理和性能管理。

除此之外，路由器还可以支持复杂的网络拓扑结构。路由器对网络拓扑结构可不加限制，甚至对冗余路径和活动环路拓扑结构也不加限制。而路由器能够执行相等开销路径上的负载平衡操作，以便最佳地利用有效信道。

3．路由器的端口

路由器具有非常强大的网络连接和路由功能，它可以与各种各样的网络进行物理连接，所以路由器的端口技术非常复杂，越是高档的路由器，其端口种类也就越多。路由器既可以对不同局域网段进行连接，又可以对不同类型的广域网络进行连接，所以路由器的端口类型一般可以分为局域网端口和广域网端口两种。

（1）局域网端口。

路由器局域网端口有多种，如 AUI 端口、BNC 端口、RJ-45 端口、FDDI、ATM 和光纤端口，现在主要使用的是 RJ-45 端口和光纤端口。

① RJ-45 端口。

RJ-45 端口是较为常见的端口，它是常见的双绞线以太网端口，这里不再过多介绍。

② 光纤端口。

光纤端口有 ST 和 SC 两种类型，在路由器中主要使用 SC 端口。

SC 端口用于与光纤的连接，一般来说，这种光纤端口是不太可能直接用光纤连接至工作站的，而是通过光纤连接到快速以太网或千兆以太网等具有光纤端口的交换机。一般高档路由器才具有 SC 端口，并且 SC 端口有相应的标注，SC 端口如图 5-33 所示。

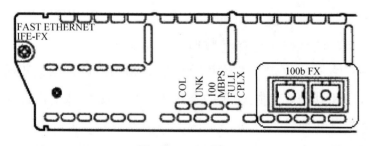

图 5-33　SC 端口

（2）广域网端口。

路由器能实现局域网之间的连接，更重要的应用还在于局域网与广域网、广域网与广域网之间的互联。因为广域网规模大，网络环境复杂，所以决定了路由器用于连接广域网的端口的速率要求非常高，在以太网中一般都要求在 1 000 Mbit/s 以上。

① RJ-45 端口。

利用 RJ-45 端口也可以建立广域网与局域网之间的 VLAN，以及与远程网络或互联网的连接。如果需要路由器为不同 VLAN 提供路由，那么可以直接利用双绞线连接至不同的 VLAN 端口。

② 高速同步串口。

在路由器的广域网连接中，应用最多的端口是"高速同步串口"，这种端口主要用于连接目前应用非常广泛的 DDN、帧中继（Frame-Relay）、X.25、PSTN 等网络连接模式。在企业网之间有时也通过 DDN 或 X.25 等广域网连接技术进行专线连接。这种同步端口一般要求速率非常高，因为通过这种端口所连接网络的两端都要保持实时同步。高速同步串口如图 5-34 所示。

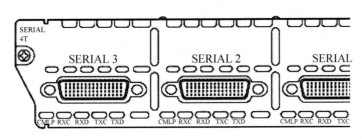

图 5-34　高速同步串口

③ 异步串口。

异步串口（ASYNC）主要应用于 MODEM 或 MODEM 池的连接，用于实现远程计算机通过公用电话网拨入网络。这种异步端口相对于同步端口，在速率上要求宽松许多，因为它并不要求网络的两端保持实时同步，只要求能连续即可。异步串口如图 5-35 所示。

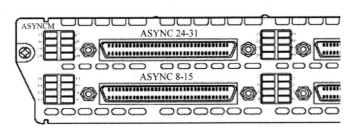

图 5-35　异步串口

④ ISDN BRI 端口。

因为 ISDN 这种互联网接入方式在连接速度上有独特的一面，所以 ISDN 刚兴起时在互联网的连接方式上还得到了充分的应用。ISDN BRI 端口用于 ISDN 线路，通过路由器实现与互联网或其他远程网络的连接，可实现 128 kbit/s 的通信速率。ISDN 有两种速率连接端口，一种是 ISDN BRI（基本速率端口），另一种是 ISDN PRI（基群速率端口），ISDN BRI 端口采用 RJ-45 标准，与 ISDN NT1 的连接使用 RJ-45 to RJ-45 直通线。ISDN BRI 端口如图 5-36 所示。

4．路由器的性能指标

（1）全双工线速转发能力。

路由器最基本且最重要的功能是数据包转发。在同样端口速率下转发小包是对路由器包转发能力最大的考验。全双工线速转发能力是指以最小包长（以太网 64 字节、POS 口 40 字节）和最小包间隔（符合协议规定）在路由器端口上双向传输，同时不引起丢包。该指标是路由器性能的重要指标。

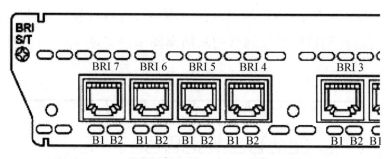

图 5-36　ISDN BRI 端口

（2）设备吞吐量。

设备吞吐量是指设备整机包转发能力，是设备性能的重要指标。路由器的工作在于根据 IP 包头或者 MPLS 标记选路，所以性能指标是每秒转发包数量。设备吞吐量通常小于路由器所有端口吞吐量之和。

（3）端口吞吐量。

端口吞吐量是指端口包转发能力，通常使用 pps（包每秒）来衡量。它通常采用两个相同速率端口测试，但是测试端口可能与端口位置及关系相关。例如，同一插卡上端口间测试的吞吐量可能与不同插卡上端口间吞吐量值不同。

（4）路由表能力。

路由器通常依靠所建立及维护的路由表来决定如何转发。路由表能力是指路由表内所容纳路由表项数量的极限。由于互联网上执行 BGP 协议的路由器通常拥有数十万条路由表项，所以该项目也是路由器能力的重要体现。

（5）背板能力。

背板能力是路由器的内部实现。背板能力能够体现在路由器吞吐量上，背板能力通常大于依据吞吐量和测试包长所计算的值。但是背板能力只能在设计中体现，一般无法测试。

（6）丢包率。

丢包率是指测试中所丢失数据包数量占所发送数据包数量的比率，通常在吞吐量范围内测试。丢包率与数据包长度及包发送频率相关。在一些环境下可以加上路由抖动或大量路由后进行测试。

（7）时延。

时延是指数据包第一个比特进入路由器到最后一个比特从路由器输出的时间间隔。在测试中通常使用测试仪表发出测试包到收到数据包的时间间隔。时延与数据包长相关，通常在路由器端口吞吐量范围内测试，如果超过吞吐量测试，那么该指标就没有意义了。

（8）VPN 支持能力。

通常路由器都能支持 VPN，其性能差别一般体现在所支持 VPN 的数量上。专用路由器一般支持 VPN 数量比较多。

5. 路由器的工作过程

为了说明路由器的工作原理，现在假设有这样一个简单的网络示意图，如图 5-37 所示。

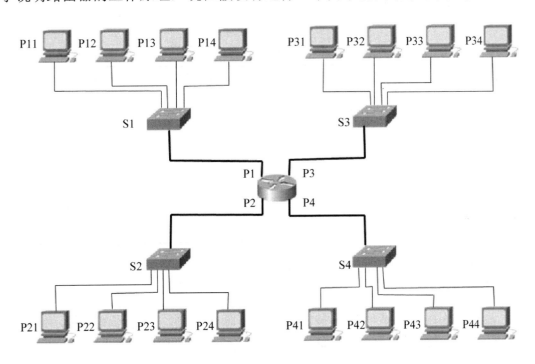

图 5-37　简单的网络示意图

P1、P2、P3、P4 四个网络通过路由器连接在一起，现在看一下图 5-37 所示的网络环境下的路由器是如何发挥路由、数据转发功能的。假设网络 P1 中的一个用户 P11 要向网络 P2 中的用户 P23 发送一个请求信号，信号传递的步骤如下。

（1）用户 P11 将目的用户 P23 的地址连同数据信息以数据帧的形式，通过交换机以广播的形式发送给同一网络中的所有节点。路由器 P1 端口侦听到这个地址后，分析得知所发目的节点不是本网段的，需要路由转发，这时就把数据帧接收下来。

（2）路由器 P1 端口接收到用户 P11 的数据帧后，先从报头中取出目的用户 P23 的 IP 地址，并根据路由表计算出发往用户 P23 的最佳路径。因为从分析得知，P2 的网络 ID 号与路由器 P2 的网络 ID 号相同，所以由路由器的 P1 端口直接发向路由器的 P2 端口是信号传递的最佳路径。

（3）路由器的 P2 端口再次取出目的用户 P23 的 IP 地址，找出 P23 的 IP 地址中的主机 ID 号，若在网络中有交换机，则可先发给交换机，由交换机根据 MAC 地址表找出具体的网络节点位置；若没有交换机，则根据其 IP 地址中的主机 ID 直接把数据帧发送给用户 P23，这样一个完整的数据通信转发过程就完成了。

小试牛刀

1．了解路由器的品牌

现在市场上交换机的品牌有很多种，请各小组利用业余时间收集路由器的品牌信息，并按照表 5-5 的格式编写"路由器品牌信息表"。

表 5-5　路由器品牌信息表

品　　牌	主要产品型号	主要端口类型	端 口 速 率
……			

2．认识路由器的端口

教师准备几款路由器，或收集多种路由器的清晰图片制作成电子文稿演示给学生看，请学生认真观察路由器的端口情况，按照表 5-6 的格式填写"路由器端口情况表"。

表 5-6　路由器端口情况表

品　　牌	型　　号	端 口 类 型	端 口 特 征
……			

一比高下

1．如图 5-38 所示为一个简单的网络示意图，PC1 需要与 PC2 通信，请各小组根据图中标注说明路由器的工作过程，并选派一名代表在班级交流。

2．思科 2621MX 路由器的端口示意图如图 5-39 所示，请各小组选派一名代表说出该路由器共安装了几种端口，各端口的基本功能是什么。

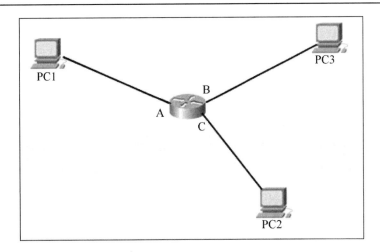

图 5-38　一个简单的网络示意图

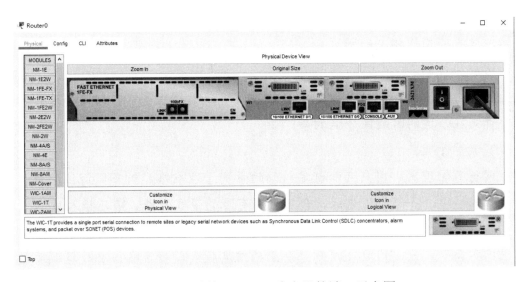

图 5-39　思科 2621MX 路由器的端口示意图

 开动脑筋

1．路由器主要应用于局域网还是广域网？

2．没有配置过的路由器能使用吗？

3．可以使用计算机实现路由器的一些功能吗？

4．在什么情况下网络中要使用路由器？

5．有没有二层路由器与三层路由器的说法，为什么？

 课外阅读

上网行为管理器

上网行为管理器是指帮助互联网用户控制和管理对互联网的使用，包括网页访问过滤、网络应用控制、带宽流量管理、信息收发审计、用户行为分析、日志管理等，实现了对互联网访问行为的全面管理。上网行为管理器在 P2P 流量管理、防止内网泄密、防范法规风险、互联网访问行为记录、上网安全等多个方面提供了最有效的解决方案。上网行为管理器的硬件设备如图 5-40 所示。

图 5-40　上网行为管理器的硬件设备

上网行为管理器的主要功能如下。

（1）网页访问过滤。

通过上网行为管理器，用户可以根据行业特征、业务需要和企业文化来制定个性化的网页访问策略，过滤非工作相关的网页。

（2）网络应用控制。

通过上网行为管理器，用户可以制定有效的网络应用控制策略，封堵与业务无关的网络应用，引导员工在合适的时间做合适的事。

（3）带宽流量管理。

通过上网行为管理器，用户可以制定精细的带宽管理策略，对不同岗位的员工、不同网络应用划分带宽通道，并设定优先级，合理利用有限的带宽资源，节省投入成本。

（4）信息收发审计。

通过上网行为管理器，用户可以制定全面的信息收发监控策略，有效控制关键信息的传播范围，以及避免可能引起的法律风险。

（5）用户行为分析。

通过上网行为管理器，用户可以实时了解、统计、分析互联网的使用状况，并根据分析结果对管理策略进行调整和优化。

（6）日志管理。

通过网页日志，用户可以查看到内网用户所访问过的网站域名，可以实时了解内网用户的上网行为。

工作任务 5　对路由器进行基本配置

1. 静态路由

静态路由是指由网络管理员手工配置的路由信息。当网络的拓扑结构或链路的状态发生变化时，网络管理员需要手动修改路由表中相关的静态路由信息。

静态路由一般适用于比较简单的网络环境，在这样的环境中，网络管理员能够清楚地了解网络的拓扑结构，便于设置正确的路由信息。

大型和复杂的网络环境通常不宜采用静态路由。一方面，网络管理员难以全面地了解整个网络的拓扑结构；另一方面，当网络的拓扑结构和链路状态发生变化时，路由器中的静态路由信息需要大范围地调整，这一工作的难度和复杂程度非常高。

在所有的路由中，静态路由优先级最高，当动态路由与静态路由发生冲突时，以静态路由为准。

2．动态路由

动态路由是指网络中的路由器之间相互通信和传递路由信息，利用接收到的路由信息更新路由表的过程。它能实时地适应网络结构的变化，如果路由更新信息表发生了网络变化，路由选择软件就会重新计算路由，并发出新的路由更新信息。这些信息会引起路由器重新启动其路由算法，并更新各自的路由表，动态地反映网络拓扑变化。动态路由适用于网络规模大、网络拓扑复杂的网络。

3．默认路由

默认路由也可以称为设备上的预设路由，只要目的地不在路由器，路由表里的所有数据包都会使用默认路由。它是一种不可替换的预定义路由，用于在网络上传递数据包时，必须遵循的网络路线。其作用是指定网络上的数据包第一次将传递到哪台路由器上，应该如何在网络中转发，直接连接到哪台路由器，如何穿过网络的多个层次，最终连接到哪台路由器，以及连接到路由器后应该如何进行网络传输。

4．路由表

路由表是路由器或者其他互联网络设备上存储的表，该表存有到达特定网络终端的路径，在某些情况下，还有一些与这些路径相关的度量。

路由器的主要工作就是为经过路由器的每个数据报寻找一条最佳传输路径，并将该数据有效地传送到目的站点。选择最佳路径的策略，即路由算法，是路由器的关键所在。在路由器中保存着各种传输路径的相关数据——路由表，在这项工作中，路由表供路由选择时使用，表中包含的信息决定了数据转发的策略。打个比方，路由表就像平时使用的地图一样，标识着各种路线，路由表中保存着子网的标志信息、网上路由器的个数和下一个路由器的名字等内容。路由表既可以由系统管理员固定设置，也可以由系统动态修改；既可以由路由器自动调整，也可以由主机控制。

（1）静态路由表。

静态路由表是由系统管理员事先设置好固定的路由表，一般在系统安装时就根据网络的配置情况预先设定好了，它不会随未来网络结构的改变而改变。

（2）动态路由表。

动态路由表是路由器根据网络系统的运行情况而自动调整的路由表。路由器根据路由选择协议提供的功能，自动学习和记忆网络运行情况，在需要时自动计算数据传输的最佳路径。

5．路由器的配置

（1）路由器的基本设置方式。

一般来说，可以有 5 种方式对路由器进行设置。路由器的设置方式如图 5-41 所示。

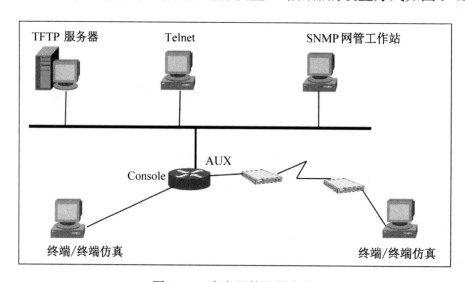

图 5-41　路由器的设置方式

① Console 接口接终端或运行终端仿真软件的微机。

② AUX 端口接 MODEM，通过电话线与远方的终端或运行终端仿真软件的微机相连。

③ 通过 Ethernet 上的 TFTP 服务器。

④ 通过 Ethernet 上的 Telnet 程序。

⑤ 通过 Ethernet 上的 SNMP 网管工作站。

路由器的第一次设置必须通过第一种方式进行。

（2）路由器配置中的 3 种模式。

① 用户模式。

```
router>
```

当路由器处于用户命令状态时，用户可以查看路由器的连接状态，访问其他网络和主机，但不能看到和更改路由器的设置内容。

② 特权模式。

```
router#
```

在 router>提示符下输入 "enable" 命令，路由器进入特权命令状态 router#，这时不仅可以执行所有的用户命令，还可以看到和更改路由器的设置内容。

③ 全局模式。

```
router(config)#
```

在 router#提示符下输入"configure terminal"命令，出现提示符 router(config)#，此时路由器处于全局设置状态，这时可以设置路由器的全局参数。

（3）路由器的基本配置。

① 工作模式的切换。

```
router> enbale
router# configure terminal
router(config)#
```

② 主机名的配置。

```
router(config)# hostname ×××
```

每种品牌的路由器都有一个默认的路由器名，在实际工作中会有一些不方便，用户可以在全局配置模式下给路由器重新命名。

```
router> enbale
router# configure terminal
router(config)# hostname Router A
router A(config)# exit          ! 退出全局配置模式
router A#write                  ! 保存当前配置
```

③ 口令配置。

路由器是网络上比较重要的设备，设置一些访问密码可以提高它的安全性。

配置特权模式口令如下。

```
router> enable
router# configure terminal
router(config)#
router(config)#enable secret 123456      ! 启用加密口令（口令以密文方式显示）
router(config)#enable password 654321     ! 设置加密口令（口令以明文方式显示）
router(config)#exit
router#write
router#show startup-config
```

此时，路由器配置窗口会显示配置信息，一种口令是明文方式，另一种口令是密文方式。两种口令的显示方式如图 5-42 所示。

```
enable secret 5 $1$mERr$H7PDx17VYMqaD3id4jJVK/
enable password 654321
```

图 5-42　两种口令的显示方式

（4）静态路由的配置。

在网络中使用静态路由可以节省网络的带宽、CPU 的利用率和路由器的内存，但是需要耗费网络管理员的大量精力。如果网络拓扑发生变化，那么管理员必须修改网络中受影响的静态路由。

用于配置静态路由的命令是一个全局命令，其配置命令如下。

```
Router(config)# ip router prefix mask ip-address
```

prefix 是指目标网络的 IP 路由前缀。

mask 是指目标网络的前缀屏蔽。

ip-address 是指可用于目标网络的下一跳的 IP 地址。

静态路由的具体配置拓扑图如图 5-43 所示。

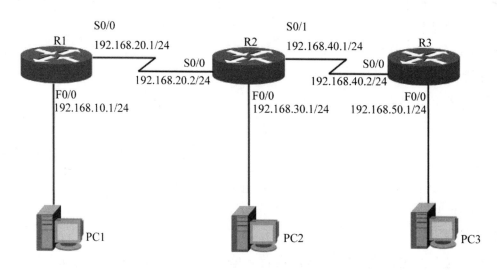

图 5-43　静态路由的具体配置拓扑图

在图5-43中，3个路由器的基本配置如下。

```
R1(config) #interface fa0/0
R1(config-if)# ip address 192.168.10.1 255.255.255.0
R1(config-if)# no shutdown
R1(config-if)#exit
R1(config)# interface s0/0
R1(config-if)# ip address 192.168.20.1 255.255.255.0
R1(config-if)# no shutdown
R1(config-if)#exit

R2(config) #interface fa0/0
R2(config-if)# ip address 192.168.30.1 255.255.255.0
R2(config-if)# no shutdown
R2(config-if)#exit
R2(config)# interface s0/0
R2(config-if)# ip address 192.168.20.2 255.255.255.0
R2(config-if)# clock rate 64000
R2(config-if)# no shutdown
```

```
R2(config)# interface s0/1
R2(config-if)# ip address 192.168.40.1 255.255.255.0
R2(config-if)# clock rate 64000
R2(config-if)# no shutdown
R2(config-if)#exit


R3(config) #interface fa0/0
R3(config-if)# ip address 192.168.50.1 255.255.255.0
R3(config-if)# no shutdown
R3(config-if)#exit
R3(config)# interface s0/0
R3(config-if)# ip address 192.168.40.2 255.255.255.0
R3(config-if)# no shutdown
R3(config-if)#exit
```

配置静态路由。

因为路由器 1 了解自己的网络 192.168.10.0 和 192.168.20.0（直接相连），所以路由表必须加入 192.168.30.0、192.168.40.0 和 192.168.50.0 的信息。

```
R1(config) #ip router 192.168.30.0 255.255.255.0 192.168.20.2
R1(config) #ip router 192.168.40.0 255.255.255.0 192.168.20.2
R1(config) #ip router 192.168.50.0 255.255.255.0 192.168.20.2


R2(config) #ip router 192.168.10.0 255.255.255.0 192.168.20.1
R2(config) #ip router 192.168.50.0 255.255.255.0 192.168.40.2


R3(config) #ip router 192.168.10.0 255.255.255.0 192.168.40.1
R3(config) #ip router 192.168.20.0 255.255.255.0 192.168.40.1
R3(config) #ip router 192.168.30.0 255.255.255.0 192.168.40.1
```

6．两个路由协议

（1）RIP 路由信息协议。

RIP 路由信息协议（Routing Information Protocol）是一种简单的路由选择协议，适用于不太可能有重大扩容或变化的小型网络。作为一种距离矢量路由选择协议，它使用跳数作为度量值，跳数允许的最大值是 15 跳。它每隔 30 秒发送一条更新，这些更新中包含整个路由选择表。RIP 路由信息协议目前有两个版本：RIPv1 和 RIPv2。RIPv1 是一种有类路由协议，而 RIPv2 是一种无类路由协议。有类与无类的关键差别在于有类路由协议不在更新中发送子网掩码，而无类路由协议在更新中发送子网掩码。

RIP 路由协议的具体配置拓扑图如图 5-44 所示。

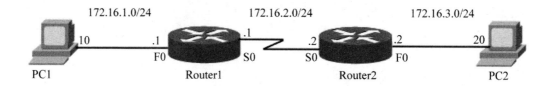

图 5-44 RIP 路由协议的具体配置拓扑图

```
Router1(config)# interface fastethernet 0/0
Router1(config-if)# ip address 172.16.1.1 255.255.255.0
Router1(config-if)# no shutdown
Router1(config-if)#exit
Router1(config)# interface serial 0/0
Router1(config-if)# ip address 172.16.2.1 255.255.255.0
Router1(config-if)#clock rate 64000
Router1(config-if)# no shutdown
Router2(config)# interface fastethernet 0/0
Router2(config-if)# ip address 172.16.3.1 255.255.255.0
Router2(config-if)# no shutdown
Router2(config-if)#exit
Router2(config)# interface serial 0/0
Router2(config-if)# ip address 172.16.2.2 255.255.255.0
Router2(config-if)# no shutdown
```

Router1 配置 RIPv2 路由信息协议。

```
Router1(config)# router rip
Router1(config-router)#network 172.16.1.0
Router1(config-router)#network 172.16.2.0
Router1(config-router)#version2    !定义 RIP 协议 v2
Router1(config-router)#no auto-summary    !关闭路由信息的自动汇总功能
```

Router2 配置 RIPv2 路由信息协议。

```
Router2(config)# router rip
Router2(config-router)#network 172.16.1.0
Router2(config-router)#network 172.16.2.0
Router2(config-router)#version2    !定义 RIP 协议 v2
Router2(config-router)#no auto-summary    !关闭路由信息的自动汇总功能
```

（2）OSPF 路由信息协议。

OSPF（Open Shortest Path First，开放式最短路径优先）路由信息协议是目前 Internet 广域网和 Intranet 企业网采用较多、应用较广泛的路由协议之一，它是一种链路状态路由选择协议。

OSPF 路由信息协议是用于将路由选择信息传递给组织网络中的所有路由器，它使用链路状态技术，使得传播更新的效率非常高，使网络具有可扩展性。

运行 OSPF 的路由器维持了 3 张表。

① 邻居表：存储了邻居路由器的信息。如果一个 OSPF 路由器和它的邻居路由器失去联

系，在几秒时间内，它会标记所有到达那条路由无效，并重新计算到达目标网络的路径。

② 拓扑表：一般叫作 LSDB（Link-State Database，链路状态数据库）。OSPF 路由器通过 LSA（Link-State Advertisement，链路状态通告）学习其他路由表和网络状况，LSA 存储在 LSDB 中。

③ 路由表：包含了到达目标网络的最佳路径的信息。

以图 5-45 所示的 OSPF 路由协议实训环境为例，利用 OSPF 路由协议配置各路由器，以实现各网络连通。

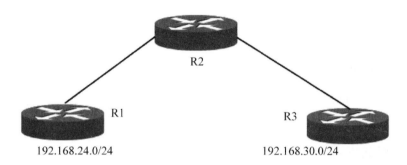

图 5-45　OSPF 路由协议实训环境

```
R1(config)# interface fastethernet 0/0
R1(config-if)# ip address 192.168.24.1 255.255.255.0
R1(config-if)# no shutdown
R1(config-if)#exit
R2(config)# interface fastethernet 0/0
R2(config-if)# ip address 192.168.24.2 255.255.255.0
R2(config-if)# no shutdown
R2(config)# interface fastethernet 0/1
R2(config-if)# ip address 192.168.30.1 255.255.255.0
R2(config-if)# no shutdown
R2(config-if)#exit

R3(config)# interface fastethernet 0/0
R3(config-if)# ip address 192.168.30.2 255.255.255.0
R3(config-if)# no shutdown
R3(config-if)#exit
```

Router 1 配置 OSPF 路由信息协议。

```
R1(config)# router ospf 1
R1(config-router)#network 192.168.24.0 0.0.0.255 area 0
```

Router 2 配置 OSPF 路由信息协议。

```
R2(config)#router ospf 1
R2(config-router)#network 172.16.24.0 0.0.0.255 area 0
R2(config-router)#network 172.16.30.0 0.0.0.255 area 0
```

```
R2(config-router)#end
```

Router 3 配置 OSPF 路由信息协议。

```
R3(config)# router ospf 1
R3(config-router)#network 192.168.30.0 0.0.0.255 area 0
```

小试牛刀

1．路由器的基本配置

各小组同学使用模拟器配置思科 2621XM 路由器，配置内容如下。

（1）以自己的名字作为路由器的主机名。

（2）设置 Console 的密码为"123456"。

（3）设置进入特权模式的密码为"654321"。

（4）配置两个以太网端口的 IP 地址为： 192.168.1.10   子网掩码为 255.255.255.0

                                192.168.8.10   子网掩码为 255.255.255.0

（5）开启两个以太网端口。

2．静态路由的配置

各小组同学使用模拟器按照图 5-46 所示的拓扑结构以静态路由的方式配置，以实现网络的连通。

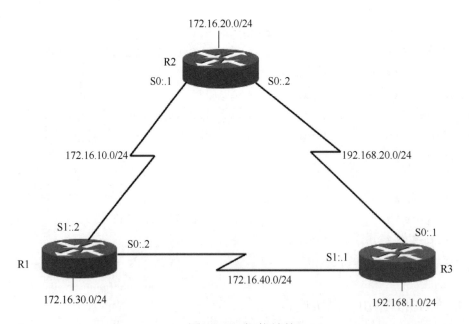

图 5-46　拓扑结构

3．动态路由的配置

各小组同学使用模拟器按照图 5-46 所示的拓扑结构以动态路由的方式配置，以实现网络的连通。

一比高下

以下有 3 种实际的工作需求情况，请各小组根据情况自行设计方案，并进行路由器的配置，以实现实际需求，可以使用 Packet Tracer 完成。

1. 两所学校的校园相邻，都建有自己的校园网络，各自使用了一套私有 IP 地址：192.168.24.0 和 192.168.10.0。两校经过协商决定通过两台路由器将两所学校的校园网络互联互通，以实现部分教学资源的共享（使用静态路由）。

2. 假设校园网通过一台路由器连接到校园外的另一台路由器上，现要在路由器上做适当配置，以实现校园网内部主机与校园网外部主机的相互通信（使用动态路由）。

3. 你是一位公司的网络管理员，公司的经理部门、财务部门和销售部门分属于不同的三个网段，三部门之间使用一台路由器进行信息传递。为了安全起见，公司领导要求销售部门不能对财务部门进行访问，但经理部门可以对财务部门进行访问。

各小组在规定的时间内完成任务后，选派一名代表在班级进行展示。

开动脑筋

1. 一个新的交换机不经过配置可以使用吗？路由器呢？
2. 动态路由和静态路由分别在什么情况下使用方便？
3. 一个路由器中可以同时配置动态路由与静态路由吗？
4. 路由器在网络中可以替代交换机吗？

课外阅读

路由器的访问控制列表

访问控制列表（Access Control List，ACL）是路由器接口的指令列表，是用来控制端口进出的数据包。ACL 适用于所有的被路由协议，如 IP、IPX、AppleTalk 等。ACL 的定义是基于每一种协议的。如果路由器接口配置支持三种协议（IP、AppleTalk 以及 IPX），那么用户必须定义三种 ACL 来分别控制这三种协议的数据包。

ACL 可以限制网络流量，提高网络性能。例如，ACL 可以根据数据包的协议指定数据包的优先级。ACL 可以提供对通信流量的控制手段。例如，ACL 可以限定或缩短路由更新信息的长度，从而限制通过路由器某一网段的通信流量。ACL 是提供网络安全访问的基本手段，ACL 可以允许主机 A 访问某些资料，而拒绝主机 B 访问。ACL 可以在路由器端口处决定哪种类型的通信流量被转发或被阻塞。例如，用户可以允许 E-mail 通信流量被路由，拒绝所有的 Telnet 通信流量。

ACL 可以分为标准 ACL 和扩展 ACL。标准 ACL 只检查数据包的源地址；扩展 ACL 既检查数据包的源地址，又检查数据包的目的地址，同时还可以检查数据包的特定协议类型、

223

端口号等。

在 Cisco 设备上配置访问控制列表分为两个步骤，第一步：创建 ACL；第二步：将 ACL 绑定到指定的网络端口。

第一步：创建 ACL

创建 ACL 访问控制列表的命令如下。

```
Router(config)#access-list access-list-number {permit | deny | test
conditions}
```

"access-list" 命令是用于定义 ACL 的一条规则语句。

"access-list-number" 参数指定列表号，可以是 1～99 的标准 ACL 号，或者 100～199 的扩展 ACL 号。

"permit" 与 "deny" 定义本规则匹配后应该采取的动作——允许还是拒绝。

"test conditions" 是测试条件，一旦符合该条件，就说明本规则匹配。

第二步：将 ACL 绑定到指定的网络接口

IOS 软件中必须在子接口配置模式下绑定关联到本接口的访问控制列表，其命令如下。

```
Router(config-if)#{protocol} access-group access-list-number {in|out}
```

"protocol" 指定 ACL 基于何种协议，可以是 IP、IPX 等。

"access-group" 命令声明在本接口绑定 ACL。

"access-list-number" 参数是需要绑定 ACL 的列表号。

"in" 和 "out" 参数可选，表明本 ACL 用于入站还是出站访问控制，若不选，则默认为 out。

标准访问控制列表实例如下。

配置任务：禁止 172.16.4.13 计算机对 172.16.3.0/24 网段的访问，而 172.16.4.0/24 中的其他计算机可以正常访问，其拓扑图如图 5-47 所示。

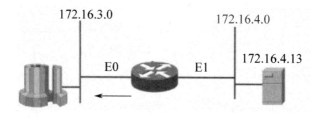

图 5-47　拓扑图

路由器配置命令如下。

```
access-list 1 deny host 172.16.4.13
                                    ！设置ACL，禁止172.16.4.13的数据包通过
access-list 1 permit any     ！设置ACL，允许其他地址的计算机进行通信
int e 1    ！进入E1端口
ip access-group 1 in
```

ACL1 可以进入 E0 端口后使用 "ip access-group 1 out" 命令来完成宣告。

配置完毕后，除了 172.16.4.13，其他 IP 地址都可以通过路由器正常通信，并传输数据包。

项目小结

本项目通过 5 个工作任务介绍了 Packet Tracer 的使用、交换机和路由器的知识及基本的配置方法。在交换机与路由器的基本配置中介绍了不同模式下的交换机与路由器的配置技术及网络中使用频率很高的配置命令。通过本项目的学习，可以掌握最基本的网络配置技术与配置方法，可以完成基本的网络配置工作。

思考与练习

1. 交换机的硬件主要由哪几个部分组成？
2. 在通常情况下，交换机工作于 OSI 参考模型的第几层？
3. 交换机与集线器的主要区别是什么？
4. 三层交换机是指具有什么功能的交换机？有没有四层交换机？
5. 什么是虚拟局域网？其主要优点是什么？
6. 依据不同原则，VLAN 的划分方式有哪几种？
7. 路由器是工作于 OSI 什么层的网络设备？
8. 什么是静态路由？什么是动态路由？
9. 路由器的基本配置方式有哪几种？
10. 路由器的访问控制列表的主要作用是什么？

项目 6　局域网的组建

 项目描述

  某信息工程技术学校的校园网络由有线网络和无线网络两大部分组成，该网络整体采用了双核心三层网络架构。所有的布线工程完成后，需要对网络进行配置，当所有设备配置完成后，就可以为全体学生与教师提供高效的数据传输和无线接入服务。

项目分析

  某信息工程技术学校的校园网络是一个比较大的局域网，涉及的技术比较复杂，相关的配置也比较复杂，对于实际学习者而言，知识储备与技术储备都有所欠缺，还需要从最基本的技能学起。本项目将从常见的、规模较小的公司的对等网络、小规模可管理局域网等工作任务入手，引导学生学习组建局域网的技能与方法。

项目分解

  工作任务1　组建对等网络
  工作任务2　组建可管理的局域网
  工作任务3　配置无线网络接入

工作任务 1　组建对等网络

1. 对等网络

  对等网络又称工作组网，网络上各台计算机地位同等，无主从之分。若采用分散管理的方式，则任何一台计算机既可作为服务器，设定共享资源供网络中其他计算机使用，又可作为工作站，访问其他计算机中的资源。因此，用户之间可以直接通信，共享资源，协同工作。对等网络是小型局域网常用的组网方式，非常适合组建家庭网、宿舍网、小型办公网等。对等网络通常采用星形网络拓扑结构。

2．对等网络的特点

对等网络主要有以下特点。

（1）网络用户较少，一般在 20 台计算机以内，适合人员少、应用网络较多的中小企业。

（2）网络用户都处于同一区域。

（3）对于网络来说，网络安全不是最重要的问题。

它的主要优点有网络成本低、网络配置和维护简单等。它的缺点也相当明显，主要有网络性能较低、数据保密性差、文件管理分散和计算机资源占用率高等。

3．对等网络的组建

对等网络一般适用于家庭或小型办公室中的几台或十几台计算机的互联，无须太多的公共资源，只需简单地实现几台计算机之间的资源共享即可。对等网络的组建通常需要做以下几个方面的工作。

（1）选择拓扑结构。

在组建对等网络时，用户可以选择总线型网络拓扑结构或星形网络拓扑结构，若需要互联的计算机在同一个房间内，则可选择总线型网络拓扑结构；若需要互联的计算机不在同一个区域内，分布较为复杂，则可选择星形网络拓扑结构，通过集线设备实现互联。但为了方便管理与组建，现在通常使用星形网络拓扑结构，如图 6-1 所示。

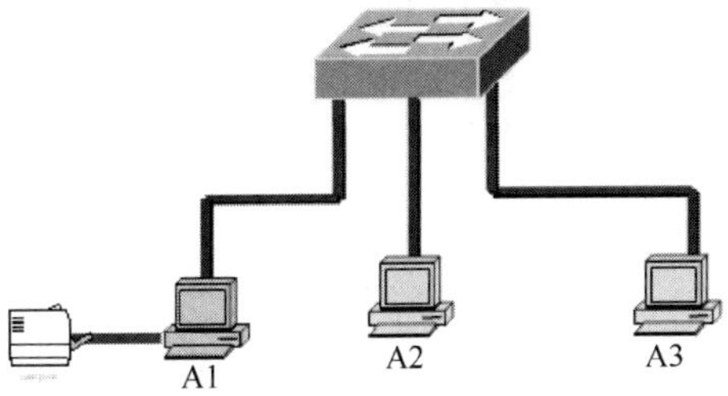

（2）准备硬件设备。

在一般情况下，对等网络的规模非常小，需要使用的硬件设备也不会很多，在一个小型办公网中，可能使用到的硬件除了正常的办公计算机及打印机，还需要使用 1～2 台交换机及一定数量的网络连接电缆。

图 6-1　星形网络拓扑结构

（3）规划 IP 地址。

IP 地址可以分为私有 IP 地址和公有 IP 地址。直接与互联网相连的所有主机都必须有唯一的公有 IP 地址。只要网络中的主机不直接连接到互联网，它们便可使用私有 IP 地址，因此多个网络可以使用相同的私有 IP 地址集。在局域网中，IP 地址通常使用 192.168.x.0 段的 C 类网络 IP 地址，根据网络中计算机的数量情况，用户可以自行规划主机 IP 地址，规划主机 IP 地址时可以参照表 6-1。

表 6-1　规划主机 IP 地址

计　算　机	IP 地址	子　网　掩　码
A1	192.168.0.1	255.255.255.0
A2	192.168.0.2	255.255.255.0

续表

计　算　机	IP 地址	子 网 掩 码
A3	192.168.0.3	255.255.255.0
A4	192.168.0.4	255.255.255.0
A5	192.168.0.5	255.255.255.0
……	……	……

（4）硬件连接。

硬件连接是直通网线，将计算机与交换机连接起来，以实现计算机间的物理连接。

（5）配置网络属性。

网络连接的属性内容比较多，在这里主要是设置 IPv4 地址，以实现网络通信。

单击左下角的 Windows 图标，在弹出的界面中选择"设置"选项，再在弹出的界面中选择"网络和 Internet"选项，然后选择"更改适配器选项"，右击所要修改的网络，在弹出的快捷菜单中选择"属性"选项，弹出"以太网 属性"对话框，如图 6-2 所示。勾选"Internet 协议版本 4（TCP/IPv4）"选项，打开"Internet 协议版本 4（TCP/IPv4）属性"对话框如图 6-3 所示，参考内容设置 IP 地址即可。按照规划好的 IP 地址采用同样的方法设置其他计算机的 IP 地址。

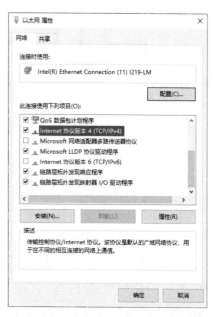
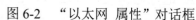

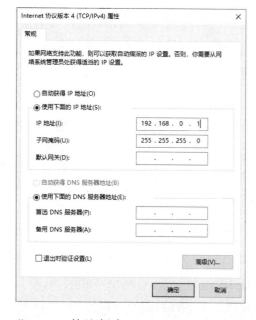

图 6-2　"以太网 属性"对话框　　图 6-3　"Internet 协议版本 4（TCP/IPv4）属性"对话框

在计算机 A2 上右击左下角的 Windows 图标，在弹出的界面中选择"运行"选项卡，在打开的"运行"对话框中输入"cmd"命令，进入命令控制界面。在提示符下输入"ping 192.168.0.1"命令，检查网络连接情况，当出现如图 6-4 所示的网络测试连通界面时表明网络已经连通。

特别提醒：Windows 10 操作系统会默认防火墙开启，并阻止回显请求，如果未达到上述实验效果，同时确保安全性，那么需要在防火墙高级设置的入站规则中找到两个"核心网络诊断-ICMP 回显请求（ICMPv4-In）"，并启用规则。

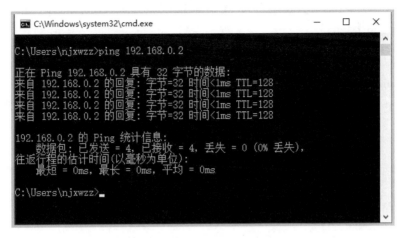

图 6-4　网络测试连通界面

（6）设置共享文件夹。

在对等网络中，实现资源共享是其主要目的，设置共享文件夹是实现资源共享的常用方式。在 Windows 10 操作系统中，设置共享文件夹可通过执行以下操作来完成。

① 单击左下角的 Windows 图标，在弹出的界面中选择"设置"选项，打开"Windows 设置"界面，选择"网络和 Internet"选项，在"设置"界面中选择"网络和共享中心"选项，在打开的窗口中选择"更改高级共享设置"选项，"网络和共享中心"窗口如图 6-5 所示。

② 在"高级共享设置"窗口中，选择"来宾或公用（当前配置文件）"选项，然后选中"启用网络发现"单选按钮和"启用文件和打印机共享"单选按钮，如图 6-6 所示。

图 6-5　"网络和共享中心"窗口

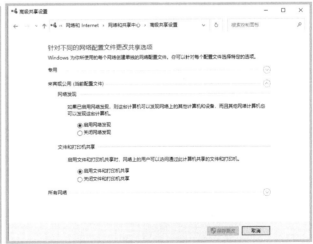

图 6-6　"高级共享设置"窗口

③ 选择"所有网络"选项，然后选中"无密码保护的共享"单选按钮（建议选择"有密码保护的共享"），"密码保护共享"的设置如图 6-7 所示。

④ 右击要设置共享的文件夹，在弹出的快捷菜单中选择"属性"选项，在"属性"对话框中选择"共享"选项卡，然后选择"高级共享"选项，勾选"共享此文件夹"复选框，根据需求设置共享用户数量和共享权限，默认共享权限为 Everyone 只读，最后单击"确定"按钮，共享设置如图 6-8 所示。

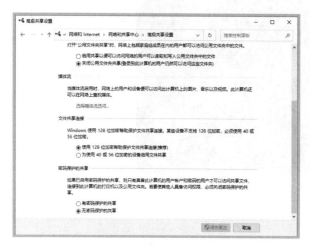

图 6-7 "密码保护共享"的设置　　　　图 6-8 共享设置

（7）安装与设置打印机。

在网络中，用户不仅可以设置共享软件资源，还可以设置共享硬件资源，如设置共享打印机。设置网络共享打印机前，用户需要首先将该打印机设置为共享，并在网络中其他计算机上安装该打印机的驱动程序。

将打印机设置为共享，可通过执行以下操作来完成。

① 单击左下角的 Windows 图标，在弹出的界面中选择"设置"选项，在"Windows 设置"界面中选择"设备"选项，然后选择"打印机和扫描仪"选项，"打印机和扫描仪"界面如图 6-9 所示。

图 6-9 "打印机和扫描仪"界面

②　在打印机列表中单击需要共享的打印机，再选择"管理"选项，打开"打印机管理"界面，然后选择左侧的"打印机属性"选项，打开如图 6-10 所示的"打印机属性"对话框。

③　在"打印机属性"对话框中单击"共享"选项卡，勾选"共享这台打印机"复选框，并设置共享名，然后单击"确定"按钮，完成共享打印机的设置，如图 6-11 所示。

图 6-10　"打印机属性"对话框（1）

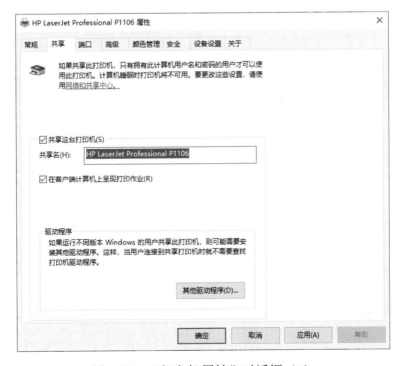

图 6-11　"打印机属性"对话框（2）

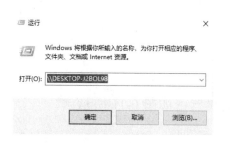

图 6-12 "运行"对话框

如果网络中的其他计算机要使用网络中共享的打印机，那么还需要在本机上安装共享打印机的驱动程序，常见的安装方法有两种，本文介绍其中一种，具体操作步骤如下。

① 按"WIN+R"组合键，弹出"运行"对话框，输入"\\共享打印机计算机的计算机名"，如图 6-12 所示。

② 在打开的共享列表中，右击打印机图标，在弹出的快捷菜单中选择"连接"选项，然后弹出安装驱动程序的界面，如图 6-13 所示。

图 6-13 安装驱动程序的界面

③ 在如图 6-13 所示的界面中单击"安装驱动程序"按钮，进行网络打印机驱动程序的安装，直到完成网络打印机的安装。安装完成后，本机就可以使用网络中的打印机了。安装网络打印机驱动程序的界面如图 6-14 所示，网络打印机安装完成的界面如图 6-15 所示。

图 6-14 安装网络打印机驱动程序的界面

图 6-15 网络打印机安装完成的界面

小试牛刀

1．网络方案设计

为民咨询公司有 5 个部门：经理室、市场部、调研部、策划部、财务部。公司现有办公计算机 20 台，市场部和财务部各有一台打印机，财务部的打印机不能提供给其他部门的人员使用。公司想组建一个对等办公网络，你可以为他们设计一个方案吗？

2．对等网络的组建

（每位学生可以首先使用虚拟计算机操作，然后由学生组成小组使用实体计算机操作）

教师根据学校的实训条件，将学生分成若干组。将 4 台计算机组建成一个对等网络，并进行必要的共享设置（在条件许可的情况下，可以制作网线，自行进行计算机的连接）。

（1）网络连接电缆的制作与网络连接。

给每组发 12 个水晶头、3 根长度合适的网线。每组学生按照 T-568B 标准制作 4 根直通电缆，将计算机与交换机连接起来（可以多组共用一个交换机，为防止 IP 地址的冲突，在规划 IP 地址时，IP 地址的第 3 节用各小组编号编制）。

（2）IP 地址的规划与设置。

各小组根据小组的情况规划本小组 4 台计算机的 IP 地址，并填写表 6-2。按照规划好的 IP 地址等信息修改各计算机的网络属性。

表 6-2　规划 4 台计算机的 IP 地址

主　机　名	IP 地　址	子　网　屏　蔽	默　认　网　关	DNS

（3）测试网络的连通性。

在 4 台计算机之间使用"Ping"命令测试网络的连通性，观察网络通信情况是否正常，如果测试不通，那么检查问题所在之处，并排除故障。

（4）共享文件夹的设置与访问。

每组学生在每台计算机的 D 盘上新建一个 test 文件夹，在文件夹中新建 test 文本文件，文件内容自定。设置 test 文件夹为共享文件夹，尝试相互访问共享的文件夹。

（5）本地打印机的安装。

每组学生在本组的每台计算机上均安装一台本地打印机（安装驱动程序，每个人安装的打印机型号要不同）。

（6）打印机共享的设置。

每位学生设置本人安装的打印机为共享打印机，共享名为 Prnt1、Prnt2、Prnt3、Prnt4。

（7）网络打印机的安装。

每位学生在本地计算机上安装两台网络打印机，并设置其中一台为默认打印机。

一比高下

1. 各小组根据自己及小组成员的方案设计情况，进行自我评价，并对小组其他成员进行评价，将评价结果填写在表 6-3 中。

表 6-3 方案设计小组评价表

评 价 内 容	自 我 评 价			小 组 评 价		
	优秀	合格	再努力	优秀	合格	再努力
拓扑结构的设计						
IP 地址的规划与设置						
网络打印机的设计						
网络设备的选择						
设计方案的合理性						
设计方案的可行性						
小组综合评价：						

2. 各小组根据自己及小组成员的对等网络组建工作完成情况，进行自我评价，并对小组其他成员进行评价，将评价结果填写在表 6-4 中。

表 6-4 对等网络组建小组评价表

评 价 内 容	自 我 评 价			小 组 评 价		
	优秀	合格	再努力	优秀	合格	再努力
网线的制作						
IP 地址的规划与设置						
网络测试与故障排除						
共享文件夹的设置与访问						
本地打印机的安装						
打印机共享的设置						
网络打印机的安装						
小组综合评价：						

开动脑筋

1. 如果一个单位有 100 台计算机，那么可以组建成一个对等网络吗？

2. 对等网络中的各计算机必须使用同一种操作系统吗？

3. 在对等网络中，访问网络资源需要进行身份验证吗？自己在实验中验证了吗？

4. 组建一个有 30 台计算机的小型办公网，网络集线设备使用 16 口交换机，能否画出该网络的连接图？能否列出设备清单？

 **课外阅读**

域网络

域网络是目前企业局域网中应用较为广泛的一种网络管理模式。它的最大特点是可以实现用户、计算机等对象账户及网络安全策略的集中管理和部署。域网络的主要特点如下。

（1）集中管理。

域网络是 C/S（客户机/服务器）管理模式在局域网构建中的应用。在域网络中，有专门用来管理或者提供服务的各种服务器，如用于对象、安全策略管理的各级域控制器（DC）。通过 DC 中的活动目录（AD）和域组策略就可以对整个网络中的用户账户（包括用户权限、权力）、计算机账户和安全管理策略进行统一管理、统一部署。域网络中各成员计算机的角色并不是平等的，有管理（各服务器）和被管理（各客户机）之分。

（2）默认信任。

在工作组网络中，因为各用户账户都只对各自计算机本地有效，所以各成员计算机之间根本没有信任关系，如果要访问，就必须进行身份验证。而在域网络中，域用户账户在整个域网络中有效，所以加入了域的计算机都遵守相同的信任协议，彼此相互信任，只要有域网络中合法的用户账户即可。

（3）单点登录。

在域网络中，采用的登录方法是单点登录。域网络中所谓的"单点登录"是指用户只需要使用域账户登录一次，就可以实现对整个域网络共享资源的访问，而无须在访问不同计算机上的共享资源时输入不同的账户信息，简化了网络资源的访问验证过程。在工作组网络中，因为安全边界就是各用户计算机本身，用户账户都是存储在各用户计算机上的，所以无法实现网络中的单点登录。

（4）集中存储。

在域网络中的用户文档或者数据可以集中保存在网络中的一台或者多台相应的服务器上。用户文档还可以保存在服务器上为每个用户创建的用户主目录中，并且该目录只有用户自己可以访问，包括网络管理员也不能访问（当然网络管理员可以更改访问权限），保障了各用户私有文档的安全性，同时也方便了网络数据的存储，提高了网络数据存储的安全性。

（5）支持漫游配置。

在域网络中，每个域用户账户都可以在域网络中任意一台允许本地登录的计算机上登录域网络，只要该计算机与 DC 在同一个网络中即可。而且用户的桌面环境及其他账户配置不会因在不同计算机上登录而不同，因为域网络支持全局漫游用户配置文件。

（6）安全配置更复杂。

因为在域网络中涉及多级安全策略，各级策略的应用又有一定的规则，所以总体来说，安全配置更为复杂，不容易掌握。

（7）网络性能较低。

在域网络中的用户账户和安全策略都是在网络中的服务器上进行统一部署的，而且在域网络中可能存在多级安全策略，所以用户在登录和进行网络访问时的性能不如工作组网络，存在一定的时延，特别是在大的域网络，或者在安全策略配置复杂、安全策略配置不合理的域网络中表现尤其突出。

工作任务 2　组建可管理的局域网

1．可管理的局域网

由于网络规模的不断扩大，网络中传递的数据量也越来越大，特别是网络通信过程中存在大量的广播和组播，很容易导致网络传输速率的下降，引起网络的阻塞，甚至瘫痪，形成所谓的广播风暴。可管理的局域网是通过对网络中可网管交换机或路由器等网络设备进行相应的设置，以优化网络配置，提高网络性能，阻止广播风暴的产生。

2．可网管交换机

可网管交换机又称智能交换机，是可以被治理的交换机，具有通过治理端口执行监控交换机端口、划分 VLAN、设置 Trunk 端口等治理功能。

3．交换机的级联

交换机的级联是指使用电缆将两台以上的交换机连接在一起，以达到扩充网络端口、实现相互之间通信的目的。使用级联技术连接网络，一方面解决了单交换机端口数量不足的问题，另一方面可以延伸网络范围，解决一定区域内网络通信的问题。

需要注意的是，交换机也不能无限制地级联下去，超过一定数量的交换机进行级联，最终会引起广播风暴，导致网络性能严重下降。

交换机之间的级联通常有两种方式：使用普通端口和使用级联端口。

有些交换机配有专门的级联（Uplink）端口，如图 6-16 所示。级联端口是专门用于与其他交换机连接的端口，通过级联端口使交换机之间的连接变得更加简单。将一根直通电缆的一端连接在一台交换机的级联端口，另一端连接在另一台交换机的普通端口，就可以完成交换机的级联了，通过级联端口的级联如图6-17所示。

图6-16　交换机的级联端口

图6-17　通过级联端口的级联

使用普通端口级联就是通过交换机的 RJ-45 接口进行连接，使用一根交叉电缆将两台交换机的两个普通端口连接起来，即完成了两台交换机的级联。

有的中高档交换机上没有设置级联端口，这种交换机的端口具备识别网线是交叉电缆还是直通线的能力，并能自动适应网线的类型，在这种情况下，可以使用直通电缆。

4．交换机的堆叠

交换机的堆叠是指将一台以上的交换机用专门的堆叠模块和堆叠连接电缆连接，并组合起来共同工作，以便在有限的空间内提供尽可能多的端口。多台交换机经过堆叠形成一个堆叠单元，可以看成一台交换机，简化了网络的管理，同时堆叠的交换机之间的带宽远大于级联交换机之间的带宽。目前流行的堆叠模式主要有两种：星形堆叠模式和菊花链式堆叠模式。

（1）星形堆叠模式。

这种模式的堆叠需要提供一个独立的或者集成的高速交换中心（堆叠中心），一般是一台特别的交换机，称为堆叠主机，这样所有的堆叠交换机就可以通过专用的（也可以是通用高速端口）高速堆叠端口上行到统一的堆叠中心。由于涉及专用总线技术，电缆长度一般不能超过 2 m，因此在星形堆叠模式下，所有堆叠的交换机的位置需要局限在一个很小的空间之内，星形堆叠模式如图6-18所示。

（2）菊花链式堆叠模式。

这种模式是一种基于级联结构的堆叠技术，对交换机硬件没有特殊要求，通过相对高速的端口串接和软件的支持，最终构建一个多交换机的层叠结构。菊花链式堆叠模式是目前较为常见的交换机堆叠方式，菊花链式堆叠模式如图6-19所示。

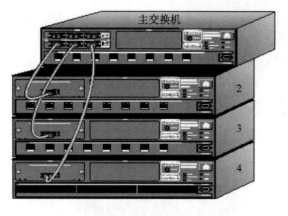

图6-18　星形堆叠模式　　　　　　　　　图6-19　菊花链式堆叠模式

堆叠与级联这两个概念既有区别又有联系。堆叠可以看作级联的一种特殊形式。它们的不同之处在于：级联的交换机之间可以相距很远（在媒体许可范围内），而一个堆叠单元内的多台交换机之间的距离非常近，一般不超过几米；级联一般采用普通端口，而堆叠一般采用专用的堆叠模块和堆叠电缆。一般来说，不同厂家、不同型号的交换机可以互相级联，堆叠则不同，它必须在可堆叠的同类型交换机（至少应该是同一厂家的交换机）之间进行；级联仅仅是交换机之间的简单连接，堆叠则是将整个堆叠单元作为一台交换机来使用，这不但意味着端口密度的增加，而且意味着系统带宽的加宽。

5．广播域和冲突域

广播域是局域网中设备之间发送广播帧的区域，即网络中一台计算机发送广播帧的最远范围。如果一个局域网连接的设备增多，那么广播的范围将变大，广播流量所占的比例也会加大，就有可能引发网络性能问题。

冲突域是网络中所有设备发生数据冲突的最大范围。当局域网中的所有设备都连接在一个共享的物理介质上、有两个连入网络的设备同时向介质发送数据时，就会发生冲突，冲突发生后极大地延缓了数据的发送，降低了设备的吞吐量。连接到冲突域中的设备越多，冲突发生的可能性就越大，网络的性能下降得越快。

集线器所有端口都在同一个广播域、冲突域内。交换机的所有端口都在同一个广播域内，而每一个端口就是一个冲突域。局域网中的广播域和冲突域的范围如图6-20所示。

6．VLAN技术

VLAN是虚拟局域网技术，是在一个物理局域网上划分出来的逻辑网络。VLAN的划分不受连接设备的实际物理位置的限制，具有与普通物理网络同样的属性。广播帧可以在一个 VLAN 内转发、扩散，而不会进入其他的 VLAN 中，同一个 VLAN 中的成员都共享广播，形成一个广播域，而不同 VLAN 之间广播信息是相互隔离的，VLAN 技术隔离广播如图 6-21 所示。

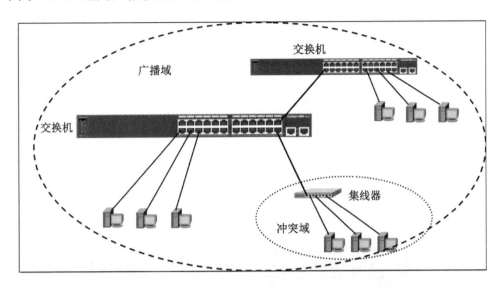

图 6-20　局域网中的广播域和冲突域的范围

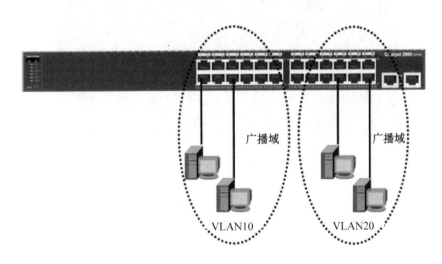

图 6-21　VLAN 技术隔离广播

7. 单交换机上划分 VLAN 技术

基于交换机端口划分 VLAN 技术是一种较为常用、应用较为广泛的技术，目前绝大多数支持 VLAN 协议的交换机都提供此种 VLAN 划分方法。此种 VLAN 划分方法是将交换机上的物理端口划分到若干个组中，每个组构成一个 VLAN。

基于端口在交换机上配置 VLAN，首先需要进入交换机的全局配置模式状态，执行"VLAN"命令创建一个 VLAN。然后执行"interface"命令，打开指定端口，将其划分到指定的 VLAN 中。

下面以如图 6-22 所示的案例拓扑图来说明在单交换机上划分 VLAN 技术。

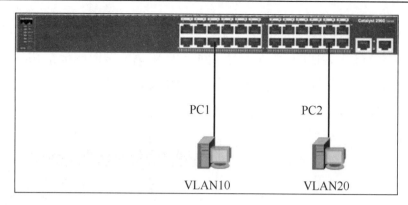

图 6-22　案例拓扑图

PC1 连接在交换机的 10 口上，PC2 连接在交换机的 20 口上，并分别配置 IP 地址为 192.168.0.10 和 192.168.0.20，交换机没有经过任何设置。此时 PC1 与 PC2 是可以正常通信的，如图 6-23 所示（以下操作是在 Packet Tracer 中完成的）。

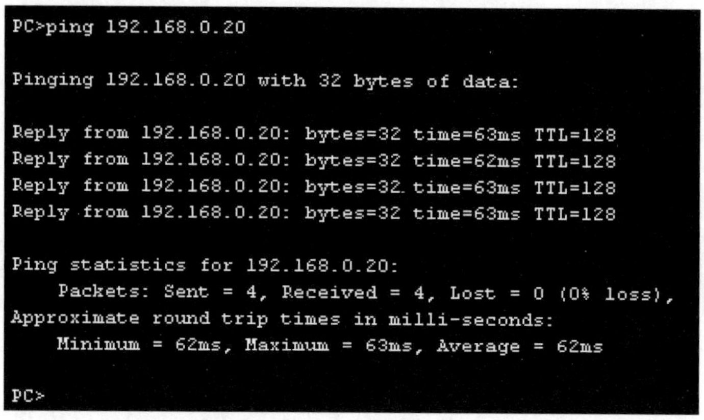

```
PC>ping 192.168.0.20

Pinging 192.168.0.20 with 32 bytes of data:

Reply from 192.168.0.20: bytes=32 time=63ms TTL=128
Reply from 192.168.0.20: bytes=32 time=62ms TTL=128
Reply from 192.168.0.20: bytes=32 time=63ms TTL=128
Reply from 192.168.0.20: bytes=32 time=63ms TTL=128

Ping statistics for 192.168.0.20:
    Packets: Sent = 4, Received = 4, Lost = 0 (0% loss),
Approximate round trip times in milli-seconds:
    Minimum = 62ms, Maximum = 63ms, Average = 62ms

PC>
```

图 6-23　PC1 与 PC2 正常通信

在交换机上划分 VLAN10 和 VLAN20，并将端口 Fa0/10 和 Fa0/20 分别分配到 VLAN10 和 VLAN20 中，在交换机上需要做以下配置。

```
Switch>enable
Switch#config t
Enter configuration commands, one per line. End with CNTL/Z.
Switch(config)#vlan 10
Switch(config-vlan)#exit
Switch(config)#vlan 20
Switch(config-vlan)#exit
Switch(config)#interface Fa0/10
Switch(config-if)#switchport access vlan 10
Switch(config-if)#interface Fa0/20
Switch(config-if)#switchport access vlan 20
Switch(config-if)#exit
Switch(config)#exit
%SYS-5-CONFIG_I: Configured from console by console
```

```
Switch#show vlan

VLAN Name                             Status    Ports
---- -------------------------------- --------- ----------------
1    default                          active    Fa0/1, Fa0/2, Fa0/3, Fa0/4
                                                Fa0/5, Fa0/6, Fa0/7, Fa0/8
                                                 Fa0/9, Fa0/11, Fa0/12, Fa0/13
                                                Fa0/14, Fa0/15, Fa0/16, Fa0/17
                                                Fa0/18, Fa0/19, Fa0/21, Fa0/22
                                                Fa0/23, Fa0/24, Gig1/1, Gig1/2
10   VLAN0010                         active    Fa0/10
20   VLAN0020                         active    Fa0/20
1002 fddi-default                     active
1003 token-ring-default               active
1004 fddinet-default                  active
1005 trnet-default                    active

VLAN Type  SAID    MTU   Parent RingNo BridgeNo Stp  BrdgMode Trans1 Trans2
---- ----- ------- ----- ------ ------ -------- ---- -------- ------ --------
1    enet  100001  1500  -      -      -        -    -        0      0
10   enet  100010  1500  -      -      -        -    -        0      0
20   enet  100020  1500  -      -      -        -    -        0      0
1002 enet  101002  1500  -      -      -        -    -        0      0
1003 enet  101003  1500  -      -      -        -    -        0      0
1004 enet  101004  1500  -      -      -        -    -        0      0
1005 enet  101005  1500  -      -      -        -    -        0      0

Switch#
```

在交换机上进行 VLAN 的创建与端口的分配后，在 PC1 上再执行 "Ping" 命令，Ping PC2 计算机时，已经得不到返回的数据包了，说明两台计算机已经成功隔离了。

8．VLAN 干道技术

在默认情况下，交换机所有端口的功能都是相同的，但是在进行设备连接的时候，需要根据设备连接对象的不同，划分 VLAN 的交换机端口。根据转发信息帧功能的不同，交换机的端口分为 Access 模式和 Trunk 模式两种类型。

（1）Access 模式。

Access 模式是接入设备模式，是交换机端口的默认模式，该端口只能属于一个 VLAN，Access 端口转发的是无 VLAN 标签的帧。如果交换机的端口连接的是终端计算机或服务器，那么该端口类型一般指定为 Access 模式。

（2）Trunk 模式。

如果跨交换机划分 VLAN，那么交换机与交换机之间的连接端口一般指定为 Trunk 模式，

241

即干道模式。干道是指两台交换机端口或交换机与路由器之间的一条点对点连接链路。

干道上可以承载多个 VLAN，即 Trunk 端口上可以传送不同 VLAN 中发出的数据帧，Trunk 端口属于多个 VLAN。交换机的 Trunk 端口需要手动配置才能形成，应用于 VLAN 跨多台交换机配置的网络中。Trunk 端口和 Access 端口的区别如图 6-24 所示。

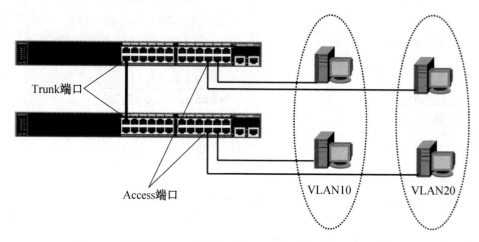

图 6-24　Trunk 端口和 Access 端口的区别

9．多交换机上划分 VLAN 技术

以图 6-25 所示的跨交换机 VLAN 通信拓扑结构为例，说明多交换机上划分 VLAN 技术。在同一 VLAN 内的计算机能跨交换机进行通信，在不同 VLAN 内的计算机不能进行通信（在模拟器中完成）。

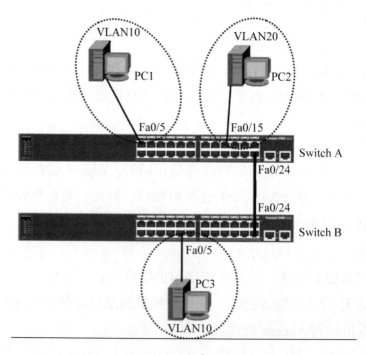

图 6-25　跨交换机 VLAN 通信拓扑结构

配置三台计算机的 IP 地址分别为 192.168.24.5、192.168.24.15、192.168.24.30。执行
"Ping"命令测试，此时三台计算机之间可以 Ping 通。

（1）在 Switch A 上创建 VLAN10，并将 Fa0/5 端口划分到 VLAN10 中。

```
SwitchA>enable
SwitchA#config t
Enter configuration commands, one per line. End with CNTL/Z.
SwitchA(config)#vlan 10
SwitchA(config-vlan)#exit
SwitchA(config)#interface Fa0/5
SwitchA(config-if)#switchport access vlan 10
SwitchA(config-if)#exit
SwitchA(config)#exit
%SYS-5-CONFIG_I: Configured from console by console
Switch#show vlan id 10


VLAN Name                             Status    Ports
---- -------------------------------- --------- ------------
10   VLAN0010                         active    Fa0/5
SwitchA#
```

（2）在 Switch A 上创建 VLAN20，并将 Fa0/15 端口划分到 VLAN20 中。

```
SwitchA#config t
Enter configuration commands, one per line. End with CNTL/Z.
SwitchA(config)#vlan 20
SwitchA(config-vlan)#exit
SwitchA(config)#interface Fa0/15
SwitchA(config-if)#switchport access vlan 20
SwitchA(config-if)#exit
SwitchA(config)#exit
%SYS-5-CONFIG_I: Configured from console by console
SwitchA#show vlan id 20


VLAN Name                             Status    Ports
---- -------------------------------- --------- ------------
20   VLAN0020                         active    Fa0/15
SwitchA#
```

（3）在 Switch B 上创建 VLAN10，并将 Fa0/5 端口划分到 VLAN10 中。

```
SwitchB>enable
SwitchB#config t
Enter configuration commands, one per line. End with CNTL/Z.
SwitchB(config)#vlan 10
SwitchB(config-vlan)#exit
SwitchB(config)#interface Fa0/5
SwitchB(config-if)#switchport access vlan 10
SwitchB(config-if)#exit
```

```
Switch(Bconfig)#exit
%SYS-5-CONFIG_I: Configured from console by console
SwitchB#show vlan id 10

VLAN Name                                       Status    Ports
---- ------------------------------------------ --------- -----------
10   VLAN0010                                   active    Fa0/5
SwitchB#
```

完成两台计算机的配置后，在 PC1 上使用 "Ping" 命令测试与其他计算机的连通性。由于 VLAN 技术隔离，因此网络中的设备都处于不连通状态。

（4）跨交换机 VLAN 之间的连通性配置。

```
将Switch A与Switch B相连的端口定义为tag vlan模式。
SwitchA#config t
Enter configuration commands, one per line. End with CNTL/Z.
SwitchA(config)#interface Fa0/24
SwitchA(config-if)#switchport mode trunk

%LINEPROTO-5-UPDOWN: Line protocol on Interface FastEthernet0/24, changed
state to down
%LINEPROTO-5-UPDOWN: Line protocol on Interface FastEthernet0/24, changed
state to up
SwitchA(config-if)#exit
SwitchA(config)#exit
%SYS-5-CONFIG_I: Configured from console by console
SwitchA#show interface Fa0/24 switchport
Name: Fa0/24
Switchport: Enabled
Administrative Mode: trunk
Operational Mode: trunk
......
```

在 Switch B 上进行同样的配置。配置完成后，测试 PC1 与 PC3 的连通性，发现两台计算机可以正常通信。

10. 内部网络地址的规划

互联网上有数以亿计的主机，为了区分这些主机，必须给每台主机分配一个专门的地址，称为 IP 地址。通过 IP 地址可以访问到网络上的每一台主机。IP 地址分为公有 IP 地址和私有 IP 地址两种，公有 IP 地址用于互联网上；私有 IP 地址用于企业内部，不能在公网上使用。

当在企业内部规划网络时，一般都使用私有 IP 地址。这种私有 IP 地址共有以下 3 类。

A 类：10.0.0.0～10.255.255.255。

B 类：172.16.0.0～172.31.255.255。

C 类：192.168.0.0～192.168.255.255。

在企业内部进行网络地址规划时，原则上没有严格的要求，只需要根据企业自身的情况，规划得方便就可以了。常见的规划方法是使用 B 类私有 IP 地址来规划不同部门的网络地址，将 B 类私有 IP 地址的第 3 节作为部门之间的编号，第 4 节作为部门内部设备的编号，企业内部网络地址的规划如图 6-26 所示。

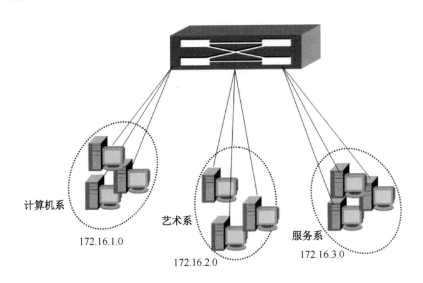

图 6-26　企业内部网络地址的规划

11. 全网互通——三层交换

三层交换是将交换技术与路由技术进行结合，在局域网中既可以实现交换功能，又可以实现路由功能，是二层设备与三层设备的结合。下面以图 6-27 所示的三层交换示例拓扑结构来说明三层交换机的配置，了解不处于同一 VLAN 中的计算机相互通信的情况。PC1 和 PC2 的 IP 地址分别设置为 172.16.10.10 和 172.16.20.10，子网屏蔽设置为默认值（使用模拟器完成）。

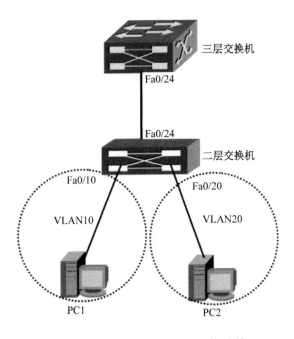

图 6-27　三层交换示例拓扑结构

（1）二层交换机上的配置。

```
Switch>enable
Switch#config t
Enter configuration commands, one per line.  End with CNTL/Z.
Switch(config)#vlan 10
Switch(config-vlan)#exit
Switch(config)#vlan 20
Switch(config-vlan)#exit
Switch(config)#interface Fa0/10
Switch(config-if)#switchport access vlan 10
Switch(config-if)#no shutdown
Switch(config-if)#exit
Switch(config)#interface Fa0/20
Switch(config-if)#switchport access vlan 20
Switch(config-if)#no shutdown
Switch(config-if)#exit
Switch(config)#exit
%SYS-5-CONFIG_I: Configured from console by console
Switch#show vlan

VLAN Name                             Status    Ports
---- -------------------------------- --------- -------------------------------
1    default                          active    Fa0/1, Fa0/2, Fa0/3, Fa0/4
                                                Fa0/5, Fa0/6, Fa0/7, Fa0/8
                                                Fa0/9, Fa0/11, Fa0/12, Fa0/13
                                                Fa0/14, Fa0/15, Fa0/16, Fa0/17
                                                Fa0/18, Fa0/19, Fa0/21, Fa0/22
                                                Fa0/23, Fa0/24, Gig1/1, Gig1/2
10   VLAN0010                         active    Fa0/10
20   VLAN0020                         active    Fa0/20
1002 fddi-default                     active
1003 token-ring-default               active
1004 fddinet-default                  active
1005 trnet-default                    active
......
Switch#
```

（2）三层交换机上的配置。

在三层交换机上的配置模式下，分别创建 VLAN10 和 VLAN20，以此作为二层交换机上 VLAN 的虚拟端口，并为创建的 VLAN10 和 VLAN20 配置不同的网络地址，以作为二层交换机上连接设备转发信息的网关端口。

```
Switch>
Switch>enable
Switch#config t
Enter configuration commands, one per line.  End with CNTL/Z.
```

```
Switch(config)#hostname Switch3550
Switch3550(config)#vlan 10
Switch3550(config-vlan)#exit
Switch3550(config)#vlan 20
Switch3550(config-vlan)#exit
Switch3550(config)#interface vlan 10

%LINK-5-CHANGED: Interface Vlan10, changed state to
upSwitch3550(config-if)#
Switch3550(config-if)#ip address 172.16.10.1 255.255.255.0
Switch3550(config-if)#no shutdown
Switch3550(config-if)#exit
Switch3550(config)#interface vlan 20

%LINK-5-CHANGED: Interface Vlan20, changed state to
upSwitch3550(config-if)#
Switch3550(config-if)#ip address 172.16.20.1 255.255.255.0
Switch3550(config-if)#no shutdown
Switch3550(config-if)#exit
Switch3550(config)#
```

在三层交换机的配置模式下，配置与二层交换机连接的端口 Fa0/24 为干道连接端口，以保证不同 VLAN 可以跨交换机通信，配置命令如下。

```
Switch3550(config)#
Switch3550(config)#interface Fa0/24
Switch3550(config-if)#switchport mode trunk

%LINEPROTO-5-UPDOWN: Line protocol on Interface FastEthernet0/24, changed
state to down
%LINEPROTO-5-UPDOWN: Line protocol on Interface FastEthernet0/24, changed
state to up
%LINEPROTO-5-UPDOWN: Line protocol on Interface Vlan10, changed state to up
%LINEPROTO-5-UPDOWN: Line protocol on Interface Vlan20, changed state to up
Switch3550(config-if)#no shutdown
Switch3550(config-if)#exit
Switch3550(config)#
```

在二层交换机的配置模式下，配置与三层交换机连接的端口 Fa0/24 为干道连接端口，以保证不同 VLAN 可以跨交换机通信，配置命令如下。

```
Switch(config)#interface Fa0/24
Switch(config-if)#switchport mode trunk
Switch(config-if)#no shutdown
Switch(config-if)#exit
Switch(config)#
```

两台交换机配置完成后，将两台测试用的计算机网关地址分别配置为 172.16.10.1 和 172.16.20.1，然后两台计算机就可以正常通信了。

小试牛刀

1．单交换机划分 VLAN

每组准备二层交换机 1 台，计算机 4 台（安装有模拟器）。每组同学先使用模拟器练习单交换机划分 VLAN 的配置与测试。完成测试的同学两两组合，使用交换机进行单交换机划分 VLAN 的配置与测试。练习的同学不保存配置命令，以方便其他同学练习。

2．干道技术配置验证

每组准备二层交换机两台，计算机 4 台（安装有模拟器）。每组同学先使用模拟器练习在两台交换机上划分 VLAN，并将计算机划分在不同的 VLAN 中，再配置干道，以实现连接在两台交换机上的同一个 VLAN 中的计算机正常通信。完成测试的同学两两组合，使用两台交换机完成配置与测试。练习的同学不保存配置命令，以方便其他同学练习。

3．三层交换技术

每组准备二层交换机 1 台，三层交换机 1 台，计算机 4 台（安装有模拟器）。每组同学先使用模拟器练习三层交换机的配置与测试。完成测试的同学两两组合，使用交换机进行三层交换机的配置与测试。练习的同学不保存配置命令，以方便其他同学练习。

4．全网通信

依照如图 6-28 所示的拓扑结构，对交换机和计算机进行配置，以实现 PC1、PC2、PC3、PC4 之间的正常通信（注意二层交换机的配置）。

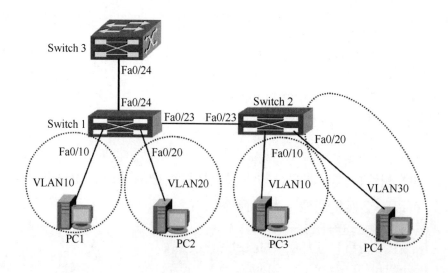

图 6-28　拓扑结构

一比高下

各小组同学根据自己及小组成员的工作完成情况进行自我评价，并对小组其他成员进行评价，将评价结果填写在表 6-5 中。

表 6-5　全网通信小组评价表

评 价 内 容	自 我 评 价			小 组 评 价		
	优秀	合格	再努力	优秀	合格	再努力
网络拓扑的连接						
Switch 1 的配置						
Switch 2 的配置						
Switch 3 的配置						
计算机的配置						
全网通信						
小组综合评价：						

开动脑筋

1．交换机的级联与堆叠有什么区别吗？

2．在如图 6-28 所示的拓扑结构中，Switch 1 中没有 VLAN30、Switch 2 中没有 VLAN20，在对其配置时，需要配置吗？不配置会怎么样？

课外阅读

链路聚合技术

链路聚合技术就是将交换机的多个端口在物理上分别连接，在逻辑上通过技术捆绑在一起，形成一个拥有较大带宽的复合主干链路，以实现主干链路的均衡负载，并提供冗余链路网络效果，如图 6-29 所示。

组合在一起的链路端口可以作为单一连接端口来使用，提供单一连接带宽，网络数据流被动态地分布到各个端口，从而提高了传输速率。

链路聚合的主要优点是可靠性高。链路聚合技术在点到点链路上提供了固有并且自动的冗余性。如果在链路使用的多个物理端口中的一个出现故障，那么网络传输的数据流可以动态地向逻辑链路中其他正常的端口进行传输，自动完成对实际流经某个端口的数据的管理。

链路聚合只能在 100 Mbit/s 以上的链路上实现，而且各品牌设备对链路聚合的支持能力有一些差异，大部分的交换机都支持最多 4～8 条平行的聚合链路，但也有交换机支持更多的链路的聚合。有些交换机只能把相邻的端口设为一组聚合端口，而有些交换机可以将任意端口设为一组聚合端口，在实际应用中，需要根据交换机的具体型号区别对待。

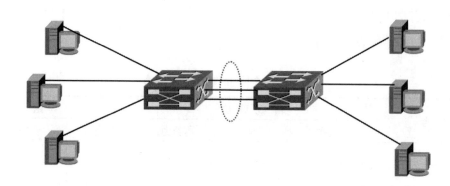

图 6-29　链路聚合技术

工作任务 3　配置无线网络接入

1．无线局域网

无线局域网是计算机网络与无线通信技术结合的产物，是以无线信道作为传输媒介的计算机局域网。从 20 世纪 70 年代开始，无线网络的发展已有 50 多年历史，但对无线网络并没有一个统一的定论。一般来讲，凡是采用无线传输媒体的计算机网络都可称为无线网络。其传输技术主要采用微波扩频技术和红外线技术两种，其中，红外线技术仅适用于近距离无线传输，微波扩频技术覆盖范围较大，是较为常见的无线传输技术。

2．无线局域网的常用设备

一般来说，组建无线局域网需要用到的设备包括无线接入点、无线路由器、无线网卡和天线等。

（1）无线接入点。

无线接入点就是通常所说的 AP，也被称为无线访问接入点。它是大多数无线网络的中心设备。无线路由器、无线交换机和无线网桥等设备都是无线接入点定义的延伸，因为它们所提供的最基础作用仍是无线接入。AP 在本质上是一种提供无线数据传输功能的集线器，它在无线局域网和有线网络之间接收、缓冲存储和传输数据，以支持一组无线用户设备。无线接入点通常是通过一根标准以太网线连接到有线主干线路上，并通过内置或外接天线与无线设备进行通信的。无线 AP 通常只有一个网络端口，如图 6-30 所示。

（2）无线路由器。

无线路由器是一种带路由功能的无线接入点，它主要应用于家庭及小企业。无线路由器具备无线 AP 的所有功能，如支持 DHCP、防火墙、WEP/WPA 加密等，除此之外还包括了路由器的部分功能，如网络地址转换（NAT）功能。通过无线路由器能够实现跨网段数据的无线传输，如实现 ADSL 或小区宽带的无线共享接入。

无线路由器通常包含一个具有若干端口的交换机，可以连接若干台使用有线网卡的计算机，从而实现有线和无线网络的顺利过渡，如图 6-31 所示。

图 6-30　无线 AP　　　　　　　　　图 6-31　无线路由器

（3）无线网卡。

使用无线网络接入技术的网卡可以统称为无线网卡，它们是操作系统与天线之间的端口，用来创建透明的网络连接，其接口一般有 USB、PCMCIA、PCI 和 Mini-PCI、CF/CFII 等形式。USB 接口、PCI 接口和 PCMCIA 接口的无线网卡如图 6-32～图 6-34 所示。

图 6-32　USB 接口的无线网卡　　　　　　图 6-33　PCI 接口的无线网卡

图 6-34　PCMCIA 接口的无线网卡

Mini-PCI 无线网卡是笔记本电脑中内置式无线网卡，目前大多数笔记本电脑均使用这种无线网卡，如图 6-35 所示，其优点是无须占用 PC 卡或 USB 插槽，老款的笔记本电脑是直接将芯片焊接在主板上的。

CF 无线网卡是应用在 PDA、PPC 等移动设备或终端上的网卡，其特点是体积很小、且可直接插拔在设备上，如图 6-36 所示。目前的 CF 无线网卡一般是 Type II（CFII）的接口。

图 6-35　Mini-PCI 无线网卡

图 6-36　CF 无线网卡

（4）天线。

天线相当于一个信号放大器，主要用来解决无线网络传输中因传输距离、环境影响等造成的信号衰减的问题。由于国家对功率有一定限制，因此无线设备（如 AP）本身的天线只能传输较短的距离，当超出这个有限的距离时，可以通过外接天线来增强无线信号，达到延伸传输距离的目的。

3．无线局域网的组成结构

无线局域网采用单元结构将各个系统分成许多单元，每个单元称为一个基本服务组，服务组的组成结构主要有两种形式：无中心无线网络拓扑结构和有中心无线网络拓扑结构。

无中心无线网络拓扑结构如图 6-37 所示，网络中任意两个站点间均可直接通信，一般采用公用广播信道，各站点可竞争公用信道，而信道接入控制协议大多采用 CSMA 类型的多址接入协议，一般适用于较小规模的网络。

有中心无线网络拓扑结构如图 6-38 所示，网络中要求有一个无线站点作为中心，其他站点通过中心 AP 进行通信。此种拓扑结构的网络抗毁性差，中心站点的故障易导致整个网络瘫痪。

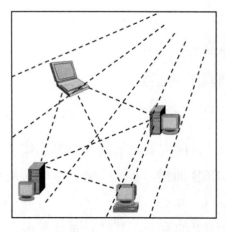

图 6-37　无中心无线网络拓扑结构

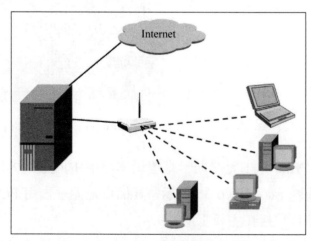

图 6-38　有中心无线网络拓扑结构

在实际无线网络组网中，常常将无线网络与有线主干网络结合起来，中心站点充当无线网络与有线主干网络的桥接器，如图 6-39 所示。

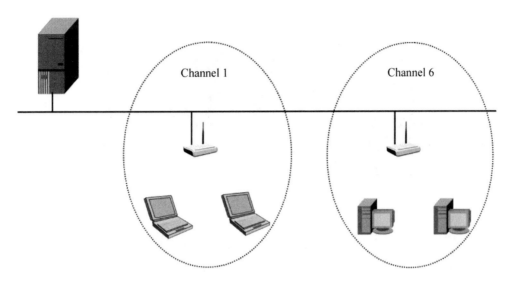

图 6-39　无线网络与有线主干网络结合

4．无线局域网的组建

无线局域网（Wireless Local Area Network，WLAN）是指不需要网线就可以通过无线方式发送和接收数据的局域网，只要通过安装无线路由器或无线 AP，在终端安装无线网卡就可以实现无线连接。要组建一个无线局域网，需要的硬件设备是无线网卡和无线接入点。

（1）组建家庭无线局域网。

如果在家里采用传统的有线方式组建局域网，就会受到种种限制。例如，布线会影响房间的整体设计，而且也不雅观。家庭无线局域网不仅可以调整线路布局，在实现有线网络所有功能的同时，还可以实现无线共享上网。下面将组建一个拥有两台计算机的家庭无线局域网。

① 选择组网方式。

家庭无线局域网的组网方式和有线局域网有一些区别。最简单、最便捷的方式就是选择对等网络，即以无线 AP 或无线路由器为中心，其他计算机通过无线网卡、无线 AP 或无线路由器进行通信。

② 安装硬件。

下面以 TP-LINK TL-WR340G 无线宽带路由器、联想昭阳 E43G 笔记本自带无线网卡为例进行说明。

打开"设备管理器"对话框，可以看到"网络适配器"中已经有了安装的无线网卡。在 Windows XP 操作系统任务栏中会出现一个无线连接图标（在"网络连接"对话框中还会增加'无线网络连接"图标），右击该图标，在弹出的快捷菜单中选择"查看可用的无线网络"选项，然后在弹出的对话框中会显示搜索到的可用的无线网络，选中需要连接的网络，单击"连接"按钮，即可连接该无线网络，无线网络的连接如图 6-40 所示。

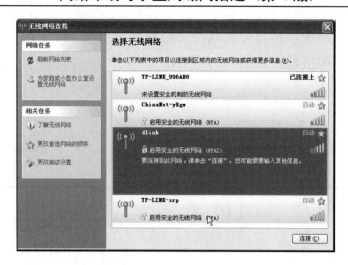

图 6-40   无线网络的连接

接着在室内选择一个合适位置摆放无线路由器，接通电源即可。为了保证以后能用无线上网，需要摆放在离互联网入口比较近的地方。

③ 设置网络环境。

安装好硬件后，还需要分别对无线 AP 或无线路由器，以及对应的无线客户端进行设置。

a. 设置无线路由器。

在设置无线路由器之前，首先要认真阅读随产品附送的《用户手册》，从中了解到默认的管理 IP 地址及访问密码。一般情况下，无线路由器默认的管理 IP 地址为"192.168.0.1"，访问密码为"admin"。

连接到无线网络后，打开 IE 浏览器，在地址框中输入"192.168.0.1"，再输入登录用户名和密码（不同的无线路由器初始用户名和密码可能会不同，可以查看《用户手册》），单击"确定"按钮，打开路由器的设置界面，如图 6-41 所示。

在"无线网络基本设置"对话框中可以对无线网络进行相应的设置，在"SSID 号"文本框中可以输入无线局域网的名称，在"信道"下拉列表中选择默认的"自动"选项即可。无线网络的设置如图 6-42 所示。

图 6-41   路由器的设置界面

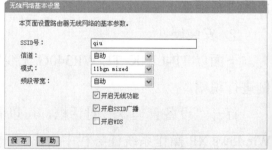

图 6-42   无线网络的设置

提示：SSID 即 Service Set Identifier，也可以缩写为 ESSID，表示无线 AP 或无线路由的

标识字符，其实就是无线局域网的名称。该标识主要用来区分不同的无线网络，最多可以有32个字符。

现在使用无线宽带路由器支持 DHCP 服务器功能，通过 DHCP 服务器可以给无线局域网中所有的计算机自动分配 IP 地址，不需要手动设置 IP 地址，从而避免了 IP 地址冲突，具体的设置方法如下。

打开路由器的设置界面，在左侧窗口中单击"DHCP 服务器"链接，在右侧窗口的"动态 IP 地址"选项中选择"允许"选项，表示为局域网启用 DHCP 服务器。在默认情况下，起始 IP 地址为 192.168.0.100，这样第一台连接到无线网络的计算机 IP 地址为 192.168.0.100、第二台是 192.168.0.101……用户还可以手动更改起始 IP 地址最后的数字。最后单击"保存"按钮即可，设置 DHCP 服务如图 6-43 所示。

b. 设置无线客户端。

设置完无线路由器后，还需要对安装了无线网卡的客户端进行设置。在客户端计算机中，右击 Windows XP 操作系统任务栏中的无线连接图标，在弹出的快捷菜单中选择"查看可用的无线连接"选项，在打开的对话框中可以选择需要连接的无线网络，单击"更改首选网络顺序"链接，打开"无线网络连接 属性"对话框，如图 6-44 所示。在此对话框中可以对无线网络的客户端进行必要的设置，如可以设置首选连接的无线网络等。

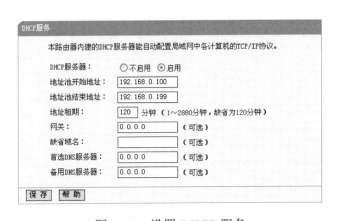

图 6-43 设置 DHCP 服务

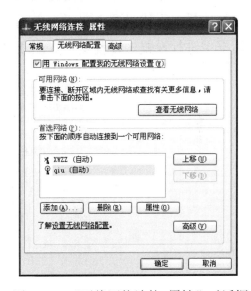

图 6-44 "无线网络连接 属性"对话框

（2）设置多机共享上网。

若要实现多机共享上网，则需要对无线路由器的 WAN 口进行设置。

① 硬件连接。

如果是在单位的局域网内，那么只需要将局域网端口的网线与无线路由器的 WAN 口连接起来即可；如果是家庭用户，那么将无线路由器的 WAN 端口和互联网入口用网线连接起来即可。

② 设置无线路由器。

打开 TP-Link 无线路由器的设置界面，在基本设置界面中，需要根据互联网的接入情况来选择 WAN 口连接类型。

如果是 ADSL 用户，那么可以选择 PPPoE，并输入用户名和密码；如果是小区宽带接入，那么可以选择自动获取 IP 地址；如果是局域网用户，那么可以选择静态 IP，并指定 IP 地址、子网屏蔽、默认网关地址及 DNS 服务器地址，WAN 口设置如图 6-45 所示。设置完成后，单击"保存"按钮即可。

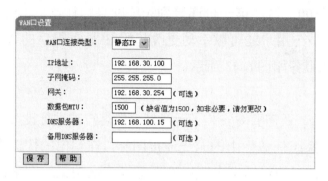

图 6-45　WAN 口设置

当然，为了防止别人使用无线信号，还需要对无线路由的安全认证项目进行设置，设置方法是选择"无线设置"对话框中的"无线网络安全设置"选项，在"无线网络安全设置"对话框中进行设置。设置安全认证项目如图 6-46 所示。

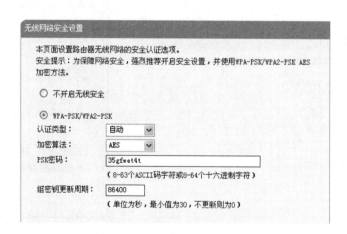

图 6-46　设置安全认证项目

③ 设置无线连接客户端。

将用户计算机的 IP 地址都设置为"自动获得 IP 地址"，或者和无线路由器在一个网段的地址。

🏆 小试牛刀

将学生分成若干小组，每个小组配置 1 台无线路由器，多台带无线网卡的计算机，然后完成以下的操作（为每台无线路由器分配的频段不同）。

1．配置无线路由器

每位学生使用自己的计算机通过无线网络连接到路由器上，查看无线路由器的各个配置界面，并对其进行配置。

2．配置计算机

配置本组的路由器为首选连接项，配置无线网的相关参数，能够实现与本组其他计算机的通信。

3．配置多机共享上网

利用实训室校园网的端口配置路由器的 WAN 口，以实现本组各计算机能够通过路由器共享上网的目的。

一比高下

各小组学生根据自己及小组成员的工作完成情况，进行自我评价并对小组其他成员进行评价，将评价结果填写在表 6-6 中。

表 6-6　分项练习小组评价表

评价内容		自　我　评　价			小　组　评　价		
		优秀	合格	再努力	优秀	合格	再努力
操作技能	无线路由器的设置						
	无线网卡的配置						
	无线局域网的设置						
	共享上网						
合作交流	遵守纪律						
	兴趣态度						
	团结合作						
	乐于助人						
小组综合评价：							

开动脑筋

1. 结合自己对无线网络的理解，无线网络主要应用于什么场合？
2. 无线网络会成为网络发展的主流方向吗？
3. 在目前技术条件下，无线网络能实现千兆传输吗？

 课外阅读

蓝牙技术

蓝牙技术是一种短距离通信技术，旨在取代电缆来连接便携式和固定设备，并保证高度安全性。蓝牙是无线数据和语音传输的开放式标准，它将各种通信设备、计算机及其终端设备、各种数字数据系统，甚至家用电器采用无线方式连接起来。它的传输距离为 10 cm ~ 10 m，如果增加功率或加上某些外部设备，就可达到 100 m 的传输距离。它采用 2.4 GHz ISM 频段和调频、跳频技术，使用前向纠错编码、ARQ、TDD 和基带协议。蓝牙支持 64 kbit/s 实时语音传输和数据传输，发射功率分别为 1 mW、2.5 mW 和 100 mW，并使用全球统一的 48 比特的设备识别码。因为蓝牙采用无线端口来代替有线电缆连接，具有很强的移动性，并且适用于多种场合，加上该技术功耗低，对人体危害小，而且应用简单、容易实现，所以易于推广。

蓝牙技术可以广泛应用于无线局域网中各类数据及语音设备，如 PC、拨号网络、笔记本电脑、打印机、传真机、数码相机、移动电话和高品质耳机等，蓝牙的无线通信方式将上述设备连在一起，从而实现各类设备之间随时随地进行通信的目标。应用蓝牙技术的典型环境有无线办公环境、汽车工业、信息家电、医疗设备，以及学校教育和工厂自动控制等。

2014 年 12 月 4 日，最新的蓝牙 4.2 标准发布，改善了数据传输速率和隐私保护程度，而且接入该设备将可直接通过 IPv6 和 6LoWPAN 接入互联网。在新的标准下，蓝牙信号想要连接或者追踪用户设备必须经过用户许可，否则蓝牙信号将无法连接和追踪用户设备。

蓝牙技术在速度方面变得更加快速，两部蓝牙设备之间的数据传输速率与之前相比提高了 2.5 倍，因为蓝牙智能（Bluetooth Smart）数据包的容量提高，其可容纳的数据量相当于此前的 10 倍左右。

项目小结

本项目通过 3 个工作任务介绍了局域网组网技术，分别为组建对等网络、组建可管理的局域网和配置无线网络接入。组建对等网络的内容相对比较简单，需要掌握共享资源的设置与网络参数的设置；组建可管理的局域网的内容相对比较复杂，有网络规划、交换机与路由器的设置等内容，可以根据情况有选择地学习；配置无线网络接入是现在应用非常广泛的一种网络形式，需要对无线路由器进行设置，不同厂家的产品的设置方法略有差异，但基本上是相同的，可以根据产品的介绍完成。本项目不涉及集中管理的无线网络的配置，此种网络组建品牌间的差异较大，实训条件各学校均不容易达到，在学校条件许可的情况下，教师可以做适当的介绍。

思考与练习

1．什么是对等网络？对等网络的特点是什么？

2．组建对等网络需要配置哪些项目？

3．美达科技公司有 5 个部门：经理室、市场部、技术部、售后部、财务部。公司现有办公计算机 20 台，市场部和财务部各有一台打印机，财务部的打印机不能提供给其他部门人使用。公司想组建一个对等办公网络，请为他们设计一个方案。

4．交换机的级联有几种方式？

5．什么是虚拟局域网？其主要优点有哪些？

6．什么是广播域？什么是冲突域？

7．什么是干道？干道上可以承载多个 VLAN 吗？

8．链路聚合技术是什么技术？

9．什么是无线局域网？

10．无线局域网的组成结构主要有哪几种？

项目 7　系统集成项目的测试与验收

 项目描述

因为某信息工程技术学校新校区的土建工程与弱电系统完成建设后将要交付使用，所以需要对学校的各个系统集成项目进行测试与验收。对弱电系统的测试与验收是施工方向建设方移交项目的正式手续，也是建设方对工程的认可手段。只有通过了建设方的检测认可，系统集成项目才算基本完工。系统集成的测试主要检测工程的布线系统是否符合要求，如果布线系统的性能指标达不到要求，就会对网络的整体性能产生较大的影响，工程测试是网络建设中非常重要的一个环节。

项目分析

作为一所新建学校，弱电系统项目非常多，但是所有的项目都离不开布线，布线质量的好坏对学校各应用项目有着很大的影响，所以在验收时重点对布线工作进行全方位的测试与验收，并且要对其进行功能性验收。各个验收项目完成后，就要进行系统培训与交接，将相关技术资料、工程资料移交给建设方，并对系统应用进行全面的培训，以保证建设方能熟练地操作相关系统，为学校的正常教学提供服务。

项目分解

工作任务 1　布线系统的测试
工作任务 2　系统集成项目的验收
工作任务 3　布线工程项目的交接

工作任务 1　布线系统的测试

目前，弱电系统集成中布线使用较为广泛的线缆是光缆和非屏蔽双绞线。双绞线的使用量非常大，在布线系统工程测试中以检测双绞线的情况居多。

1．了解测试依据与标准

《综合布线系统工程设计规范》（GB 50311—2016）和《综合布线系统工程验收规范》（GB/T 50312—2016），这两个国家标准规范了国内综合布线施工和验收的相关技术要求。

2．认识测试工具

布线系统的测试必须使用线缆测试仪。线缆测试仪有很多种，但是所有的线缆测试仪都包括线缆测试仪主机和远端单元，还包括一些配套件。根据线缆测试仪的测试方式，分为模拟线缆测试仪和数字线缆测试仪两类。目前，有些施工单位采用简易的测试装置来测试，通常情况下测试能力是有限的，只能测试线缆的连续性，不能用它对布线系统进行认证测试，若要做认证测试，则必须使用专用的线缆测试仪才能完成，现在工程中广泛使用的是 Fluke 认证测试分析仪。

Fluke 公司是世界电子测试工具生产、分销和服务的领导者，其产品遍及很多领域，网络线缆测试仪只是其产品线中的一个品种，现在广泛使用的是 DTX 系列的认证测试分析仪。DTX 系列的认证测试分析仪对铜缆和光纤的认证测试可确保布线系统符合 TIA/ISO 标准，可以测试 10 M～10 kM 线缆，Fluke DTX 系列认证测试分析仪如图 7-1 所示。

Fluke DTX-LT 线缆认证测试分析仪是 DTX 系列认证测试分析仪中的简配产品，主要由 DTX-LT 主测试仪和智能远端测试仪、Link Ware PC 软件、Cat 6/E 类永久链路适配器、6/E 类通道适配器及相关辅助设备等组成。

主测试仪控制面板如图 7-2 所示，主测试仪各个控制键的功能见表 7-1。

图 7-1　Fluke DTX 系列认证测试分析仪

图 7-2　主测试仪控制面板

表 7-1　主测试仪各个控制键的功能

控制键	名　称	功　能
F1 F2 F3	功能键	功能键可以提供与当前的屏幕画面有关的功能。功能显示于屏幕画面功能键之上
EXIT	退出键	退出键可以退出当前的屏幕画面而不保存更改
TEST	测试键	开始目前选定的测试。若没有检测到智能终端，则启动双绞线布线的音频发生器。当两个测试仪均接好后，即进行测试
SAVE	保存键	保存键可将"自动测试"结果保存于内存中
ENTER	输入键	输入键可以从菜单内选择选中的项目
TALK	对话键	对话键可以使用耳机与链路另一端的用户对话
灯光	灯光键	灯光键可以在背照灯的明亮和暗淡设置之间切换。通过按住 1s 来调整显示屏的对比度
开关	开关键	电源开关
旋转开关	旋转开关	旋转开关可以选择测试仪的模式
▲　▼	箭头键	箭头键可以用于浏览屏幕画面，并递增或递减字母数字的值

3．了解线缆链路的测试方式

线缆链路的测试有两种方式：永久链路的测试方式和信道测试方式。在《综合布线系统工程验收规范》（GB/T 50312—2016）中定义了超 5 类布线系统永久链路和信道的测试标准。

（1）永久链路的测试方式。

永久链路又称固定链路，在工程中，一般是指从配线架上的跳线插座算起，到工作区信息面板插座位置进行的物理性能测试。永久链路的测试方式如图 7-3 所示。永久链路不包括现场测试仪插接线和插头，以及两端 2 m 的测试线缆，线缆的总长度最长为 90 m；而基本链路包括两端的 2 m 测试线缆，线缆的总长度为 94 m。

（2）信道测试方式。

信道也称通道，是指包括用户终端连接线在内的整体通道，即端到端的链路。信道测试一般是指对从交换机端口上设备跳线的水晶头算起到服务器网卡前用户跳线的水晶头结束，总长度不能超过 100 m 的链路进行的物理性能测试。信道测试方式如图 7-4 所示。

信道测试与永久链路的测试方法相似，取出数据的方法也完全相同，不同的是选取的测试模式不一样，使用的测试适配器不同。

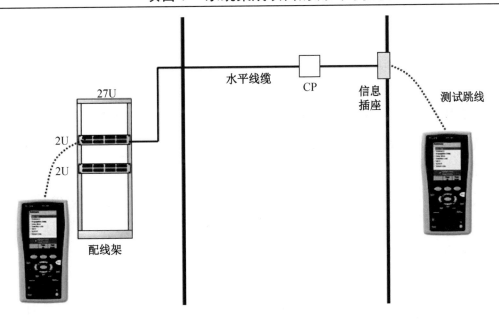

图 7-3　永久链路的测试方式

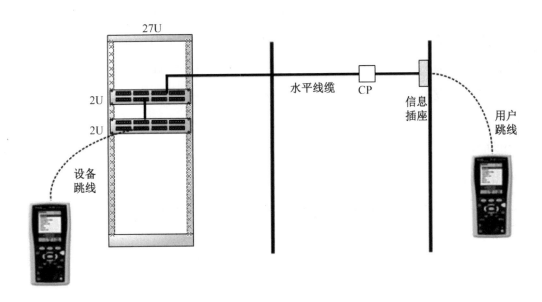

图 7-4　信道测试方式

4．认识主要的认证测试参数及含义

Fluke 认证测试分析仪的认证测试参数比较多，常用的有接线图、长度、传播延迟、延迟偏离、插入损耗、回波损耗、NEXT、PS NEXT、ACR-F、PS ACR-F、ACR-N、PS ACR-N 等。

（1）NEXT（近端串扰）。

串扰分为近端串扰（NEXT）和远端串扰（FEXT）两种。由于存在线路损耗，因此 FEXT 量值的影响较小，测试仪主要测量 NEXT。NEXT 损耗是测量一条 UTP 链路中从一对线对到另一对线对的信号耦合。对于 UTP 链路，NEXT 是一个关键的性能指标，也是最难精确测量的一个指标，且随着信号频率的增加，其测量难度也将加大。

NEXT 并不表示在近端点所产生的串扰值，它只是表示在近端点所测量到的串扰值。这个量值会随着线缆长度的不同而变化，线缆越长，其值变得越小，同时发送端的信号也会衰减，对其他线对的串扰也相对变小。实验证明，只有在 40 m 内测量得到的 NEXT 才是较真实的。如果另一端是远于 40 m 的信息插座，虽然它会产生一定程度的串扰，但测试仪可能无法测量到这个串扰值，因此最好在两个端点都进行 NEXT 测量。现在的测试仪都配有相应功能，可以在链路一端测量出两端的 NEXT 值。

（2）传播延迟。

传播延迟是指一个信号从线缆一端传到另一端所需要的时间，它与 NVP 值成正比。一般 5 类 UTP 的延迟时间在 5～7 ns 每米。ISO 规定 100 m 链路最差的时间延迟为 1 μs。延迟时间是为何局域网要有长度限制的主要原因之一。

（3）插入损耗。

插入损耗是指发射机与接收机之间插入线缆或元件产生的信号损耗，通常指衰减。由于集肤效应、绝缘损耗、阻抗不匹配、连接电阻等因素，因此信号沿链路传输的能量会损失。信号沿链路传输损失的能量称为衰减，表示测试传输信号在每个线对两端间的传输损耗值及同一条线缆内所有线对中最差线对的衰减量，相当于所允许的最大衰减值的差值。衰减与线缆的长度有关，随着线缆长度的增加，信号衰减也相应增加。衰减的单位为 dB（分贝），表示源传送端信号到接收端信号强度的比率。因为衰减随频率的变化而变化，所以应测量在应用范围内的全部频率上的衰减。

（4）回波损耗。

回波损耗是线缆链路由于阻抗不匹配所产生的反射，是一对线对自身的反射。不匹配主要发生在连接器上，但也可能发生在线缆中特性阻抗发生变化的地方，所以施工的质量是减少回波损耗的关键。回波损耗将引入信号的波动，返回的信号将被双工的千兆网误认为是收到的信号而产生混乱。

（5）ACR（衰减串扰比）。

衰减串扰比是在受相邻发信线对串扰的线对上，其串扰损耗值（NEXT）与本线对传输信号衰减值（A）的差值（单位为 dB），即 ACR（dB）=NEXT（dB）-A（dB）。对于 5 类线及高于 5 类线和同类接插件构成的链路，由于高频效应及各种干扰因素，ACR 的标准参数不单单从串扰损耗值（NEXT）与衰减值（A）在各相应频率上直接的代数差值导出，通常可通过提高链路串扰损耗值（NEXT）或降低衰减值（A）以改善链路 ACR。当 6 类布线链路在 200 MHz 时，ACR 要求为正值，6 类布线链路要求测量到 250 MHz。

在某些频率范围内，串扰损耗值与衰减值的比例关系是反映线缆性能的另一个重要参数。ACR 有时也以信噪比（Signal-Noise Ratio，SNR）表示，由最低的衰减值与串扰损耗值的差值计算。ACR 值较大，表示抗干扰的能力更强，一般系统要求至少大于 10 dB。

5．自动测试双绞线布线系统

Fluke 认证测试分析仪测试链路的基本操作程序是安装测试适配器（信道或永久链路），开机，选择测试标准，测试，保存数据，测试下一条链路，使用计算机读出测试仪中保存的结果（使用随机 LinkWare 软件），打印测试报告等。

（1）安装测试适配器。

将适用于该任务的适配器连接至测试仪及智能终端，安装测试适配器如图 7-5 所示。

（2）开机。

按下主测试仪右下角的电源开关键，此时测试仪会启动自检。

（3）选择测试标准。

将旋转开关调整到"setup"挡，选择"双绞线"选项卡。在"双绞线"选项卡中设置以下选项。

线缆类型：选择一个线缆类型列表，然后选择要测试的线缆类型。

测试极限：选择执行任务所需要的测试极限值，屏幕会显示最近使用的 9 个极限值，按 F1 键来查看其他极限值列表。

（4）测试。

将旋转开关转至"AUTOTEST"（自动测试）挡，将测试线缆插入适配器的接口中，按测试仪或智能远端的"TEST"键，测试仪将会对链路进行测试，线缆测试如图 7-6 所示。如果要停止测试，那么可以按"EXIT"键。

图 7-5　安装测试适配器

图 7-6　线缆测试

（5）保存数据。

如果要保存测试结果，那么可以按"SAVE"键，选择或建立一个线缆标识码，然后再按一次"SAVE"键，保存数据。

6．正确解读测试报告

完整的 Fluke 测试报告如图 7-7 所示。

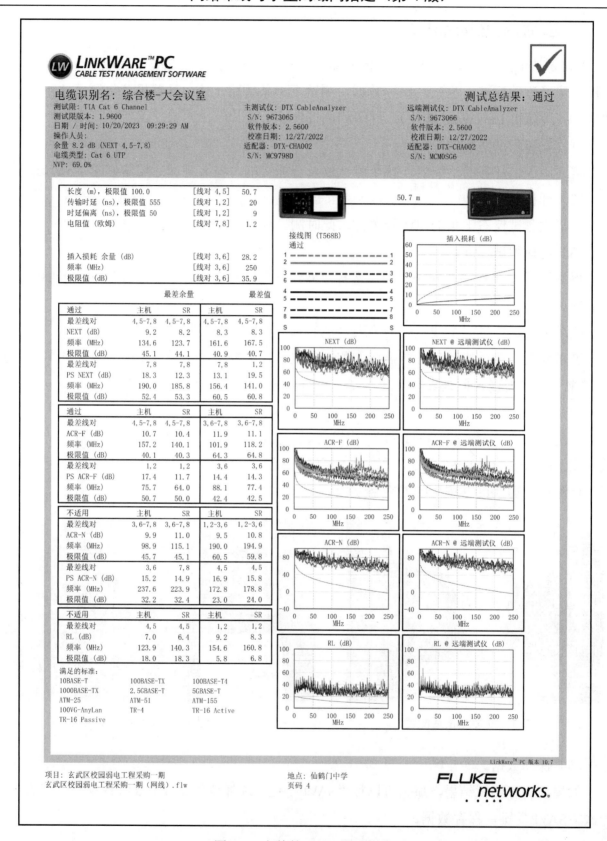

图 7-7　完整的 Fluke 测试报告

测试报告分为左右两栏，左侧是测试数据，右侧是与数据对应的图示。右侧第一个表格是接线图，主要表示线路是否通畅，接线是否正确。左侧第一个表格中的数据如下。

长度（ft），极限值 328	[线对 7、8]	31
传输时延（ns），极限值 555	[线对 1、2]	47
时延偏离（ns），极限值 50	[线对 1、2]	1
电阻值（欧姆）		不适用
衰减（dB）	[线对 4、5]	20.9
频率（MHz）	[线对 4、5]	100.0
极限值（dB）	[线对 4、5]	24.0

Fluke 认证测试分析仪使用的长度单位是 foot（英尺，简称 ft），1ft=0.3048 m。这次测试的线缆长度是 31 英尺，也就是 9.4488 m。这个长度指的是线对 7、8 的长度，也就是代表整条线缆的长度。传输时延的极限值为 555，线对 1、2 的时延是 47。时延偏离的极限值是 50，线对 1、2 的值是 1。线对 4、5 在测试频率为 100 MHz 时的衰减值为 20.9，衰减的极限值为 24。

左侧栏第二个表格是 NEXT（近端串扰）、PS NEXT（综合近端串扰）的数据；左侧栏第三个表格是 ACR-F（远端衰减串扰比）、PS ACR-F（综合远端衰减串扰比）的数据；左侧栏第四个表格是 ACR-N（近端衰减串扰比）、PS ACR-N（综合近端衰减串扰比）的数据；左侧栏第五个表格　是 RL（回波损耗）的数据。解读方法基本同第二个表格一样　。测得的参数值是计算得到的最差余量和最差值，计算过程应该比较复杂，算出后通过比较得到线路的质量状况，最后给出通过或不通过的结论。

7．测试报告错误信息分析

对双绞线进行测试时，可能产生的问题有近端串扰没有通过、衰减没有通过、接线图没有通过、长度没有通过等。

（1）近端串扰没有通过。

近端串扰是指在线缆的发射端出现的干扰，当两对相邻的线对电场互相产生假信号时，近端串扰就会发生。简单地说，近端串扰就是从一对线对到另一对线对的信号泄漏，产生的原因主要有① 近端连接点有问题；② 远端连接点短路；③ 串对；④ 外部噪声；⑤ 链路线缆和接插性能有问题，或不是同一类产品；⑥ 线缆的端接质量有问题。

（2）衰减没有通过。

衰减是信号在沿线缆传输时的能量损失，导致衰减没有通过的原因可能有① 长度过长；② 温度过高；③ 连接点有问题；④ 链路线缆和接插性能有问题，或不是同一类产品；⑤ 线缆的端接质量有问题。

（3）接线图没有通过。

接线图没有通过的原因主要有① 两端的接头有断路、短路、交叉、破裂开路；② 跨接错误（某些网络需要发送端和接收端跨接，当为这些网络构筑测试链路时，由于设备线路的跨接，测试接线图会出现交叉现象）。

（4）长度没有通过。

长度没有通过的原因可能有① NVP（额定传输速率）设置不正确，可用已知的好线确定，并重新校准 NVP；② 实际长度过长；③ 开路或短路；④ 设备连线及跨接线的总长度过长。

8．测试网络服务

网络服务的测试是指根据局域网内所配置的网络服务进行测试，局域网中常用的网络服务主要有 DNS、DHCP、Web、FTP 等。测试时，只需要在局域网内不同的 VLAN 中选择一定量的测试点，用一台 PC 连入网络，对网络的相关站点进行登录访问，只要能够正常访问就可以了。

小试牛刀

由于 Fluke 认证测试分析仪是比较昂贵的设备，因此教师要强调测试仪的使用注意事项，每个小组确定一个使用负责人，保证设备的正确使用。

将班级学生分成若干小组，完成以下工作任务。

1．双绞线的测试

每组学生制作一根 2 m 以上的双绞线，使用超 5 类的标准测试该双绞线的参数，并将测试结果以自己的姓名为文件名保存。

2．永久链路的测试

每组学生在学校的校园网内选择一个永久链路进行测试，注意需要更换接口跳线，并将测试结果以"yjll-组号"为文件名保存。

3．测试报告的解读

教师给每个小组各准备一份 Fluke 测试报告（或使用学生自己导出的测试报告），请各小组学生进行解读，将多份报告在各小组之间轮换，解读内容请各小组根据报告情况来写。

一比高下

1．每个小组选派一名代表介绍使用 Fluke 认证测试分析仪对链路进行测试的过程，并对本组的测试报告进行解读。

2．教师为每个小组准备一份 Fluke 测试报告，请每个小组选派一名代表解读，解读成绩作为小组的成绩。

开动脑筋

1．除了 Fluke 认证测试分析仪，还有其他可以作为认证测试的设备吗？

2．信道测试与永久链路测试有什么区别？

3．Fluke 认证测试分析仪可以测试光纤通道吗？需要怎么做？

课外阅读

光缆测试管理软件 LinkWare

LinkWare 是 Fluke 认证测试分析仪随机的管理软件，主要用于管理测试仪的测试结果数据。LinkWare 的主工作界面如图 7-8 所示。

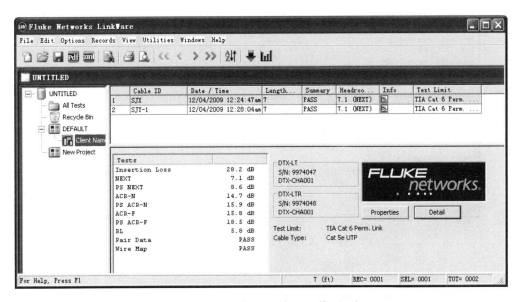

图 7-8　LinkWare 的主工作界面

通过该软件可以查看测试数据的详细信息，如图 7-9 所示。

由于测试仪的测试结果具有权威性，其数据不允许用户自行修改，因此输出的文件类型主要有两个格式：PDF 格式和 XML 格式，XML 格式的 Fluke 测试报告如图 7-10 所示，输出的数据只供用户阅读。

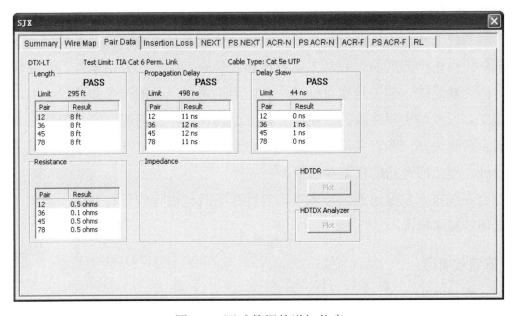

图 7-9　测试数据的详细信息

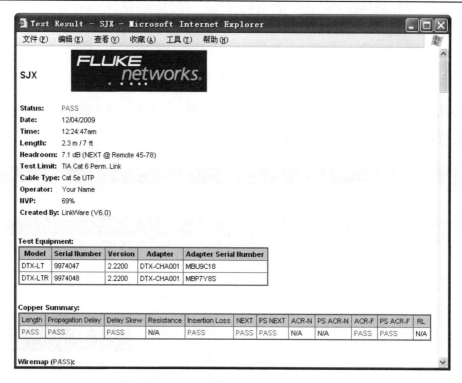

图 7-10　XML 格式的 Fluke 测试报告

工作任务 2　系统集成项目的验收

系统集成项目的验收是对工程项目的全面检查，验收工作量最大的地方是布线项目，只有经过严格的验收才能保证综合布线的工作质量，维护建设方的利益，避免为用户方后期的维护埋下隐患。

1．了解验收标准

综合布线系统工程施工依据的标准和指导性文件较多。过去国内大多数综合布线系统工程都采用国外厂商生产的产品，且其工程设计和安装施工绝大部分由国外厂商或代理商组织实施。当时因为缺乏统一的工程建设标准，所以不论是在产品的技术和外形结构，还是在具体设计和施工，以及与房屋建筑的互相配合等方面都存在一些问题，没有取得应有的效果。为此，我国主管建设部门和有关单位在近几年来组织、编制和批准发布了一批有关综合布线系统工程设计、施工应遵循的依据和法规。

由于综合布线技术发展迅速，技术规范内容在不断地进行修订和补充，因此在验收时应注意使用最新的技术标准。

2．了解验收项目

（1）现场物理验收。

现场物理验收主要从物理层面上对整个系统集成的布线情况进行验收，对工作区子系统、配线子系统、干线子系统、设备间、管理间等的线缆布放情况进行检查验收，主要从外观上进行必要的检查。

（2）检查设备安装。

布线系统的设备安装主要涉及机柜的安装、配线架的安装和信息模块的安装等内容。

① 机柜和配线架的安装。

在配线间或设备间内通常都安装机柜（或机架），机柜内主要包括基本框架、内部支撑系统、布线系统、通风系统等，根据实际情况需要在其内部安装一些网络设备。配线架安装在机柜中的适当位置，一般为交换机、路由器的上方或下方，其作用是水平线缆首先连入配线架，然后通过跳线接入交换机。对于垂直干线系统的光纤要首先连接到光纤配线架，再通过光纤跳线连接到交换机的光纤模块接口。

② 信息模块的安装。

工作区的信息插座包括面板、模块、底盒等，其安装的位置应当是用户认为使用最方便的位置，一般安装在距离墙角线 0.3 m 左右的位置，也可以安装在办公桌的相应位置。专用的信息插座可以安装在地板上或大厅、广场的某一位置。

（3）检查线缆的安装与布放。

双绞线和光缆是网络布线中使用最多的传输介质，布线量非常大，所以在工程验收时，这一块是重点的检查项目。验收均应在施工过程中由建设方与督导人员随工检查，发现不合格的地方，做到随时返工，如果在布线工程完成后再检查，那么出现问题后，处理起来会比较麻烦。

3．了解验收方法

工程验收是工程建设程序的一个重要环节，验收工作并不是必须在工程结束后才能进行，有些验收工程必须是在施工过程中进行的，如隐蔽工程、暗敷管道、穿放或牵引线缆等。所以不同的工作项目和内容的验收方法也不同，一般有随工验收（又称为随工检验）和工程竣工验收（又称工作验收）两种方式。

（1）随工验收。

随工验收是指在工程实施的过程中对工程进行质量把控的一种验收方式，主要适用于布线系统工程中具有隐蔽性的部分，以防不合格的施工结果被掩盖。

布线工程随工验收的检验方式有旁站、现场巡视和平行检验 3 种。

旁站：是指随工检验人员或现场监管人员在工程施工阶段中，对关键部位、关键工序的施工质量实施全过程现场跟班的监督活动。

现场巡视：是指随工检验人员或现场监管人员对正在施工的部位或工序现场进行定期或不定期的监督活动，它不限于某一部位或过程。

平行检验：是随工检验人员或施工质检员利用一定的检查或检测手段，按照一定的比例，对某些工程部位、试验、材料等独立进行检查或检测，然后进行质量判断。

在随工验收时，随工检验人员要认真填写随工验收单，并要求三方签字确认。随工验收单的格式如下。

隐蔽工程随工验收单

工程名称：　　　　　　　　　　　　　　　　　　　　　　　　　年　　月　　日

建设单位/总包单位	设计、施工单位		监理单位	
隐蔽工程内容与检查	检查内容（共　　项）	检查结果		
		安装质量	楼层（部位）	图号
验收意见				
建设单位/总包单位	设计、施工单位		监理单位	
验收人： 日期： 盖章：	验收人： 日期： 盖章：		验收人： 日期： 盖章：	

备注：

1. 检查内容包括：① 管道排列、走向、弯曲处理、固定方式；② 管道连接、管道搭铁、接地；③ 管口安放护圈标识；④ 接线盒及桥架加盖；⑤ 线缆对管道及线间绝缘电阻；⑥ 线缆接头处理等。

2. 在检查结果的安装质量栏内，按照检查内容的序号，合格的打"√"号，基本合格的打"△"号，不合格的打"×"号，并注明对应的楼层（部位）、图号。

3. 综合安装质量的检查结果，在验收意见栏内填写验收意见，并扼要说明情况

上述表格只作为随工验收参考表格，实际工程中可以根据实际情况自行设计表格的内容与样式。

（2）工程竣工验收。

工程竣工验收通常分为预验收和正式验收。预验收由建设方或监理方组织人员到工程现场检查了解工程实际情况和有关资料，只有预验收合格，才能组织正式验收。

预验收的内容主要包括各种竣工资料、相关图纸及随工检验记录表等。预验收检验合格

后，建设方可组织相关人员对工程进行正式验收，验收完成后填写工程竣工验收报告。竣工验收报告的格式如下。

系统集成竣工验收报告

建设项目名称			建设单位	
单位工程名称			施工单位	
建设地点			监理单位	
开工日期		竣工日期		终验日期	
工程内容		详见安装工程量总表			
验收意见及施工质量评语：					
施工单位代表： 施工单位盖章： 日　　　期：　　年　　月　　日					
监理单位代表： 监理单位盖章： 日　　　期：　　年　　月　　日					
建设单位代表： 建设单位盖章： 日　　　期：　　年　　月　　日					

4．现场物理验收

（1）工作区子系统的验收。

在网络布线工程中，工作区一般比较多，在工作区进行验收时，可能无法对逐个工作区进行验收，可以随机选择一些工作区进行验收，主要的验收内容如下。

① 线槽走向、布线是否美观大方，是否符合规范。

② 信息座是否按规范进行安装。

③ 信息座安装是否做到等高、等平、牢固。

④ 信息面板是否固定牢靠。

（2）配线子系统的验收。

配线子系统涉及较多的楼层，主要的验收内容如下。

① 线槽安装是否符合规范。

② 槽与槽、槽与槽盖是否接合良好。

③ 托架、吊杆是否安装牢靠。

④ 水平干线与垂直干线、工作区交接处是否出现裸线。

⑤ 水平干线槽内的线缆是否固定。

（3）干线子系统的验收。

干线子系统的验收除了类似于配线子系统的验收内容，还要检查楼层与楼层之间的洞口是否封闭，线缆是否按间隔要求固定，拐弯线缆是否留有弧度。

（4）管理间、设备间、进线间子系统的验收。

管理间、设备间、进线间子系统的验收主要检查设备安装是否规范整洁。

5．检查设备安装

布线系统的设备安装主要涉及机柜的安装、配线架的安装和信息模块的安装等内容。

（1）机柜和配线架的安装。

机柜和配线架通常安装在配线间或设备间，在验收检查时，主要检查以下内容：必须检查机柜排风设备是否完好，设备托板数量是否齐全及滑轮、支撑柱是否完好等。机柜型号、规格、安装位置是否符合设计要求；机柜安装垂直偏差度应不大于 3 mm，水平误差应不大于 2 mm；几个机柜并排在一起，面板应在同一平面上并与基准线平行，前后偏差不得大于 3 mm；两个机柜中间的缝隙不得大于 3 mm；机柜面板的架前应预留有 800 mm 空间，机柜背面离墙距离应大于 600 mm，以便于安装和施工；柜体安装完毕应做好标识，标识应统一、清晰、美观；机箱安装完毕后，柜体的进出线缆孔洞应采用防火胶泥封堵，做好防鼠、防虫、防水和防潮处理等；配线架安装位置是否正确，固定是否牢固等。

（2）信息模块的安装。

信息模块通常设置在工作区，数量比较大。在验收检查时，主要检查以下内容：位置的设置是否合理、模块的安装是否规范、工作区模块数量是否满足用户需求等。

6．检查线缆的安装与布放

线缆主要检查以下内容：线缆的型号、规格是否与设计规定相符；线缆的布放应自然平直，不得产生扭绞、打圈接头等现象，不应受到外力的挤压和损伤；线缆两端应贴有标签，应标明编号，标签书写应清晰、端正，标签应选用不易损坏的材料；线缆端接后，应留有余量，余量是否符合规范；线缆的弯曲半径是否符合要求等。

线缆布放的检查如下。

（1）桥架和线槽的安装。

① 位置是否正确。

② 安装是否符合要求。

③ 接地是否正确。

（2）线缆的布放。

① 线缆的型号、规格是否与设计规定相符。

② 线缆的标号是否正确，线缆两端是否贴有标签，标签书写是否清晰，标签是否选用不易损坏的材料等。

③ 线缆拐弯处是否符合规范。

④ 竖井的线槽、线缆固定是否牢固。

⑤ 是否存在裸线。

（3）室外光缆的布线。

室外光缆的布线有架空布线、管道布线、挖沟布线、隧道布线等方式，针对不同的布线方式，需要检查的内容也有一定的差异。

① 架空布线：架设竖杆位置是否正确；吊线规格、垂度、高度是否符合要求；卡挂钩的间隔是否符合要求。

② 管道布线：使用的管孔、管孔位置是否合适；线缆规格是否符合要求；线缆走向路由是否符合要求；防护设施是否符合要求。

③ 挖沟布线（直埋）：光缆规格是否符合要求；敷设位置、深度是否符合要求；是否加了防护铁管；回填时是否复原与夯实。

④ 隧道布线：线缆规格是否符合要求；安装位置、路由是否符合要求；设计是否符合规范。

7．设备的清点与验收

（1）明确任务目标。

对照设备订货清单或中标书清点设备，确保到货设备与订货或中标型号一致，并做好记录，必要的话应将各设备的设备号登记在册，使验货工作有条不紊地进行。

（2）前期准备。

系统集成商负责人员在设备到货前根据订货清单填写《到货设备登记表》的相应栏目，以便到货时进行核查、清点。《到货设备登记表》仅为方便工作而设定，所以无须任何人签字，只需由专人保管即可。

（3）开箱检查、清点、验收。

在一般情况下，设备厂商会提供一份验收单，可以以设备厂商的验收单为准。仔细验收各设备的型号、数量及设备的外观等，并做好记录。妥善保存设备随机文档、质保单和说明书，软件和驱动程序应单独存放在安全的地方。

（4）登记、贴标。

设备验收后，就由本单位负全部责任，是本单位的固定资产。根据本单位的固定资产编号情况，将所有的设备进行登记造册，并归属不同的部门保管，贴上单位固定资产编号，请相关责任人签字认可。

8．文档与系统测试验收

（1）网络系统的初步验收。

对于网络设备，其测试成功的标准为能够从网络中任一机器和设备（有 Ping 或 Telnet 能力）Ping 及 Telnet 通网络中其他任意一台机器或设备（有 Ping 或 Telnet 能力）。由于网内设备较多，不可能逐对进行测试，因此可采用以下方式进行。

① 在每一个子网中随机选取两台机器或设备，进行 Ping 和 Telnet 测试。

② 对每一对子网测试连通性，即从两个子网中各选一台机器或设备进行 Ping 和 Telnet 测试。

③ 测试中，Ping 测试每次发送数据包应不少于 300 个，Telnet 连通即可。Ping 测试的成功率在局域网内应达到 100%，在广域网内由于线路质量问题，视具体情况而定，一般应不低于 80%。

④ 将测试所得具体数据填入《验收测试报告》。

（2）网络系统的试运行。

网络系统的初步验收结束后，整体网络系统进入为期两到三个月的试运行阶段。整体网络系统在试运行期间不间断的连续运行时间应不少于两个月。试运行由系统集成厂商代表负责，建设方和设备厂商密切协调配合。在试运行期间要完成以下任务。

① 监视系统运行。

② 网络基本应用测试。

③ 可靠性测试。

④ 断电-重启测试。

⑤ 冗余模块测试。

⑥ 安全性测试。

⑦ 网络负载能力测试。

⑧ 系统最忙时访问能力测试。

（3）网络系统的最终验收。

各种系统试运行满三个月后，由建设方对系统集成商所承建的网络系统进行最终验收。

① 检查试运行期间的所有运行报告及各种测试数据。

确定已做了充分的各项测试工作，所有遗留的问题都已解决。

② 验收测试。

按照测试标准对整个网络系统进行抽样测试，将测试结果填入《最终验收测试报告》中。

③ 签署《最终验收报告》，该报告后附《最终验收测试报告》。

④ 向建设方移交所有技术文档，包括所有设备的详细配置参数、各种用户手册等。

（4）交接和维护。

① 网络系统交接。

交接是一个逐步使建设方熟悉系统，进而能够掌握、管理、维护系统的过程。交接包括技术资料交接和系统交接，系统交接一直延续到维护阶段。

技术资料交接包括在实施过程中所产生的全部文件和记录，需要提交以下资料：总体设计文档、工程实施设计、系统配置文档、各个测试报告、系统维护手册（设备随机文档）、系统操作手册（设备随机文档）、系统管理建议书等。

② 系统交接。

在技术资料交接后，进入维护阶段。系统的维护工作贯穿系统的整个生命期，建设方的系统管理人员将要在此期间内逐步培养独立处理各种事件的能力。

在维护期间，系统如果出现任何故障，都应详细填写相应的故障报告，并报告相应的人员（系统集成商技术人员）处理。

在合同规定的无偿维护期后，系统的维护工作原则上由建设方自己完成，对系统的修改建设方可以独立进行。为了对系统的工作实施严格的质量保证，建议建设方填写详细的系统运行记录和修改记录。

9. 工程鉴定会

（1）准备鉴定材料。

在一般情况下，系统集成结束后，建设方与施工方需要共同组织一个系统集成鉴定会，建设方聘请相关专家对网络完成情况进行鉴定，而施工方需要准备相应的鉴定材料。施工方为鉴定会准备的材料有系统集成建设报告、网络布线工程测试报告、系统集成资料审查报告、系统集成建设方意见报告、系统集成验收报告等。

① 系统集成建设报告：主要由工程概况、工程设计与实施、工程特点、工程文档等内容组成。

② 网络布线工程测试报告：主要包含检测的内容，如线材的检测、桥架和线槽的查验、信息点参数的测试等内容。

③ 系统集成资料审查报告：主要报告工程技术资料的审查情况，审查施工方为建设方提供了哪些技术资料。

④ 系统集成建设方意见报告：主要报告建设方对工程的相关意见。

⑤ 系统集成验收报告：对工程的一个综合评价。

（2）聘请领导、专家。

聘请领导、专家的工作是由建设方完成的，具体聘请的人员由建设方自己确定。在通常情况下，聘请的专家最好是校园系统集成方面的专家，当然也可以聘请其他网络公司的工程技术人员。

（3）召开鉴定会。

鉴定会一般在系统集成的现场进行，由建设方与施工方共同组织，施工方做系统集成建设报告，建设方做工程验收报告等工作。最后，多方在鉴定结论上签字认可。必要时，建设方与专家可以对施工方就网络施工、设计等方面的问题进行提问，由施工方给出相应的答复。

（4）材料归档。

在验收、鉴定会结束后，将施工方所交付的文档材料和验收、鉴定会上所使用的材料一起交给建设方的有关部门，由建设方的有关部门对材料进行整理存档。

小试牛刀

将班级学生分成若干小组，完成以下工作任务。

1．对机房做物理验收

选择一个设备种类及数量比较多的计算机房，请各个小组自己设计表格对该机房的设备进行物理验收，要登记清楚设备型号、数量等信息。各个小组分别验收，最后可以比较各小组的验收质量。

2．检查工作区信息面板的安装

请学生到教师的办公室，对教师办公室工作区信息插座的安装进行检查，统计出安装不规范的信息插座，并指其不规范之处。各个小组分别验收，最后可以比较各小组的验收质量。

3．检查设备安装

检查校园网中各配线装置的安装情况和校园网设备间的设备安装情况。各小组自行设计表格，统计检查的情况。各个小组分别验收，最后可以比较各小组的验收质量。

一比高下

各小组学生根据自己及小组成员的工作完成情况，进行自我评价，并对小组其他成员进行评价，将评价结果填写在表 7-2 中。

表 7-2　分项练习小组评价表

评价内容		自我评价			小组评价		
		优秀	合格	再努力	优秀	合格	再努力
操作技能	表格设计的合理性						
	设备登记准确性						
	工作区子系统的验收						
	设备安装检查标准						
合作交流	遵守纪律						
	兴趣态度						
	团结合作						
	乐于助人						
小组综合评价：							

开动脑筋

1．在一个网络布线工程中，工作区的每个信息点都必须通过认证测试吗？为什么？

2．某学校对教学楼的布线系统进行了改造，是使用明线好，还是暗线好？请说明理由。

3．当一个系统集成结束后，设备供应商会提供相关的培训，这样的培训有必要吗？为什么？

4．某学校新建了一个机房，需要为其组织一个工程鉴定会吗？

课外阅读

×××系统集成验收报告

今天，召开×××学校校园系统集成验收会，验收小组由×××网络系统工程公司和×××学校的专以及×××市教育局的有关专家、领导组成。验收小组和与会代表听取了×××学校校园系统集成的方案设计和施工报告、测试报告、资料审查报告，以及用户试用情况报告，实地考察了×××学校计算中心主机房和系统集成的部分现场。验收小组经过认真讨论，做出以下结论。

（1）工程系统规模较大。

×××学校校园系统集成是一个较大的工程项目，具有近 10 幢楼宇，上千个用户节点。该工程按照用户建筑物通用布线标准 TIA/EIA-568 设计，参照相关的结构化布线系统技术标准施工，是一个标准化、实用性强、技术先进、扩充性好、灵活性强和开放性好的信息通信平台，既能满足目前的需求，又能兼顾未来发展需要，工程总体规模覆盖了学校几乎所有的建筑。

（2）工程技术先进，设计合理。

该系统按照用户建筑物通用布线标准 TIA/EIA-568 设计，工程采用一级集中式管理模式，水平线缆选用 TP-Link 非屏蔽 6 类线，主干线缆选用 12 芯光缆，信息插座选用 AMP8 位/8 路模块化插座。×××学校网络布线采用金属线槽、PVC 线管和塑料线槽规范布线，除室内明线槽，其余均在天花板吊顶内，布局非常合理。

（3）施工质量达到设计标准。

在工程实施中，由×××学校计算机科和×××网络系统公司联合组成了工程指挥组、协调工程施工组、布线工程组和工程监测组，双方人员一起进行协调，监督工程施工质量，措施得当，保障了工程的质量和进度。工程实施完全按照设计的标准完成，做到了布局合理，施工质量高，对所有的信息点、线缆进行了自动化测试，测试的各项指标全部达到合格标准。

（4）文档资料齐全。

×××网络系统公司为×××学校提供了详细的文档资料。这些文档资料为工程的验收和计算机网络的管理和维护提供了必不可少的依据。

综合上述，×××学校校园系统集成的方案设计合理、技术先进、工程实施规范、质量好，布线系统也具有较好的实用性、扩展性，各项技术指标全部达到设计要求，为数字×××工程的实现提供了一个良好开端。验收小组一致同意通过系统集成的验收。

×××学校校园系统集成验收小组

组长：×××

××××年××月××日

工作任务 3　布线工程项目的交接

布线工程项目的交接是指施工方将建设完成的工程移交给建设方，建设方按照合同中约定的条款进行验收确认，交接双方共同签字确认，办理移交手续的过程。工程交接意味着工程施工阶段的结束，建设方可以正常使用，此时工程仍处于施工方的质量保证期内，工程中出现的任何故障，施工方必须无偿提供服务。在一般情况下，质保期为三年，部分设备质量可能会是一年，具体的质保时间可以参看标书文件。

1．工程交接

工程交接主要是剩余线材和器材的交接、工程资料的交接及竣工资料的交接。

（1）剩余线材和器材的交接。

工程施工中可能会涉及项目的变更，布线的线材、管材和器材会出现多余的现象，这些线材均已成为建设方的财物，施工方应分门别类整理好，并列出清单，移交给建设方。各方负责交换的人员要签署工程交接手续的证明文件，各持一份留存。

（2）工程资料的交接。

凡是在布线工程建设过程中形成的具有保存价值的各项数据、图样、表格、文字材料、照片、视频等影像资料都是工程资料。为了便于查阅利用，应将这些资料整理，并装订成册，或进行复制，移交给建设方。

（3）竣工资料的交接。

工程竣工资料是工程交接中最重要的材料，包含了几乎全套的工程施工的相关文件，一般由四大类文件组成：交工技术文件、验收技术文件、施工管理文件和竣工图纸。

2．交工技术文件交接

交工技术文件的内容比较多，主要由工程说明，工程开工报告，施工组织设计（方案）报审表，材料、设备进场记录表，设计变更报告，工程延期申请表，工程交接书及工程竣工验收报告等材料组成。

（1）工程说明。

工程说明是将工程概况、主要的工程项目内容及工程施工方、监理方等情况进行介绍通报。工程说明的格式如下。

工　程　说　明

一、工程概况

本工程为×××学校校园网络综合布线工程，施工地点位于×××××，本次施工是校园内教学大楼、实训楼、教学工厂、食堂、实验剧场等的综合布线工程，共 218 个信息点。

二、工程项目内容

本工程于××××年××月××日开工，工程中主干网由高速千兆光纤骨干以太网组成，网络分布呈星形网络拓扑结构，配线子系统采用百兆主干网络、100 兆自适应到桌面的校园网络方案，把学校的各个资源联系起来，另外，学校通过电信宽带线路把互联网系统接入校园网内。

综合布线部分包括水平线管安装（PVC∅32、PVC∅20、PVC∅25 暗埋于各楼层墙体内）、水平线槽安装（安装在综合楼各教室天花板上）；

楼墙开孔 20 个，楼板开孔 16 个；

超 5 类线布放（布放 218 根）；

光纤布放（布放 12 根）；

底盒安装（安装 218 个）；

网络面板安装（安装 218 套）；面板安装（安装 300 套，含更换）；

150mm×75mm 水平主干桥架安装（中心机房——对面分机柜）、150mm×75mm 竖井垂直主干桥架安装（中心机房——A 区各楼层分机柜）；

100mm×80mm×1mm 水平主干桥架安装（主干桥架至分机柜）；

主干光纤布放（布放 8 条）；

机柜安装（共 9 个：42U 落地式机柜安装于 3 楼中心机房，其他 9U 挂墙式分机柜安装于楼层办公室内）；

配线架安装（共 8 个：超 5 类 24 口配线架 2 个、超 5 类 48 口配线架 6 个、1U 绕线架 8 个）、光纤盒安装（共 9 个：24 口光纤盒 2 个、12 口光纤盒 7 个）；

配线架线缆端接（226 根）；

模块端接（218 个）；

超 5 类线测试（218 根）；光纤测试（6 根）。

三、项目组织系统

建设项目名称：

建设单位名称：

监理单位名称：

施工单位名称：

（2）工程开工报告。

工程开工报告是施工方向监理方和建设方提请开工建设的申请报告，报告内容主要是报告开工前期的准备情况，表达已具备开工建设的条件，提请建设方与监理方同意开工建设。工程开工报告的格式如下。

工程开工报告

工程名称：			
施工单位		施工地点	
建设单位		监理单位	
施工负责人		手机号码	
计划开工日期		计划竣工日期	
工程准备情况及存在的主要问题： 施工单位（盖章）：＿＿＿＿＿＿ 日　　　　期：＿＿＿＿＿＿			
监理单位意见： 监理单位（盖章）：＿＿＿＿＿＿ 日　　　　期：＿＿＿＿＿＿			
建设单位意见： 建设单位盖章：＿＿＿＿＿＿＿ 日　　　　期：＿＿＿＿＿＿			

注：本报告一式三份，建设单位、监理单位、施工单位各一份。

（3）施工组织设计（方案）报审表。

施工组织设计（方案）报审表是将施工方设计制作的完整的施工组织方案交给监理方，由监理方审核能否施工的表格，报审表中必须有完整的施工方案。施工组织设计（方案）报审表的格式如下。

此外，还有工程进度计划报审表等相关报审表格，表格格式基本相同，可以根据实际情况决定是否需要填写。

施工组织设计（方案）报审表

工程名称：　　　　　　　　　　　　　　　　　　　　　　　　　　　　　编号：

致：　　　　　　　　　　　（监理单位）

　　我方已根据施工合同的有关规定完成了　　　　　　　　　　　　　　　工程施工组织设计（方案）的编制，并经我单位技术负责人审查批准，请予以审查。

　　附：施工组织设计（方案）

承包单位（盖章）：　　　　　　　

项　目　经　理：　　　　　　　

日　　　　　　期：　　　　　　　

专业监理工程师审查意见：

专业监理工程师：　　　　　　　

日　　　　　期：　　　　　　　

总监理工程师审核意见：

项目监理机构：　　　　　　　

总监理工程师：　　　　　　　

日　　　　　期：　　　　　　　

注：本报告一式三份，建设单位、监理单位、施工单位各一份。

（4）材料、设备进场记录表。

材料、设备进场记录表主要记录施工过程中采购的材料及设备情况，该表是核算工程量的重要依据，主要记录材料或设备名称、型号/规格、生产厂家及数量等。材料进场记录表的格式如下。

材料进场记录表

项目名称：　　　　　　　　　　　　　　　　　　　　　　　　　　　　编号：

序　号	材 料 名 称	型号/规格	生 产 厂 家	性 能 参 数	数　量
1	××PVC 线管	$\phi32$			720 m
2	××PVC 线管	$\phi20$			4 000 m
3	××PVC 线管	$\phi25$			720 m
4	××PVC 线槽	40×18			2 100 m
5	××PVC 线槽	25×14			450 m
6	双绞线	IBDN 超 5 类线			58 箱
7	镀锌铁桥架	100×80			2 600 m
8	镀锌铁桥架	150×75			450 m
9	镀锌铁桥架	60×30			60 m
10	室内光纤	六类多膜			1 000 m
11	室外光纤	六类多膜			1 400 m

记录人：　　　　　　　　　　　监督人：　　　　　　　　　　　日期：

注：本报告一式三份，建设单位、监理单位、施工单位各一份。

设备进场记录表的格式如下。

设备进场记录表

项目名称：   编号：

序　号	设 备 名 称	设 备 型 号	生 产 厂 家	数　量	备　注
1	落地式机柜	落地式机柜		1	
2	挂墙式机柜	挂墙式机柜		8	
3	绕线架	PA2212（02）		8	
4	光纤耦合器	PG5101-ST		56	
5	光纤接头	PJ50ST-MM		56	
6	12 口光纤盒	PD5012-ST		6	
7	24 口光纤盒	PD5024-ST		1	
8	24 口配线架	PD1124		2	
9	48 口配线架	PD1148		6	

记录人：   监督人：   日期：

注：本报告一式三份，建设单位、监理单位、施工单位各一份。

（5）设计变更报告。

设计变更报告是在工程实施过程中由于情况的变化原设计方案可能不能满足建设方的需求、或不方便施工，由施工方同设计方共同向建设方及监理方提出的变更申请。设计变更报告的格式如下。

设计变更报告

项目名称：   项目编号：

原设计方案：
修改原因及新的设计方案：
对监理工作的影响：

报告人：   报告日期：

注：本报告一式三份，建设单位、监理单位、施工单位各一份。

（6）工程延期申请表。

系统集成的施工工期通常比较长，在一个时间段内，各种不可知的因素都有可能对工期带来影响，就会影响工程的如期完工，施工方可以根据情况向建设方和监理方提出工程延期的申请。工程临时延期申请报告的格式如下。

工程临时延期申请报告

项目名称：　　　　　　　　　　　　　　　项目编号：

致：＿＿＿＿＿＿＿＿＿＿＿＿＿（监理单位）

根据施工合同条款第＿＿条第＿＿款的规定，由于＿＿＿＿＿＿＿＿＿＿＿＿＿＿＿＿＿＿原因，我方申请工程延期，请予以批准。

附件：

1. 工程延期的依据及工期计算：

合同竣工日期：×××年×月×日

申请延长竣工日期：×××年×月×日

2. 证明材料

承建单位：＿＿＿＿＿

项目经理：＿＿＿＿＿

日　　期：＿＿＿＿＿

注：本报告一式三份，建设单位、监理单位、施工单位各一份。

工程最终延期审批表的格式如下。

工程最终延期审批表

项目名称：　　　　　　　　　　　　　　　项目编号：

致：＿＿＿＿＿＿＿（承包单位）

根据施工合同条款＿＿＿＿＿＿＿＿＿条的规定，我方对你方提出的＿＿＿＿＿工程延期申请（第＿＿号）要求延长工期＿＿＿＿＿＿＿＿日历天的要求，经过审核评估：

□最终同意工期延长＿＿＿＿＿＿＿＿日历天。使竣工日期（包括已指令延长的工期）从原来的＿＿＿＿年＿＿月＿＿日延迟到＿＿＿＿年＿＿＿月＿＿日。请你方执行。

□不同意延长工期，请按约定竣工日期组织施工。

说明：

项目监理机构＿＿＿＿＿

总监理工程师＿＿＿＿＿

日　　期＿＿＿＿＿

注：本报告一式三份，建设单位、监理单位、施工单位各一份。

（7）工程交接书。

工程交接书是工程经施工方、监理方和建设方在工程完成和初步检验后，签发的一种文当，文档中的实质性材料不多，但需要提供很多附件。工程交接书的格式如下。

工程交接书

本工程于＿＿＿＿＿＿＿ 开工 ＿＿＿＿＿＿＿＿ 完工。经建设单位、监理单位、施工单位三方检查，工程质量符合要求。		
附件：		
1. 测试报告		
2. 竣工图纸		
3. 竣工验收资料		
4. ……		
工程交接意见：		
验收人员：（签名）		
建设单位（盖章）：	监理单位（盖章）：	施工单位（盖章）：
项目负责人：	监理工程师：	项目负责人：
日　　　期：	日　　　期：	日　　　期：

注：本报告一式三份，建设单位、监理单位、施工单位各一份。

（8）工程竣工验收报告。

工程竣工验收报告主要描述工程的基本情况，重点内容是验收意见和施工质量评语。工程竣工验收报告的格式如下。

工程竣工验收报告

建设项目名称			建设单位		
单位工程名称	综合布线单项工程		施工单位		
建设地点			监理单位		
开工日期		竣工日期		终验日期	
工程内容	详见安装工程量总表				
验收意见及施工质量评语：					
施工单位代表：					
施工单位盖章：					
日　　　期：　　年　　月　　日					
监理单位代表：					
监理单位盖章：					
日　　　期：　　年　　月　　日					
建设单位代表：					
建设单位盖章：					
日　　　期：　　年　　月　　日					

注：本报告一式三份，建设单位、监理单位、施工单位各一份。

3．验收技术文件交接

验收技术文件主要由已安装设备清单、设备安装工艺检查情况表、综合布线系统线缆穿布检查记录表、综合布线信息点抽检电气测试验收记录表与综合布线光纤抽检测试验收记录表等各种类型的检查表组成。

已安装设备清单的格式如下。

已安装设备清单

项目名称：　　　　　　　　　　　　　　　　　　　　　　　　　　　　　　编号：

序　号	设备名称及型号	单　位	数　量	安装地点	备　注
1	42U 落地式机柜安装	个	1	中心机房	
2	15U 挂墙式机柜安装	个	8	各个楼层的分机柜	
3	超 5 类 48 口配线架安装	个	6	分机柜	
4	超 5 类 24 口配线架安装	个	2	分机柜	
5	24 口光纤盒安装	个	2	分机柜及中央机柜	
6	12 口光纤盒安装	个	7	分机柜及中央机柜	
7	1U 绕线架安装	个	8	分机柜及中央机柜	

注：1．本报告一式三份，建设单位、监理单位、施工单位各一份；
　　　2．工程简要内容：中心机房、配线间终端设备安装。

设备安装工艺检查情况表的格式如下。

设备安装工艺检查情况表

项目名称：　　　　　　　　　　　　　　　　　　　　　　　　　　　　　　项目编号：

序　号	检 查 项 目	检 查 情 况
1	配线架端接安装	安装、线缆标签及扎放工艺良好
2	PVC 线管安装	水平度、固定、接头及安装工艺符合施工规范
3	底盒、面板安装	水平度、固定、接头及安装工艺符合施工规范
4	镀锌铁线槽安装	水平度、垂直度、接口、稳固度符合施工规范
5	线缆敷设、扎放	线缆标签、预留长度、扎放松紧符合设计要求和施工规范，无扭曲、打结现象
6	水晶头端接	端接工艺、接触性能符合施工规范
7	光纤头端接	端接工艺、接触性能符合施工规范

检查人员：　　　　　　　　　　　　　　　　　　　　　　　　　　　　　　日期：

注：1．本报告一式三份，建设单位、监理单位、施工单位各一份；
　　　2．工程简要内容：安装 PVC 线管，镀锌铁桥架，安装机柜，敷设光纤、超 5 类线，端接测试。

综合布线系统线缆穿布检查记录表的格式如下。

综合布线系统线缆穿布检查记录表

项目名称：　　　　　　　　　　　　　　　　　　　　　　　　　　　　　　　编号：

施工单位		施工负责人		完成日期	

工程完成情况					
序号	线缆品牌、规格型号		根数	均长	备注
1	IBDN 超 5 类线		218	68 m	网络布线
2	TCL/PC51MM50-6 六芯室内光纤		9	110 m	网络布线
3	TCL/PC51MM50-6 六芯室外光纤		3	120 m	网络布线

检查情况	
两端预留长度有无编号	
线缆弯折有无情况	
线缆外层胶皮有无破损	
松紧冗余	
槽、管利用率	
过线盒安装是否符合标准	

检查人员：　　　　　　　　　　　　　　　　　　　　　　　　　日期：

注：本报告一式三份，建设单位、监理单位、施工单位各一份。

　　综合布线信息点抽检电气测试验收记录表与综合布线光纤抽检测试验收记录表的格式分别如下。

综合布线信息点抽检电气测试验收记录表

项目名称：

信息点总数	218	其中	数据点	218	配线间数（设备间）	9	抽检检点数	20 个点
			语音点					

项目编号：　　　抽验日期：　　年　月　日

线缆厂家型号	IBDN 超 5 类线	模块厂家型号	TCL PM1011/超 5 类信息模块	配线架厂家型号	TCL PD11/48/24 口配线架
测试标准	TIA/EIA-568-A、ISO/IEC 11801 标准	使用的测试仪器	Fluke		
设计单位				施工单位	

选点及抽检结果

序号	配线间	信息点编号	长度	接线图	工作电容	绝缘电阻	近端串扰	直流电阻	回波损耗	结果
1	三楼 A 区中心机房	3FA-05	65.8 m		≤5.2	5000	60 dB	≤9.4	26.3 dB	合格
2	三楼 A 区中心机房	3FA-12	78.5 m		≤5.2	5000	82.54 dB	≤9.4	27.7 dB	合格
3	三楼 A 区中心机房	3FA-15	56.3 m		≤5.4	5000	64.2 dB	≤9.4	23.3 dB	合格
4	三楼 A 区中心机房	3FA-18	22.3 m		≤5.2	5000	72.35 dB	≤9.4	29.6 dB	合格
5	三楼 A 区中心机房	3FA-20	64.4 m		≤5.2	5000	45.33 dB	≤9.4	24.5 dB	合格
6	……									
7										
8										
9										

测量人员：　　　监视人员：　　　记录人员：

日期/时间：

注：本报告一式三份，建设单位、监理单位、施工单位各一份。

综合布线光纤抽检测试验收记录表

项目名称：

光纤总根数（段数）	12	其中室内（分芯数）	9	室外（分芯数）	3	拟抽检根数		5 根
光纤厂家型号	TCL/PC51MM50-6	六芯室内光纤/PC51MM50-6 六芯室外光纤				端接设备厂家型号		TCL/PG5024-ST
测试标准	YD/T901-2001 国际标准	使用的测试仪器		Fluke				
设计单位						施工单位		

项目编号：　　　　　　　　抽验日期：　　　　年　月　日

序号	起始配线间（设备间）	端止配线间	光纤类型编号	选点及抽检结果				振动	结果
				典型插入损耗	最大回波损耗	插入损耗	回波损耗		
1	三楼 A 区中心机房	三楼 B 区分机房	PC51MM50-6 六芯室内光纤	≤0.25dB	≤50dB	≤0.1dB	≤0.2dB	10～60Hz 单振幅	合格
2	三楼 A 区中心机房	三楼 B 区分机房	PC51MM50-6 六芯室内光纤	≤0.24dB	≤50dB	≤0.1dB	≤0.2dB	10～60Hz 单振幅	合格
3	三楼 A 区中心机房	一楼 A 区分机房	PC51MM50-6 六芯室内光纤	≤0.251dB	≤50dB	≤0.1dB	≤0.2dB	10～60Hz 单振幅	合格
4	三楼 A 区中心机房	体育馆	PC51MM50-6 六芯室外光纤	≤0.25dB	≤50dB	≤0.1dB	≤0.2dB	10～60Hz 单振幅	合格
5	三楼 A 区中心机房	饭堂	PC51MM50-6 六芯室外光纤	≤0.25dB	≤50dB	≤0.1dB	≤0.2dB	10～60Hz 单振幅	合格

测量人员：　　　　　　　监视人员：　　　　　　　记录人员：　　　　　　　日期/时间：

注：本报告一式三份，建设单位、监理单位、施工单位各一份。

4．施工管理文件交接

施工管理文件是施工过程中的管理资料，主要由施工人员管理图、施工质量管理图、施工现场安全管理图及施工进度计划表等组成，如图 7-11～图 7-14 所示。

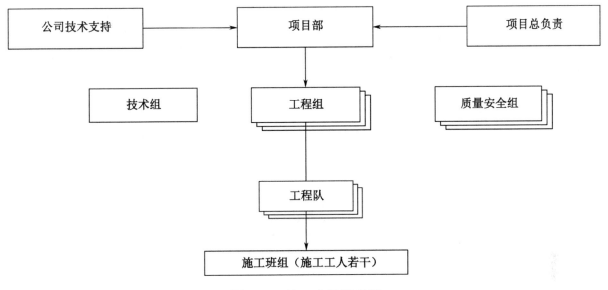

图 7-11　施工人员管理图

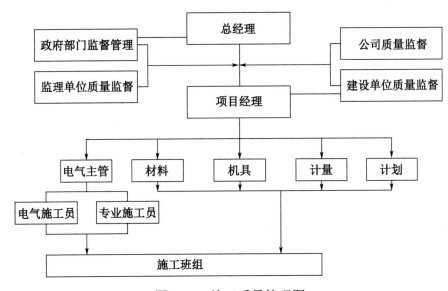

图 7-12　施工质量管理图

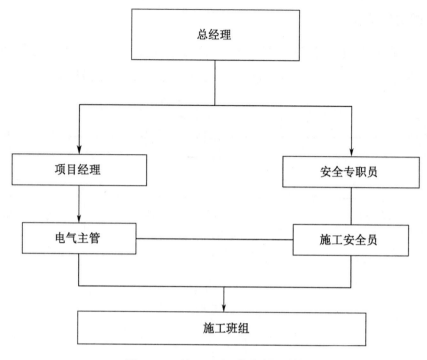

图 7-13　施工现场安全管理图

施工进度计划表												
内容　月 日	2022年3月						2022年4月					
	1-5	6-10	11-15	16-20	21-25	26-31	1-5	6-10	11-15	16-20	21-25	26-30
施工准备	—											
管路协调	—	—										
线缆敷设		—	—	—								
设备订购				—	—	—						
现场设备安装						—	—					
管理设备安装								—	—			
系统调试										—	—	
试运行											—	—
正常交付使用												●
注：实际进度表将与甲方密切协商决定，并与施工进度计划表相符												

图 7-14　施工进度计划表

5．竣工图纸交接

竣工图纸从某种意义上说是工程交接资料中最重要的资料，网络的后期维护与升级都需要有此图纸作参考。竣工图纸主要由布线图、网络拓扑图、网络设备配置图、网段关联图、配线架与信息插座对照表、交换机与设备间连接表及光纤配线表等组成。机柜打线图如图 7-15 所示。

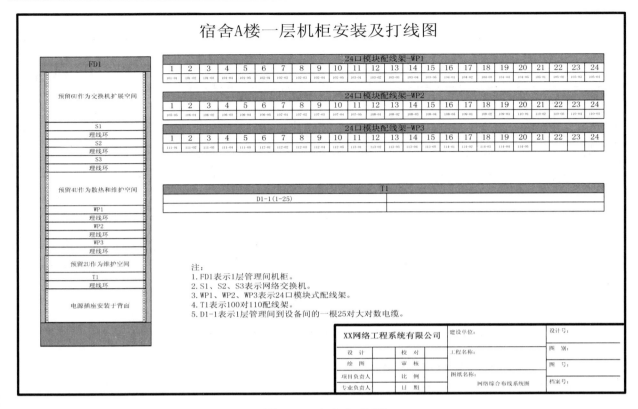

图 7-15　机柜打线图

小试牛刀

全体学生按小组完成以下工程说明的编写

以本校一幢教学楼进行网络改造为例，编写工程说明。教学楼每层 8 间教室，共有五层，每间教室留有一个数据点和一个语音点。楼层使用桥架布线，教室内使用 PVC 线槽布线。教学楼层高为 2.8 m，教室的长为 8 m，宽为 6 m。整幢楼的配线间设置在 1 楼。

一比高下

各小组学生根据自己及小组成员的工作完成情况进行自我评价，并对小组其他成员进行评价，将评价结果填写在表 7-3 中。

表 7-3　分项练习小组评价表

评价内容		自 我 评 价			小 组 评 价		
		优秀	合格	再努力	优秀	合格	再努力
操作技能	工程说明的格式						
	基本工作量的统计						
	PVC 线槽的统计						
	桥架的统计						
	方案的合理性						

评价内容		自 我 评 价			小 组 评 价		
		优秀	合格	再努力	优秀	合格	再努力
合作技能	兴趣态度						
	团结合作						
	乐于助人						
小组综合评价：							

开动脑筋

1．在施工过程中如果有重大责任事故，就要在竣工报告中体现出来吗？

2．工程中的隐蔽工程该怎样验收？

3．在网络布线过程中，如果施工方有偷工减料行为，那么监理方有权制止吗？

4．如果系统集成在施工过程中需要改变设计，监理方同意就可以了吗？

5．布线工程中的隐藏工程需要等到施工结束后进行验收吗？

课外阅读

综合布线系统的系统图

综合布线系统的系统图用于描述整幢建筑的布线系统结构，通过系统图可以看出每个楼层布放线缆的数量、楼层信息点的数量及线缆的使用情况，可以明确管理间设置的楼层、管理间配线架的配置情况、干线子系统传输介质的选用及敷设情况，可以明确设备间的位置、设备间配线架的配置。

系统图通常使用 AutoCAD 或 Visio 软件绘制，也可以使用其他软件绘制。系统图要准确地表述出工作区子系统信息插座的数量，分清双孔面板信息点和单孔面板信息点，并标注出使用线缆的数量；在管理间子系统要标注出管理间编号及配线架数量；干线子系统线缆及光纤标注要正确、合理；设备间配线架的数量要准确合理；图例及说明要正确。

根据用户需求和学生宿舍楼规模的情况，将每幢楼合适的楼层设置为管理间，并将两幢楼的设备间合二为一，设置在 A 楼一层的弱电间中，B 楼的数据与语音信号直接与 A 楼一层弱电间的相关设备相连，B 楼一层设置管理间。因此，宿舍楼综合布线系统涉及工作区子系统、配线子系统、干线子系统、设备间子系统、管理间子系统 5 个子系统，宿舍楼综合布线系统的系统图如图 7-16 所示。

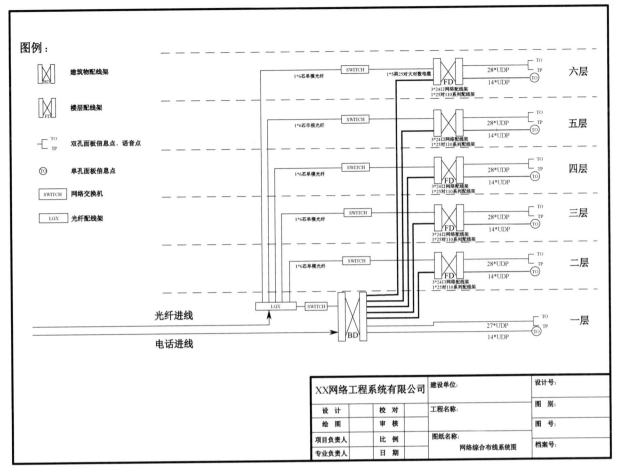

图 7-16　宿舍楼综合布线系统的系统图

项目小结

本项目用 3 个工作任务介绍了布线系统的测试、系统集成项目的验收及布线工程项目的交接，主要有网络测试技术、系统集成的验收技术及工程交接的相关内容。学生要重点掌握 Fluke 认证测试分析仪测试线缆技术、Fluke 测试报告的导出、系统集成项目基本的验收要求，了解工程交接的主要项目和交接的资料等，了解相关文档的撰写内容及撰写格式。

思考与练习

1. 布线系统测试的主要依据是什么？

2. 线缆链路测试方式有哪些？

3. 如图 7-17 所示的 Fluke 测试数据表示的含义是什么？

长度（ft），极限值 328	［线对 7 8］	31
传输时延（ns），极限值 555	［线对 1 2］	47
时延偏离（ns），极限值 50	［线对 1 2］	1
电阻值（欧姆）		不适用
衰减（dB）	［线对 4 5］	20.9
频率（MHz）	［线对 4 5］	100.0
极限值（dB）	［线对 4 5］	24.0

图 7-17　Fluke 测试数据

4. 什么是近端串扰？什么是回波损耗？

5. 近端串扰没有通过的主要原因有哪些？

6. 什么是永久链路？永久链路测试与信道测试有什么区别？

7. 工程验收的主要项目有哪些？

8. 工程验收的主要标准有哪些？

9. 工程鉴定会通常是由工程中的哪一方来组织的？

反侵权盗版声明

电子工业出版社依法对本作品享有专有出版权。任何未经权利人书面许可，复制、销售或通过信息网络传播本作品的行为；歪曲、篡改、剽窃本作品的行为，均违反《中华人民共和国著作权法》，其行为人应承担相应的民事责任和行政责任，构成犯罪的，将被依法追究刑事责任。

为了维护市场秩序，保护权利人的合法权益，我社将依法查处和打击侵权盗版的单位和个人。欢迎社会各界人士积极举报侵权盗版行为，本社将奖励举报有功人员，并保证举报人的信息不被泄露。

举报电话：（010）88254396；（010）88258888

传　　真：（010）88254397

E-mail：　dbqq@phei.com.cn

通信地址：北京市万寿路 173 信箱

　　　　　电子工业出版社总编办公室

邮　　编：100036